高等学校教学用书

结构矩阵分析与程序设计

西安建筑科技大学　温瑞鉴　主编

U0341683

北　京
冶金工业出版社
2014

内 容 提 要

本书结合平面刚架结构的矩阵分析,较详细地介绍了程序设计的基本方法和技巧。全书共分七章:结构矩阵分析概述,单元分析,整体分析,矩阵位移法的全过程,矩阵位移法的几个问题,结构分析程序设计,平面刚架程序。书后还附有交叉梁系、空间桁架、空间刚架结构矩阵分析及源程序和微机常用操作及 MUSE 全屏幕编辑等五个附录。

本书的特点是:各部分例题类型齐全,讲解详细、习题较多并附有答案,适于自学。除基本内容外还编入了用"＊"号注明的选学内容。

本书可作为土建类专业本科生的教材,也可供有关专业研究生、教师和工程技术人员参考。

图书在版编目(CIP)数据

结构矩阵分析与程序设计/温瑞鉴主编 . —北京:冶金工业出版社,1998.8 (2014.1 重印)

高等学校教学用书

ISBN 978-7-5024-2192-2

Ⅰ.①结… Ⅱ.①温… Ⅲ.①矩阵法分析—程序设计—高等学校—教材 Ⅳ.①TU311.41

中国版本图书馆 CIP 数据核字(2014)第 021184 号

出 版 人 谭学余
地　　址　北京北河沿大街嵩祝院北巷 39 号,邮编 100009
电　　话　(010)64027926 电子信箱 yjcbs@cnmip.com.cn
责任编辑　宋　良　美术编辑　吕欣童　版式设计　孙跃红
责任校对　王永欣　责任印制　牛晓波
ISBN 978-7-5024-2192-2
冶金工业出版社出版发行;各地新华书店经销;北京印刷一厂印刷
1998 年 8 月第 1 版,2014 年 1 月第 2 次印刷
787mm×1092mm 1/16;16.25 印张;387 千字;254 页
40.00 元
冶金工业出版社投稿电话:(010)64027932 投稿信箱:tougao@cnmip.com.cn
冶金工业出版社发行部 电话:(010)64044283 传真:(010)64027893
冶金书店 地址:北京东四西大街 46 号(100010) 电话:(010)65289081(兼传真)
(本书如有印装质量问题,本社发行部负责退换)

前　　言

　　随着计算机在结构分析中的广泛应用和普及，结构矩阵分析方法成为近些年来结构力学的重要发展之一。本书是根据国家教委工科结构力学课程教学指导小组制定的高等工业学校结构力学课程教学基本要求中结构矩阵分析的基本内容和要求，以及有关提高内容，并结合多年教学实践而编写的。

　　书中注意使结构矩阵分析的原理与电算的实践相结合。全书结合结构力学中的计算问题，从确定算法到上机实践，详细介绍了平面杆系结构计算程序设计的全过程。为加强计算机的应用，按直接刚度法的先处理法，用"FORTRAN"语言编写了平面杆系静力计算程序，并在微机上调试通过。该程序除满足教学要求外还可应用于实际结构工程的计算。本书可作为高等工科院校工业与民用建筑专业及其相近的土建类专业本科生的计算结构力学教材，也可作有关专业的研究生、教师及工程技术人员学习结构分析程序设计的参考书。

　　本书的编写分工是：温瑞鉴编写第4、5、6、7章，以及附录Ⅰ、Ⅱ、Ⅲ、Ⅳ、Ⅴ。赵桂平编写第1、2、3章。温瑞鉴担任主编，并负责全书的统稿工作。

　　本书先后承王荫长教授、刘铮教授对全部书稿进行了审阅，提出了许多宝贵意见。在此一并表示感谢。

　　限于编者水平，书中难免有不妥之处，敬请广大读者指正。

编　者

1996.12

目　　录

1 结构矩阵分析概述

1.1 概述

结构力学中所介绍的力法、位移法等都是传统的解算超静定结构的方法，它们是建立在手算基础上的，对于初学结构力学的人来说，这些都是完全必要的。

应用传统的力法、位移法分析结构，当结构比较复杂时，方程组的未知量数目也随之增多，手算求解就变得十分困难，有时甚至无法精确求解。因此，以电算为基础的结构矩阵分析方法在我国于 60 年代起得到迅速发展。

在结构矩阵分析方法中，引进了线性代数中的矩阵理论，故有结构矩阵分析之称。运用矩阵进行运算，不仅能使所得公式非常紧凑，而且由于这种由矩阵表达的计算公式，便于编制计算机的程序，因而最适宜用计算机进行自动化数学计算。

杆件结构的矩阵分析又称为一维有限单元法。它的基本思想是首先把结构离散成有限个单元，对各个单元进行力学特性分析，然后再考虑变形协调条件和静力平衡条件，把这些离散单元组合成原来的结构。这样就把复杂结构的计算问题转化成了简单的单元分析和组合问题，整个过程一律采用矩阵方法，由计算机自动完成，从而大大提高了计算的速度和精度。

采用结构矩阵分析方法，在理论上并没有什么变化，仍然采用传统结构力学中所采用的基本假设和基本理论：小变形假设，线性假设，叠加原理，平衡原理，变形协调原理以及虚功原理等。

与结构力学的力法和位移法这两种最基本的方法相对应，结构的矩阵分析方法也可以分为矩阵力法和矩阵位移法两大基本类型。在线弹性体系中分别称为柔度法和刚度法。

当用力法分析超静定结构时，对于同一个结构可以采用不同形式的基本结构，这样就使分析过程与基本结构的选定联系在一起。而用位移法分析时，对应一定的结构，基本结构的形式是一定的。另外，力法不能运用于求解静定结构，而位移法对超静定结构和静定结构是同样适用的，求解过程也是完全一致的。由此可见，位移法的分析过程比力法更容易规格化，也就更适宜于用计算机来实现其分析过程。因此，矩阵位移法成为计算结构力学中一种最为重要的分析方法，这一方法无论在杆件体系还是连续体结构的分析中都获得最为广泛的应用。本章着重介绍矩阵位移法的基本原理和分析过程，而将矩阵力法的有关基本概念作简要的介绍。

矩阵位移法与位移法在本质上并无区别，只是在表达形式上有所不同。在杆系结构中，将结构看成为由有限个离散的杆件单元通过有限个结点，按实际情况相联结而成的整体。各离散单元的转角位移方程用矩阵形式来表示，利用结构的变形连续条件和平衡条件将各单元组合成整体，从而建立矩阵位移法的刚度方程，求解结构的结点位移和杆端内力。概括地讲，矩阵位移法的解题过程可分为把结构离散化进行单元分析和把离散的单元组合成结构的整体分析两个主要部分。

最后指出，本书所介绍的结构矩阵分析方法仅是针对杆系结构而言的，即讨论的范围只限于一维问题。然而，它的计算原理和解题步骤与二维或三维的弹性力学问题有很多共同之处，所以学习这部分内容可为学习弹性力学有限单元法打下一定的基础。

1.2 结构离散化

1.2.1 单元划分

杆系结构是由若干根杆件组成的结构。在进行结构矩阵分析时，首先必须把结构离散成一个个独立的单元，这里的单元一般是指结构的杆件，这些杆件只在两端与其它杆件或支座相连，我们称这些连接点为结点，因此只要确定了一个结构的所有结点，则它的各个单元也就被确定了。把一个完整的结构看成由有限个单元组成的体系，这就是结构的离散化。

对结构进行离散化的具体作法是，按照顺序，对结构进行单元编码和结点编码，通常单元编码用 (1)、(2)、…(m) 等表示，结点编码用 1、2、…、n 等表示。

在本书中，我们只限于讨论等截面直杆单元，划分单元的结点应该是结构杆件的转折点、汇交点、支承点和截面突变点等，如图 1-1 (a)、(b)、(c) 所示。

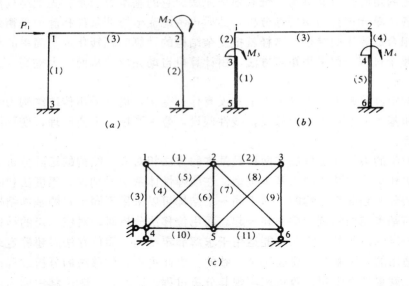

图 1-1

如果杆件截面是连续变化的，可以将杆件分成若干段，以每段中点的截面作为该段的截面，计算时仍按等截面单元进行。对于等截面的曲杆，可以将它化为分段折线来处理，每一直线段取作一个单元，显然，对这样的结构，单元划分得越多，其计算结果越接近于真实情况。

1.2.2 结点未知量

由于结构离散化后，各个单元仅在结点处连接，因此只有结点位移或结点力可以作为基本未知量。本书主要介绍矩阵位移法，故以结点位移作为基本未知量。

为了表示结点位移的方向，先为结构设定一个直角坐标系 OXY（图 1-2），坐标系的正方向如图，遵守右手法则，这个坐标系称为结构的总体坐标系，以下简称结构坐标系。

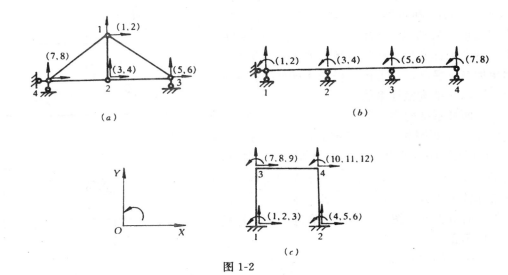

图 1-2

一般说来，结点位移未知量的排列顺序依结点号顺序按照坐标轴 X、Y 及转角的方向，先排线位移，后排转角位移，用（1、2、3）、$\cdots$（m、n、φ）等表示，线位移与 X、Y 的正方向一致为正，反之为负，转角位移逆时针方向为正，反之为负。下面介绍常见结构在一般情况下如何进行结点位移未知量编码。

对于图 1-2（a）所示的平面桁架，在外力作用下，桁架各单元承受轴向拉力或压力，因此，在不考虑支座约束情况下，每个结点可能发生沿两个坐标轴方向的线位移，即每个结点具有两个独立的自由度，沿 X、Y 方向的线位移。

对于图 1-2（b）所示的连续梁，通常不考虑轴向变形，由于结点可以在支座处，或变截面处，所以在不考虑支座约束情况下，每个结点具有沿 Y 方向的线位移和转角位移。

对于图 1-2（c）所示的平面刚架，由于各个单元在结点处刚性连接，所以在不考虑支座约束情况下，每个结点具有三个独立的自由度，即沿 X、Y 方向的线位移和结点的角位移（转角），这样的分析考虑了刚架杆件的轴向变形。

在矩阵位移法中，可以先不考虑结构支座的约束情况，将结构的所有结点自由度看作基本未知量。因此，如果一个平面桁架共有 n 个结点，则该桁架未知量的总数为 $2n$ 个；如果一个平面刚架共有 n 个结点，则该刚架未知量的总数为 $3n$ 个。图 1-2 即是如此。

另外，也可以考虑支座结点的约束情况而进行结点位移未知量编码，这时，由于支座结点的位移是已知的，在进行结点位移未知量编码时，不作为未知量对待，实质上就是在进行未知量编码时即对结构进行支座约束处理。有关支座约束处理的概念将在第 3.1.1 节中详细讨论。

1.2.3 单元杆端位移、杆端力

对于所讨论的杆系结构而言，它的每个单元均是一根等截面直杆，在单元两端的内力称为杆端力。只要求出这些杆端力，则单元其它截面上的内力即可根据平衡条件利用这些杆端力求得。下面介绍单元杆端力的正负方向及其在矩阵公式中的表示方法。

图 1-3（a）所示为一典型单元，它的始端和终端分别用 i 和 j 表示，单元号用（e）表

3

示，为了分析方便起见，对单元 (e) 建立直角坐标系 $o\overline{x}\overline{y}$，并规定 $\overline{x}$ 轴与单元的杆轴线重合，由 i 到 j 的方向为正，$\overline{y}$ 轴通过 i 点并规定由 $\overline{x}$ 轴逆时针转 90° 为正。这个坐标系称为杆件坐标系或单元坐标系或局部坐标系，字母 $\overline{x}$、$\overline{y}$ 上的一横作为杆件坐标系的标志，以示和结构坐标系的区别。

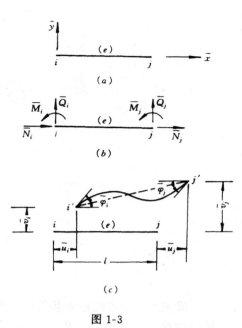

图 1-3

平面杆系结构在荷载等作用下，一般情况，一根杆件 i、j 两端共有六个杆端力，如图 1-3 (b) 所示，它们分别是 i 端和 j 端的轴力 $\overline{N}_i$、$\overline{N}_j$，剪力 $\overline{Q}_i$、$\overline{Q}_j$ 和弯矩 $\overline{M}_i$、$\overline{M}_j$。这些杆端力的正方向均规定与杆件坐标轴的正方向一致为正，其中弯矩的正方向规定为逆时针方向。图 1-3 (b) 中单元 (e) 的杆端力方向均为正向。

若令 $\{\overline{F}\}^{(e)}$ 表示单元 ij 两端的六个杆端力，则有

$$\{\overline{F}\}^{(e)} = [\overline{N}_i \ \overline{Q}_i \ \overline{M}_i \ \overline{N}_j \ \overline{Q}_j \ \overline{M}_j]^T \qquad (1\text{-}1)$$

式 (1-1) 称为单元 (e) 在杆件坐标系中的杆端力向量。

结构在外因作用下，各单元将发生弯曲和轴向变形，而单元的两端也将随之产生移动和转动，这种单元端点的位移通常称为杆端位移。图 1-3 (c) 示一典型单元 (e) 的变形情况，它由原来的位置 ij 变到 $i'j'$，在端点处与杆端力 $\overline{N}_i$、$\overline{Q}_i$、…、$\overline{M}_j$ 相对应也有六个杆端位移，即 i 端和 j 端的轴向位移 $\overline{u}_i$、$\overline{u}_j$，横向位移 $\overline{v}_i$、$\overline{v}_j$ 和杆端转角 $\overline{\varphi}_i$、$\overline{\varphi}_j$。它们的正方向规定与杆端力的正方向一致。

设以 $\{\overline{\delta}\}^{(e)}$ 表示单元 ij 两端的六个杆端位移，则有

$$\{\overline{\delta}\}^{(e)} = [\overline{u}_i \ \overline{v}_i \ \overline{\varphi}_i \ \overline{u}_j \ \overline{v}_j \ \overline{\varphi}_j]^T \qquad (1\text{-}2)$$

式 (1-2) 称为单元 (e) 在杆件坐标系中的杆端位移向量。这里杆端位移向量和杆端力向量中各元素的排列次序是一一对应的，不能任意排列。

在矩阵位移法中，为了编制计算程序的方便，一般将平面杆件单元中的杆端力（或杆端位移）依次编码为 1～6，如图 1-4 所示。记作

$$\{\overline{F}\}^{(e)} = [\overline{F}_1 \ \overline{F}_2 \ \overline{F}_3 \ \overline{F}_4 \ \overline{F}_5 \ \overline{F}_6]^T$$
$$\{\overline{\delta}\}^{(e)} = [\overline{\delta}_1 \ \overline{\delta}_2 \ \overline{\delta}_3 \ \overline{\delta}_4 \ \overline{\delta}_5 \ \overline{\delta}_6]^T$$

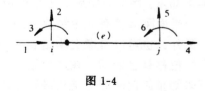

图 1-4

1.3 柔度法与刚度法简介

1.3.1 柔度法概念

柔度法即矩阵力法，其计算原理与传统的力法相同。首先将超静定结构的多余约束去掉，用相应的多余力来代替，将多余力作为基本未知量，将去掉多余约束的静定结构作为基本结构。其次，将基本结构离散化，分成若干单元，分析各单元的杆端力与杆端位移之

间的关系。再根据变形协调条件，将离散单元在结点上进行组合，建立柔度法方程。最后解方程，求出多余未知力。有了多余未知力后，就可按静定结构计算其余内力、反力及位移。

下面以图 1-5（a）所示两跨连续梁为例，介绍柔度法的基本思路和解题过程。

两跨连续梁的荷载情况如图所示，各跨梁的 EI 为常数。用柔度法求解此连续梁的内力过程如下：

（1）选择基本结构和多余未知力，如图 1-5（b）所示，该连续梁可划分为图示两个单元。

（2）单元分析。假设只考虑弯曲变形，在单位力作用下各单元变形及杆端位移如图 1-5（c）、1-5（d）所示。

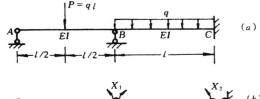

（a）原结构

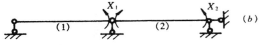

（b）基本结构和多余未知力

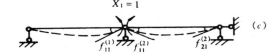

（c）$X_1=1$ 作用下基本结构变形图

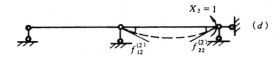

（d）$X_2=1$ 作用下基本结构变形图

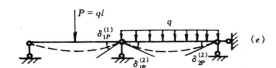

（e）荷载作用下基本结构变形图

（f）M 图（ql^2）

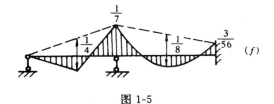

图 1-5

$X_1=1$ 作用时

单元（1）　　$f_{11}^{(1)}=\dfrac{l}{3EI}$

单元（2）　　$f_{11}^{(2)}=\dfrac{l}{3EI}$　　$f_{21}^{(2)}=\dfrac{l}{6EI}$

5

$X_2=1$ 作用时

  单元（1）   不变形。

  单元（2） $f_{12}^{(2)}=\dfrac{l}{6EI}$ $f_{22}^{(2)}=\dfrac{l}{3EI}$

在荷载作用下各单元变形及杆端位移如图 1-5 （e）所示。

  单元（1） $\delta_{1P}^{(1)}=\dfrac{Pl^2}{16EI}$

  单元（2） $\delta_{1P}^{(2)}=\dfrac{ql^3}{24EI}$ $\delta_{2P}^{(2)}=\dfrac{ql^3}{24EI}$

  以上各单元在单位多余力作用下和荷载作用下杆端位移的方向，均以和多余力的正方向一致为正，反之为负。其右上角括号内的数字代表单元的序号。

  （3）整体分析，根据多余力方向上的位移条件建立柔度法方程。基本结构在多余力 X_1、X_2 和荷载共同作用下，沿 X_1 和 X_2 方向的位移应和原结构的实际位移 Δ_1、Δ_2 相等。

  由叠加原理，有

$$\left.\begin{array}{l}(f_{11}^{(1)}+f_{11}^{(2)})X_1+f_{12}^{(2)}X_2+(\delta_{1P}^{(1)}+\delta_{1P}^{(2)})=\Delta_1\\ f_{21}^{(2)}X_1+f_{22}^{(2)}X_2+\delta_{2P}^{(2)}=\Delta_2\end{array}\right\}\tag{1-3}$$

  式（1-3）可统一写成

$$\left.\begin{array}{l}f_{11}X_1+f_{12}X_2+\Delta_{1P}=\Delta_1\\ f_{21}X_1+f_{22}X_2+\Delta_{2P}=\Delta_2\end{array}\right\}\tag{1-4}$$

  式（1-4）用矩阵表示为

$$\begin{bmatrix}f_{11}&f_{12}\\f_{21}&f_{22}\end{bmatrix}\begin{Bmatrix}X_1\\X_2\end{Bmatrix}+\begin{Bmatrix}\Delta_{1P}\\\Delta_{2P}\end{Bmatrix}=\begin{Bmatrix}\Delta_1\\\Delta_2\end{Bmatrix}\tag{1-5}$$

式中 f_{11}、f_{12}、f_{21}、f_{22} 是连续梁的柔度系数。f_{ij} 表示基本结构上沿多余力 X_i 方向上由 $X_j=1$ 单独作用时所产生的位移。Δ_{iP} 表示基本结构上沿多余力 X_i 方向上由荷载作用所产生的位移。

  式（1-5）可简写为

$$[f]\{X\}+\{\Delta_P\}=\{\Delta\}\tag{1-6}$$

式（1-6）就是柔度法方程。其中 $[f]$ 称为柔度矩阵，$\{X\}$ 为多余未知力列阵，$\{\Delta_P\}$ 为基本结构上沿多余力方向由荷载产生的位移列阵，$\{\Delta\}$ 为原结构在多余力方向上的位移列阵。

  （4）解方程，求出多余力。由图 1-5 （a）知

$$\{\Delta\}=\{0\}$$

代入式（1-6），得

$$[f]\{X\}+\{\Delta_P\}=\{0\}\tag{1-7}$$

将各系数代入式（1-7）的 $[f]$、$\{\Delta_P\}$ 矩阵中，解得

$$\begin{Bmatrix}X_1\\X_2\end{Bmatrix}=ql^2\begin{Bmatrix}-\dfrac{1}{7}\\[2mm]-\dfrac{3}{56}\end{Bmatrix}$$

  （5）求各单元杆端力（弯矩）。已知多余未知力后，可由下式求出各单元的杆端力

$$\{F\}^{(e)}=\{F_P\}^{(e)}+[F_f]^{(e)}\{X\}^{(e)}$$

式中　　$\{F\}^{(e)}$——实际结构由荷载引起的（e）单元杆端力矩阵；

　　　　$\{F_P\}^{(e)}$——基本结构由荷载引起的（e）单元杆端力矩阵；

　　　　$\{F_f\}^{(e)}$——基本结构由各单位多余力单独作用引起的（e）单元杆端力矩阵；

　　　　$\{X\}^{(e)}$——（e）单元的杆端对应的多余力列阵。

$$\{F\}^{(1)} = \left\{ \begin{matrix} 0 \\ 0 \end{matrix} \right\} + \begin{bmatrix} 0 & 0 \\ 0 & 1 \end{bmatrix} \left\{ \begin{matrix} 0 \\ -\dfrac{ql^2}{7} \end{matrix} \right\} = \left\{ \begin{matrix} 0 \\ -\dfrac{ql^2}{7} \end{matrix} \right\}$$

$$\{F\}^{(2)} = \left\{ \begin{matrix} 0 \\ 0 \end{matrix} \right\} + \begin{bmatrix} 1 & 0 \\ 0 & 1 \end{bmatrix} \left\{ \begin{matrix} -\dfrac{ql^2}{7} \\ -\dfrac{3ql^2}{56} \end{matrix} \right\} = \left\{ \begin{matrix} -\dfrac{ql^2}{7} \\ -\dfrac{3ql^2}{56} \end{matrix} \right\}$$

根据求出的杆端力（弯矩），绘出连续梁的弯矩图如图 1-5（f）所示。

从以上例子可以看出，柔度法的关键是研究如何形成基本结构的柔度矩阵 $[f]$ 和基本结构上由荷载作用产生的结点位移列阵 $\{\Delta_P\}$。在本例中，基本结构为简支梁，我们直接用各单元的杆端位移写出了基本结构上的 $[f]$ 和 $\{\Delta_P\}$。但一般结构的 $[f]$ 和 $\{\Delta_P\}$ 应根据结构的具体条件而定，由于 $[f]$ 和 $\{\Delta_P\}$ 与基本结构密切相关，而基本结构形式又不是惟一的，没有统一规律，所以难以编制计算各类结构的通用程序，只可编制某些结构的专用程序。

1.3.2　刚度法概念

刚度法即矩阵位移法，其计算原理与传统的位移法相同。首先要确定结构的未知结点位移，以未知结点位移为基本未知量，以两端固定的单跨超静定梁的组合体作为基本结构。其次将基本结构离散化，分成若干单元，分析各单元杆端位移与杆端力之间的关系。再根据静力平衡条件和变形协调条件，将离散单元在结点处进行组合，建立刚度法方程。最后解方程，求出未知结点位移。有了未知结点位移后，就可根据杆端位移与杆端力的关系，求出各单元的杆端力等等。

下面以图 1-6（a）所示两跨连续梁为例，介绍刚度法的基本思路和解题过程。

（1）划分单元，确定未知结点位移。取两跨梁各为一个单元，如图 1-6（b）所示，该梁只考虑弯曲变形时，有两个未知结点转角位移 Δ_1 和 Δ_2。

（2）单元分析。在各未知结点位移为单位位移时，各单元的杆端力如图 1-6（c）（d）所示。

$\Delta_1 = 1$ 单独作用时

单元（1）　　　　$k_{11}^{(1)} = \dfrac{4EI}{l}$，$k_{21}^{(1)} = \dfrac{2EI}{l}$

单元（2）不受力。

$\Delta_2 = 1$ 单独作用时

单元（1）　　　　$k_{12}^{(1)} = \dfrac{2EI}{l}$，$k_{22}^{(1)} = \dfrac{4EI}{l}$

单元（2）　　　　$k_{22}^{(2)} = \dfrac{4EI}{l}$，$k_{32}^{(2)} = \dfrac{2EI}{l}$

在荷载作用下各单元的固端力如图 1-6（e）所示。

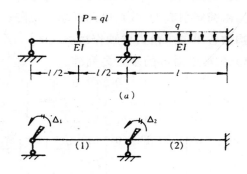

(a)

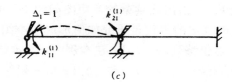

(b)

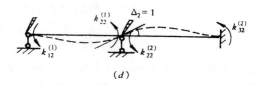

(c)

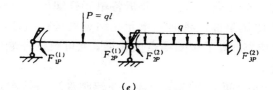

(d)

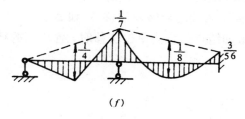

(e)

(f)

图 1-6

单元（1） $F_{1P}^{(1)}=\dfrac{Pl}{8}$, $F_{2P}^{(1)}=-\dfrac{Pl}{8}$

单元（2） $F_{2P}^{(2)}=\dfrac{ql^2}{12}$, $F_{3P}^{(2)}=-\dfrac{ql^2}{12}$

以上各单元在单位结点位移作用下和荷载作用下杆端力的方向，均以未知结点位移的正方向为正，反之为负。

（3）整体分析，根据未知结点位移方向上的结点力平衡条件建立刚度法方程。

由叠加原理，有

$$k_{11}^{(1)}\Delta_1 + k_{12}^{(1)}\Delta_2 + F_{1P}^{(1)} = P_{1D} \left.\right\}$$
$$k_{21}^{(1)}\Delta_1 + (k_{22}^{(1)} + k_{22}^{(2)})\Delta_2 + (F_{2P}^{(1)} + F_{2P}^{(2)}) = P_{2D} \left.\right\}$$

(1-8)

式（1-8）可统一写成

$$K_{11}\Delta_1 + K_{12}\Delta_2 = P_{1D} + P_{1E}$$
$$K_{21}\Delta_1 + K_{22}\Delta_2 = P_{2D} + P_{2E}$$

(1-9)

式中 K_{11}、K_{12}、K_{21}、K_{22} 是连续梁的刚度系数。K_{ij} 表示基本结构上由 $\overline{\Delta}_j = 1$ 单独作用时，在 Δ_i 方向上所产生的结点力。P_{1D}、P_{2D} 表示直接作用在结点 1 和结点 2 上的结点荷载，在图 1-6（a）中 $P_{1D} = P_{2D} = 0$。P_{1E}、P_{2E} 是由各单元上作用的节间荷载产生的沿 Δ_1、Δ_2 方向上的结点力，称为等效结点荷载。由式（1-8）和（1-9）知等效结点荷载为

$$P_{1E} = -F_{1P}^{(1)} = -\frac{ql^2}{8}, P_{2E} = -(F_{2P}^{(1)} + F_{2P}^{(2)}) = \frac{ql^2}{24}$$

令

$$P_1 = P_{1D} + P_{1E}$$
$$P_2 = P_{2D} + P_{2E}$$

则式（1-9）可用矩阵表示为

$$\begin{bmatrix} K_{11} & K_{12} \\ K_{21} & K_{22} \end{bmatrix} \begin{Bmatrix} \Delta_1 \\ \Delta_2 \end{Bmatrix} = \begin{Bmatrix} P_1 \\ P_2 \end{Bmatrix}$$

(1-10)

式（1-10）可简写为

$$[K]\{\Delta\} = \{P\}$$

(1-11)

式（1-11）就是刚度法方程。其中 $[K]$ 称为结构刚度矩阵，$\{\Delta\}$ 为结构结点位移列阵，$\{P\}$ 为结构结点荷载列阵。

（4）解方程，求出未知结点位移。将各系数及结点荷载代入式（1-11）的 $[K]$、$\{P\}$ 矩阵中，解得

$$\begin{Bmatrix} \Delta_1 \\ \Delta_2 \end{Bmatrix} = \frac{ql^3}{EI} \begin{Bmatrix} -\dfrac{13}{336} \\ \dfrac{5}{336} \end{Bmatrix}$$

（5）求各单元杆端力。未知结点位移求出后，可按下式求出各单元的杆端力

$$\{F\}^{(e)} = \{F_P\}^{(e)} + [k]^{(e)}\{\delta\}^{(e)}$$

式中　　$\{F\}^{(e)}$ ——原结构在荷载作用下（e）单元的杆端力列阵；

$\{F_P\}^{(e)}$ ——基本结构由荷载产生的（e）单元的杆端力列阵；

$[k]^{(e)}$ ——基本结构（e）单元在单位结点位移作用下产生的杆端力矩阵；

$\{\delta\}^{(e)}$ ——（e）单元的杆端对应的结点位移列阵。

$$\{F\}^{(1)} = \begin{Bmatrix} \dfrac{Pl}{8} \\ -\dfrac{Pl}{8} \end{Bmatrix} + \begin{bmatrix} \dfrac{4EI}{l} & \dfrac{2EI}{l} \\ \dfrac{2EI}{l} & \dfrac{4EI}{l} \end{bmatrix} \begin{Bmatrix} -\dfrac{13}{336} \\ \dfrac{5}{336} \end{Bmatrix} \dfrac{ql^3}{EI} = \begin{Bmatrix} 0 \\ -\dfrac{ql^2}{7} \end{Bmatrix}$$

$$\{F\}^{(2)} = \left\{ \begin{array}{c} \dfrac{ql^2}{12} \\[2ex] -\dfrac{ql^2}{12} \end{array} \right\} + \left[\begin{array}{cc} \dfrac{4EI}{l} & \dfrac{2EI}{l} \\[2ex] \dfrac{2EI}{l} & \dfrac{4EI}{l} \end{array} \right] \left\{ \begin{array}{c} \dfrac{5}{336} \\[2ex] 0 \end{array} \right\} \dfrac{ql^3}{EI} = \left\{ \begin{array}{c} \dfrac{1}{7} \\[2ex] -\dfrac{3}{56} \end{array} \right\} ql^2$$

根据求出的杆端力（弯矩），并按杆端弯矩以逆时针为正，判明梁端受拉边，绘出连续梁的弯矩图如图 1-6（f）所示。

从以上例子可以看出，用刚度法求结点位移的关键，是如何形成结构刚度矩阵 [K] 和结构结点荷载列阵 {P}。在以上简单例子中，可直接写出 [K] 和 {P}，但在一般情况下，[K] 和 {P} 的形成需要进行一系列的变换。

图 1-5（a）与图 1-6（a）中的连续梁的结构形式和荷载情况完全一样，用矩阵力法求得的弯矩图 1-5（f）与用矩阵位移法求得的弯矩图 1-6（f），两者完全相同。

由于矩阵位移法的规律性较强，宜于编制计算各类结构的通用程序，以下各章将具体介绍矩阵位移法的全过程。

思 考 题

1-1　何谓结构的离散化？在杆系结构中，单元是怎样划分的？

1-2　什么是单元坐标系？按右手法则如何确定单元坐标系中的杆端力和杆端位移的正方向？

1-3　何谓杆端位移向量和杆端力向量？向量中各元素的排列次序应注意什么？

1-4　在结构矩阵分析中什么叫柔度法、刚度法？

2 单元分析

单元分析的主要任务之一，是研究单元的杆端位移和杆端力之间的关系，建立单元刚度矩阵。对于杆件单元来说，单元刚度矩阵的推导可以通过两种途径得到。一种途径是采用**静力法**推导，另一种途径是采用能量原理或虚功原理推导。考虑到和已学过的材料力学及位移法中转角位移方程等知识的结合更紧密，本章介绍第一种方法。

2.1 单元刚度矩阵

本节对平面结构的杆件单元进行单元分析，得出单元刚度方程和单元刚度矩阵。位移法中给出的转角位移方程实际上就是梁单元的刚度方程。梁单元是杆件单元的特例。下面推导单元刚度方程时所用的方法不是新的，但有几点新的内容：杆两端在横向的线位移改用绝对位移而不用相对位移，重新规定正负号规则，杆端位移和力以与杆件坐标轴正方向一致为正，转角和弯矩以逆时针为正。讨论杆件单元的一般情况，采用矩阵表示形式。

2.1.1 一般单元

图 2-1 所示为平面结构中的一个等截面直杆单元 (e)。设杆件除弯曲变形外，还有轴向变形。杆件两端各有三个位移分量，两个线位移，一个角位移（转角）。这是平面结构杆件单元的一般情况。图 2-1 中所示一般单元的杆端位移和杆端力分量方向为正方向。下面讨论这种单元杆端位移和杆端力之间的关系。

在图 2-1 所示的单元杆件坐标系中，单元 (e) 受外因影响由 ij 位置变化到 $i'j'$ 位置，为了更清楚地了解杆端位移和杆端力之间的关系，可分别考虑各杆端位移单独作用时，引起的杆端力。

图 2-2 示出了单元 (e) 的六个杆端位移单独作用时，引起的杆端力。设单元杆长为 l，横截面面积为 A，截面惯性矩为 I，弹性模量为 E。在图 2-2(a)、(b) 中，由材料力学中的虎克定律，按叠加原理，有

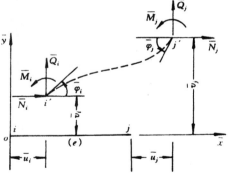

图 2-1

$$\left.\begin{aligned} \overline{N}_i &= \frac{EA}{l}\overline{u}_i - \frac{EA}{l}\overline{u}_j \\ \overline{N}_j &= -\frac{EA}{l}\overline{u}_i + \frac{EA}{l}\overline{u}_j \end{aligned}\right\} \quad (2\text{-}1)$$

在图 2-2 (c)、(d)、(e)、(f) 中，由位移法中的转角位移方程，并按照本章规定的符号和正负号，按叠加原理，有

$$\left.\begin{aligned} \overline{Q}_i &= \frac{12EI}{l^3}\overline{v}_i + \frac{6EI}{l^2}\overline{\varphi}_i - \frac{12EI}{l^3}\overline{v}_j + \frac{6EI}{l^2}\overline{\varphi}_j \\ \overline{M}_i &= \frac{6EI}{l^2}\overline{v}_i + \frac{4EI}{l}\overline{\varphi}_i - \frac{6EI}{l^2}\overline{v}_j + \frac{2EI}{l}\overline{\varphi}_j \\ \overline{Q}_j &= -\frac{12EI}{l^3}\overline{v}_i - \frac{6EI}{l^2}\overline{\varphi}_i + \frac{12EI}{l^3}\overline{v}_j - \frac{6EI}{l^2}\overline{\varphi}_j \\ \overline{M}_j &= \frac{6EI}{l^2}\overline{v}_i + \frac{2EI}{l}\overline{\varphi}_i - \frac{6EI}{l^2}\overline{v}_j + \frac{4EI}{l}\overline{\varphi}_j \end{aligned}\right\} \quad (2\text{-}2)$$

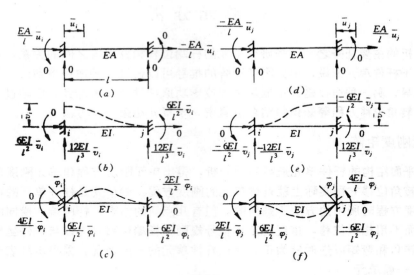

图 2-2

将 (2-1)、(2-2) 式汇集在一起，可以写成矩阵的形式。

$$\left\{\begin{array}{c}\overline{N}_i \\ \overline{Q}_i \\ \overline{M}_i \\ \hdashline \overline{N}_j \\ \overline{Q}_j \\ \overline{M}_j\end{array}\right\}=\left[\begin{array}{cccc:ccc}\dfrac{EA}{l} & 0 & 0 & -\dfrac{EA}{l} & 0 & 0 \\ 0 & \dfrac{12EI}{l^3} & \dfrac{6EI}{l^2} & 0 & -\dfrac{12EI}{l^3} & \dfrac{6EI}{l^2} \\ 0 & \dfrac{6EI}{l^2} & \dfrac{4EI}{l} & 0 & -\dfrac{6EI}{l^2} & \dfrac{2EI}{l} \\ \hdashline -\dfrac{EA}{l} & 0 & 0 & \dfrac{EA}{l} & 0 & 0 \\ 0 & -\dfrac{12EI}{l^3} & -\dfrac{6EI}{l^2} & 0 & \dfrac{12EI}{l^3} & -\dfrac{6EI}{l^2} \\ 0 & \dfrac{6EI}{l^2} & \dfrac{2EI}{l} & 0 & -\dfrac{6EI}{l^2} & \dfrac{4EI}{l}\end{array}\right]\left\{\begin{array}{c}\overline{u}_i \\ \overline{v}_i \\ \overline{\varphi}_i \\ \hdashline \overline{u}_j \\ \overline{v}_j \\ \overline{\varphi}_j\end{array}\right\} \qquad (2\text{-}3)$$

若令

$$\{\overline{F}\}^{(e)}=\left\{\begin{array}{c}\overline{N}_i \\ \overline{Q}_i \\ \overline{M}_i \\ \hdashline \overline{N}_j \\ \overline{Q}_j \\ \overline{M}_j\end{array}\right\}, \qquad \{\overline{\delta}\}^{(e)}=\left\{\begin{array}{c}\overline{u}_i \\ \overline{v}_i \\ \overline{\varphi}_i \\ \hdashline \overline{u}_j \\ \overline{v}_j \\ \overline{\varphi}_j\end{array}\right\},$$

$$[\bar{k}]^{(e)} = \begin{bmatrix} \dfrac{EA}{l} & 0 & 0 & -\dfrac{EA}{l} & 0 & 0 \\[2mm] 0 & \dfrac{12EI}{l^3} & \dfrac{6EI}{l^2} & 0 & -\dfrac{12EI}{l^3} & \dfrac{6EI}{l^2} \\[2mm] 0 & \dfrac{6EI}{l^2} & \dfrac{4EI}{l} & 0 & -\dfrac{6EI}{l^2} & \dfrac{2EI}{l} \\[2mm] -\dfrac{EA}{l} & 0 & 0 & \dfrac{EA}{l} & 0 & 0 \\[2mm] 0 & -\dfrac{12EI}{l^3} & -\dfrac{6EI}{l^2} & 0 & \dfrac{12EI}{l^3} & -\dfrac{6EI}{l^2} \\[2mm] 0 & \dfrac{6EI}{l^2} & \dfrac{2EI}{l} & 0 & -\dfrac{6EI}{l^2} & \dfrac{4EI}{l} \end{bmatrix} \tag{2-4}$$

则（2-3）式可写成缩写的形式

$$\{\bar{F}\}^{(e)} = [\bar{k}]^{(e)} \{\bar{\delta}\}^{(e)} \tag{2-5}$$

式（2-4）称为一般单元（e）在杆件坐标系 $o\,\bar{x}\,\bar{y}$ 中的单元刚度矩阵，显然 $[\bar{k}]^{(e)}$ 的行数等于杆端力向量的分量数，而其列数则等于杆端位移向量的分量数，因而 $[\bar{k}]^{(e)}$ 是一个 6×6 阶方阵。

式（2-5）称为单元刚度方程，它表示单元杆端位移和杆端力之间的转换关系。

2.1.2 不计轴向变形单元

在平面杆系结构中，受弯直杆一般以弯曲变形为主，如组成刚架的各个杆件。这些杆件在分析时若忽略轴向变形，则称为不计轴向变形单元，或称为梁式单元。

在小变形范围内，杆端的横向剪力及弯矩只与杆端的横向位移和转角有关，而与杆端的轴向位移无关，这两者是非耦合的，或者说两者是独立地作用而互不影响的（如图 2-2（c）、（d）、（e）、（f）所示）。因此，对于不计轴向变形的单元，只需不考虑（2-1）式，即舍去由轴向位移引起的杆端力即可。将（2-2）式写成矩阵形式

$$\begin{Bmatrix} \bar{Q}_i \\[2mm] \bar{M}_i \\[2mm] \bar{Q}_j \\[2mm] \bar{M}_j \end{Bmatrix} = \begin{bmatrix} \dfrac{12EI}{l^3} & \dfrac{6EI}{l^2} & -\dfrac{12EI}{l^3} & \dfrac{6EI}{l^2} \\[2mm] \dfrac{6EI}{l^2} & \dfrac{4EI}{l} & -\dfrac{6EI}{l^2} & \dfrac{2EI}{l} \\[2mm] -\dfrac{12EI}{l^3} & -\dfrac{6EI}{l^2} & \dfrac{12EI}{l^3} & -\dfrac{6EI}{l^2} \\[2mm] \dfrac{6EI}{l^2} & \dfrac{2EI}{l} & -\dfrac{6EI}{l^2} & \dfrac{4EI}{l} \end{bmatrix} \begin{Bmatrix} \bar{v}_i \\[2mm] \bar{\varphi}_i \\[2mm] \bar{v}_j \\[2mm] \bar{\varphi}_j \end{Bmatrix} \tag{2-6}$$

上式即为不计轴向变形单元的刚度方程。令

$$[\bar{k}] = \begin{bmatrix} \dfrac{12EI}{l^3} & \dfrac{6EI}{l^2} & -\dfrac{12EI}{l^3} & \dfrac{6EI}{l^2} \\[2mm] \dfrac{6EI}{l^2} & \dfrac{4EI}{l} & -\dfrac{6EI}{l^2} & \dfrac{2EI}{l} \\[2mm] -\dfrac{12EI}{l^3} & -\dfrac{6EI}{l^2} & \dfrac{12EI}{l^3} & -\dfrac{6EI}{l^2} \\[2mm] \dfrac{6EI}{l^2} & \dfrac{2EI}{l} & -\dfrac{6EI}{l^2} & \dfrac{4EI}{l} \end{bmatrix} \tag{2-7}$$

式（2-7）称为不计轴向变形单元的单元刚度矩阵。

2.1.3 拉压杆单元

组成桁架的二力杆称为拉压杆单元，也称为桁架单元，它的特点是只产生轴向位移和只承受轴向力。

从图 2-2（a）、（b）中可以看出，在小变形范围内，杆端的轴向力只与杆端的轴向位移有关，而与杆端的横向位移及转角无关。因此，对于拉压杆单元，不需考虑（2-2）式，则（2-1）式由轴向位移引起的杆端力写成矩阵形式为

$$\begin{Bmatrix} \overline{N}_i \\ \overline{N}_j \end{Bmatrix} = \begin{bmatrix} \dfrac{EA}{l} & -\dfrac{EA}{l} \\ -\dfrac{EA}{l} & \dfrac{EA}{l} \end{bmatrix} \begin{Bmatrix} \overline{u}_i \\ \overline{u}_j \end{Bmatrix} \tag{2-8}$$

上式称为拉压杆单元的刚度方程。其中

$$[\overline{k}] = \begin{bmatrix} \dfrac{EA}{l} & -\dfrac{EA}{l} \\ -\dfrac{EA}{l} & \dfrac{EA}{l} \end{bmatrix} \tag{2-9}$$

式（2-9）为杆件坐标系中拉压杆单元的刚度矩阵。

2.1.4 连续梁单元

在矩阵位移法中，并不是所有情况都必须考虑单元两端的全部杆端位移分量和杆端力分量。计算中，可根据结构的实际情况，采用考虑杆端约束条件的单元。这类单元的刚度方程和刚度矩阵，无须另行推导，只要从相应的一般单元的单元刚度方程和刚度矩阵中，剔除由约束条件确定的零位移所对应的行和列，即可得到。

对图 2-3 所示两端不产生线位移而只有角位移的单元，只要从式（2-3）中取出对应两端角位移的第 3、6 行和 3、6 列，就可得到这种约束单元的刚度方程和刚度矩阵为

$$\begin{Bmatrix} \overline{M}_i \\ \overline{M}_j \end{Bmatrix} = \begin{bmatrix} \dfrac{4EI}{l} & \dfrac{2EI}{l} \\ \dfrac{2EI}{l} & \dfrac{4EI}{l} \end{bmatrix} \begin{Bmatrix} \overline{\varphi}_i \\ \overline{\varphi}_j \end{Bmatrix} \tag{2-10}$$

$$[\overline{k}] = \begin{bmatrix} \dfrac{4EI}{l} & \dfrac{2EI}{l} \\ \dfrac{2EI}{l} & \dfrac{4EI}{l} \end{bmatrix} \tag{2-11}$$

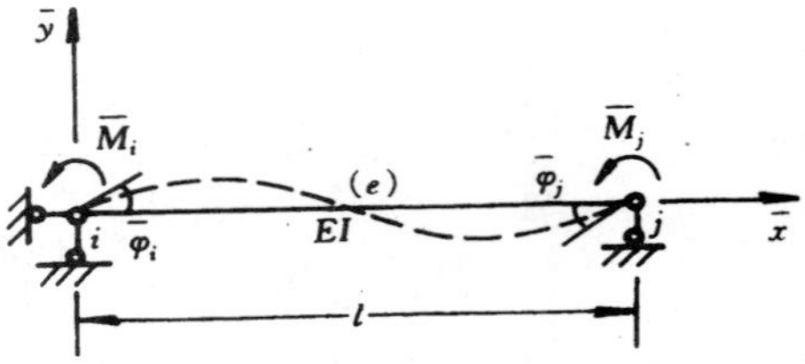

图 2-3

在连续梁的计算中，经常用到这种单元，所以图 2-3 所示的两端无结点线位移的单元也称为连续梁单元。

对具有其它杆端约束的单元，可根据具体情况，对式（2-3）作相应的修正，即可得到所求的单元刚度矩阵。

本节中仅推导了两端固定梁（图 2-2）单元的刚度矩阵（2-3）式。对于一端固定另一端为铰支或定向支承的杆件可作为两端固定的情况来处理，就是说将铰支端的角位移和定向支承处的线位移也作为基本未知量。这样，位移法中的三类基本构件可以被统一为同一类型的构件，计算中用同一种单元，这对分析过程的规格化以及计算机程序的编制是有利的。

2.2 单元刚度矩阵的性质

单元刚度矩阵 $[\bar{k}]^{(e)}$ 反映单元杆端力列阵 $\{\bar{F}\}^{(e)}$ 与单元杆端位移列阵 $\{\bar{\delta}\}^{(e)}$ 之间的关系，其中任一元素 k_{ij} 表示第 j 个位移分量等于 1（其它位移分量为零）时所引起的第 i 个力分量的值。$[\bar{k}]^{(e)}$ 中第 j 列元素表示第 j 个位移分量为 1 时，所引起的各个力分量的数值。而 $[\bar{k}]$ 中第 i 行元素则表示各个位移分量分别等于 1 时所引起的第 i 个力分量的数值。例如 (2-4) 式中的 k_{45} 是 $\bar{v}_j=1$ 时所引起的 $\overline{N}_j$ 值；第 3 列元素是 $\overline{\varphi}_i=1$ 时所引起的杆端力列阵的值；第 2 行元素是杆端位移分量依次等于 1 时所引起的 $\overline{Q}_i$ 的值等等。还应注意到，$[\bar{k}]^{(e)}$ 主对角线上的元素 k_{ii} 表示第 i 个单位位移分量引起的第 i 个力分量的值，因此，必有 $k_{ii}>0$。以上扼要说明了单元刚度矩阵 $[\bar{k}]^{(e)}$ 的物理意义，下面指出它的两个特性：

(1) $[\bar{k}]^{(e)}$ 是对称矩阵

$[\bar{k}]^{(e)}$ 的对称性是指其副元素有如下关系

$$k_{ij} = k_{ji} \tag{2-12}$$

(2-12) 式实际上就是根据反力互等定理得出的结论。

(2) $[\bar{k}]^{(e)}$ 为奇异矩阵

$[\bar{k}]^{(e)}$ 的奇异性是指其行列式值等于零，即

$$|[\bar{k}]^{(e)}| = 0$$

直接计算 (2-4) 式的矩阵行列式，便可验证上述结论。

由此可知，$[\bar{k}]^{(e)}$ 不能求逆。也就是说，如果给定位移 $\{\bar{\delta}\}^{(e)}$，由 (2-3) 式可以求得杆端力 $\{\bar{F}\}^{(e)}$ 的惟一解；但当杆端力 $\{\bar{F}\}^{(e)}$ 为已知时，由 (2-3) 式不能求得杆端位移 $\{\bar{\delta}\}^{(e)}$ 的惟一解。这是由于在给定杆端力 $\{\bar{F}\}^{(e)}$ 的情况下，由图 2-1 可以看出，单元两端没有任何支承，因而除去杆件本身的弯曲和轴向变形外，还可以有任意刚体位移。所以，当杆端力已知时，对这个任意的刚体位移仍然无法确定。

应当注意到，对于图 2-3 所示的单元，(2-11) 式的 $[\bar{k}]^{(e)}$ 并不是奇异矩阵，$|[\bar{k}]^{(e)}| \neq 0$。这是因为建立刚度方程时，已经考虑了杆端约束条件，单元的刚体位移受到了约束。所以，当杆端力 $\{\bar{F}\}^{(e)}$ 已知时，可以求得杆端位移 $\{\bar{\delta}\}^{(e)}$ 的惟一解。

2.3 杆件坐标与结构坐标的变换

2.3.1 杆件坐标与结构坐标的杆端位移（力）

上述等截面直杆单元的杆端位移、杆端力和单元刚度矩阵，都是按杆件坐标系讲的。一个杆件结构中常有许多不同方向的杆件，杆件坐杆系取杆轴线为 $\bar{x}$ 轴，对水平和斜的直杆，以各自的左端 i 为始端，右端 j 为终端，对竖直杆件，以下端 i 为始端，上端 j 为终端，由始端 i 向终端 j 为 $\bar{x}$ 轴的正向，从 $\bar{x}$ 轴的正向逆时针转 90° 为 $\bar{y}$ 轴的正向。图 2-4 (b) 表示图 2-4 (a) 平面刚架中单元 (1)、(2)、(3) 的单元坐标轴 $\bar{x}$、$\bar{y}$ 及其正方向。

杆端位移和杆端力均以沿坐标轴正向为正，杆端转角和取杆件为隔离体时的杆端弯矩以逆时针转的为正。

对于一般的平面杆件单元 (e)，其杆端位移和杆端力各有 6 个分量，通常在位移和力代表符号的上边加一横线，说明是杆件坐标的位移和力。如式 (1-1) 和 (1-2) 所示，即

$$\{\overline{\delta}\}^{(e)} = [\,\overline{u}_i\ \overline{v}_i\ \overline{\varphi}_i\ \overline{u}_j\ \overline{v}_j\ \overline{\varphi}_j\,]^T,\ \{\overline{F}\}^{(e)} = [\,\overline{N}_i\ \overline{Q}_i\ \overline{M}_i\ \overline{N}_j\ \overline{Q}_j\ \overline{M}_j\,]^T$$

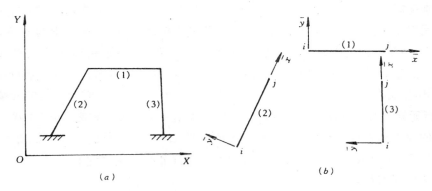

图 2-4

在对结构进行整体分析时，为了便于建立变形协调条件和力的平衡条件，要采用一个统一的坐标系，称为结构坐标系，用 OXY 表示。其 X 轴常取水平的直线，以向右为正，Y 轴以向上为正，如图 2-4 （a）所示。

结构坐标的单元杆端位移和杆端力则表示为

$$\{\delta\}^{(e)} = [\,u_i\ v_i\ \varphi_i\ u_j\ v_j\ \varphi_j\,]^T,\ \{\overline{F}\}^{(e)} = [\,X_i\ Y_i\ M_i\ X_j\ Y_j\ M_j\,]^T$$

2.3.2　单元杆端位移（力）的坐标变换

本节坐标变换指杆件和结构两种坐标下的杆端位移和杆端力间的转换关系。本书把结构坐标下的杆端位移（力）转换为杆件坐标下的杆端位移（力）时，称为坐标变换。把杆件坐标下的力（位移）转换为结构坐标下的力（位移）时，称为坐标的逆变换。

图 2-5 （a）表示杆件坐标下的杆端位移 $\{\overline{\delta}\}^{(e)}$，图 2-5 （$b$）为结构坐标下的杆端位移 $\{\delta\}^{(e)}$，把图 2-5 （b）中 $\{\delta\}^{(e)}$ 的水平位移和竖直位移分解为杆件坐标方向的分位移，见图 2-5 （b）中虚线所示，可得

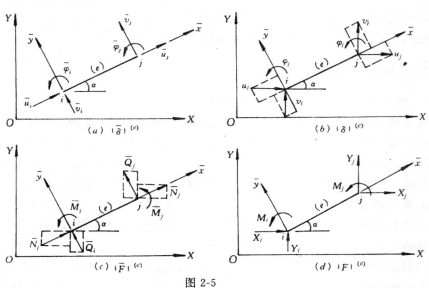

图 2-5

16

$$\left.\begin{aligned}
\bar{u}_i &= u_i\cos\alpha + v_i\sin\alpha \\
\bar{v}_i &= -u_i\sin\alpha + v_i\cos\alpha \\
\bar{\varphi}_i &= \varphi_i \\
\bar{u}_j &= u_j\cos\alpha + v_j\sin\alpha \\
\bar{v}_j &= -u_j\sin\alpha + v_j\cos\alpha \\
\bar{\varphi}_j &= \varphi_j
\end{aligned}\right\} \tag{2-13}$$

式 （2-13） 可写成矩阵形式

$$\begin{Bmatrix} \bar{u}_i \\ \bar{v}_i \\ \bar{\varphi}_i \\ \bar{u}_j \\ \bar{v}_j \\ \bar{\varphi}_j \end{Bmatrix} = \begin{bmatrix} \cos\alpha & \sin\alpha & 0 & 0 & 0 & 0 \\ -\sin\alpha & \cos\alpha & 0 & 0 & 0 & 0 \\ 0 & 0 & 1 & 0 & 0 & 0 \\ 0 & 0 & 0 & \cos\alpha & \sin\alpha & 0 \\ 0 & 0 & 0 & -\sin\alpha & \cos\alpha & 0 \\ 0 & 0 & 0 & 0 & 0 & 1 \end{bmatrix} \begin{Bmatrix} u_i \\ v_i \\ \varphi_i \\ u_j \\ v_j \\ \varphi_j \end{Bmatrix} \tag{2-14}$$

上式可用矩阵符号简写为

$$\{\bar{\delta}\}^{(e)} = [T]\{\delta\}^{(e)} \tag{2-15}$$

式中 $[T]$ 为杆端位移 （力） 的坐标变换矩阵，见下面的式 （2-16）。

$$[T] = \begin{bmatrix} \cos\alpha & \sin\alpha & 0 & 0 & 0 & 0 \\ -\sin\alpha & \cos\alpha & 0 & 0 & 0 & 0 \\ 0 & 0 & 1 & 0 & 0 & 0 \\ 0 & 0 & 0 & \cos\alpha & \sin\alpha & 0 \\ 0 & 0 & 0 & -\sin\alpha & \cos\alpha & 0 \\ 0 & 0 & 0 & 0 & 0 & 1 \end{bmatrix} \tag{2-16}$$

结构坐标杆端力和杆件坐标杆端力间的转换矩阵，也是式 （2-16）。故有

$$\{\bar{F}\}^{(e)} = [T]\{F\}^{(e)} \tag{2-17}$$

2.3.3 单元杆端力 （位移） 的坐标逆变换

逆变换是把杆件坐标杆端力 （位移） 变换为结构坐标杆端力 （位移）。为求杆端力的逆变换，把图 2-5 （c） 杆件坐标 $\{\bar{F}\}^{(e)}$ 中的力 $\bar{N}_i$、$\bar{Q}_i$、$\bar{N}_j$、$\bar{Q}_j$ 分解为沿结构坐标方向的力 X_i、Y_i、X_j、Y_j，见图 2-5 （c） 虚线所示。由此得用杆件坐标杆端力 （图 2-5 （c）） 表示的结构坐标杆端力 （图 2-5 （d）），可直接写成矩阵形式如下：

$$\begin{Bmatrix} X_i \\ Y_i \\ M_i \\ X_j \\ Y_j \\ M_j \end{Bmatrix} = \begin{bmatrix} \cos\alpha & -\sin\alpha & 0 & 0 & 0 & 0 \\ \sin\alpha & \cos\alpha & 0 & 0 & 0 & 0 \\ 0 & 0 & 1 & 0 & 0 & 0 \\ 0 & 0 & 0 & \cos\alpha & -\sin\alpha & 0 \\ 0 & 0 & 0 & \sin\alpha & \cos\alpha & 0 \\ 0 & 0 & 0 & 0 & 0 & 1 \end{bmatrix} \begin{Bmatrix} \bar{N}_i \\ \bar{Q}_i \\ \bar{M}_i \\ \bar{N}_j \\ \bar{Q}_j \\ \bar{M}_j \end{Bmatrix} \tag{2-18}$$

可简记为

$$\{F\}^{(e)} = [T_{逆}]\{\bar{F}\}^{(e)} \tag{2-19}$$

其中逆变换的转换矩阵 $[T_{逆}]$ 为

$$[T_{逆}] = \begin{bmatrix} \cos\alpha & -\sin\alpha & 0 & 0 & 0 & 0 \\ \sin\alpha & \cos\alpha & 0 & 0 & 0 & 0 \\ 0 & 0 & 1 & 0 & 0 & 0 \\ 0 & 0 & 0 & \cos\alpha & -\sin\alpha & 0 \\ 0 & 0 & 0 & \sin\alpha & \cos\alpha & 0 \\ 0 & 0 & 0 & 0 & 0 & 1 \end{bmatrix} \tag{2-20}$$

杆件坐标杆端位移和结构坐标杆端位移间的逆转换矩阵，也是式（2-20）。故有

$$\{\delta\}^{(e)} = [T_{逆}]\{\overline{\delta}\}^{(e)} \tag{2-21}$$

对比式（2-16）杆端位移的变换矩阵 $[T]$ 和式（2-20）杆端位移的逆变换矩阵 $[T_{逆}]$ 中各行、各列的元素，可知两种变换矩阵有下列转置关系

$$[T_{逆}] = [T]^T \tag{2-22}$$

即杆端位移（力）逆变换时的转换矩阵 $[T_{逆}]$ 等于位移（力）转换矩阵 $[T]$ 的转置矩阵 $[T]^T$。

根据式（2-22），可把杆端力和位移的逆变换关系式（2-19）和式（2-21）写成

$$\{F\}^{(e)} = \{T\}^T\{\overline{F}\}^{(e)} \tag{2-23}$$

$$\{\delta\}^{(e)} = [T]^T\{\overline{\delta}\}^{(e)} \tag{2-24}$$

附注：如果注意到式（2-16）坐标变换矩阵 $[T]$ 中任一行（或列）各元素平方和为1，任意两行（或列）对应元素乘积的代数和为零，即 $[T]$ 为正交矩阵，则有 $[T]$ 的逆矩阵 $[T]^{-1}$ 等于其转置矩阵 $[T]^T$。那么，由式（2-17）杆端力的坐标变换关系可直接得出式（2-23）杆端力的逆变换关系。

$$\{F\}^{(e)} = [T]^{-1}\{\overline{F}\}^{(e)} = [T]^T\{\overline{F}\}^{(e)}$$

同理，由式（2-15）杆端位移的变换关系得出式（2-24）杆端位移的逆变换关系。

当变换矩阵 $[T]$ 不是正交矩阵时，不存在 $[T]^{-1} = [T]^T$ 的关系，但式（2-19）的逆变换关系也是成立的。

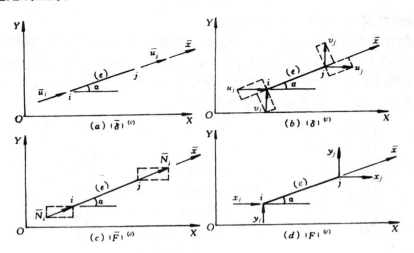

图 2-6

例如，图 2-6（a）桁架杆单元的杆件坐标杆端位移向量为 $\{\overline{\delta}\}^{(e)} = [\overline{u_i} \ \overline{u_j}]^T$，图 2-6

18

（b）结构坐标位移向量 $\{\delta\}^{(e)} = [u_i \, v_i \, u_j \, v_j]^T$，按图 b 虚线分解位移后，得位移变换关系为

$$\begin{Bmatrix} \overline{u}_i \\ \overline{u}_j \end{Bmatrix} = \begin{bmatrix} \cos\alpha & \sin\alpha & 0 & 0 \\ 0 & 0 & \cos\alpha & \sin\alpha \end{bmatrix} \begin{Bmatrix} u_i \\ v_i \\ u_j \\ v_j \end{Bmatrix} \qquad (2\text{-}25)$$

将式（2-25）杆端位移变换关系写成用矩阵形式表示，则与式（2-15）的矩阵变换关系相同

$$\{\overline{\delta}\}^{(e)} = [T]\{\delta\}^{(e)}$$

图 2-6（c）桁架杆单元的杆件坐标杆端力向量为 $\{\overline{F}\}^{(e)} = [\overline{N}_i \quad \overline{N}_j]^T$，图 2-6（d）结构坐标杆端力向量 $\{F\}^{(e)} = [X_i \, Y_i \, X_j \, Y_j]^T$，把图 2-6（c）杆端力分解为结构坐标杆端力，见图 2-6（c）虚线所示。得杆端力的逆变换矩表示式为

$$\begin{Bmatrix} X_i \\ Y_i \\ X_j \\ Y_j \end{Bmatrix} = \begin{bmatrix} \cos\alpha & 0 \\ \sin\alpha & 0 \\ 0 & \cos\alpha \\ 0 & \sin\alpha \end{bmatrix} \begin{Bmatrix} \overline{N}_i \\ \overline{N}_j \end{Bmatrix} \qquad (2\text{-}26)$$

将式（2-26）杆端力的逆变换关系写成矩阵形式，则与式（2-19）所示变换关系式相同

$$\{F\}^{(e)} = [T_{逆}]\{\overline{F}\}^{(e)}$$

而且对比式（2-22）等号右端的变换矩阵 $[T]$ 与式（2-19）逆变换矩阵 $[T_{逆}]$，虽然两个变换矩阵并非正方形矩阵，不存在逆矩阵等于转置矩阵的关系，但式（2-20）$[T_{逆}] = [T]^T$ 的转置关系式仍然成立。

2.3.4　结构坐标系中的单元刚度矩阵

将杆件坐标系中的单元刚度方程 $\{\overline{F}\}^{(e)} = [\overline{k}]^{(e)}\{\overline{\delta}\}^{(e)}$ 代入（2-23）式，并考虑到（2-15）式，有

$$\begin{aligned} \{F\}^{(e)} &= [T]^T\{\overline{F}\}^{(e)} \\ &= [T]^T[\overline{k}]^{(e)}\{\overline{\delta}\}^{(e)} \\ &= [T]^T[\overline{k}]^{(e)}[T]\{\delta\}^{(e)} \end{aligned} \qquad (2\text{-}27)$$

令

$$[k]^{(e)} = [T]^T[\overline{k}]^{(e)}[T] \qquad (2\text{-}28)$$

则（2-27）式可写成：

$$\{F\}^{(e)} = [k]^{(e)}\{\delta\}^{(e)} \qquad (2\text{-}29)$$

式中 $[k]^{(e)}$ 为结构坐标系中的单元刚度矩阵，它可由杆件坐标系中的单元刚度矩阵 $[\overline{k}]^{(e)}$ 及坐标变换矩阵 $[T]$ 利用（2-25）式求得。

A　一般单元

为了讨论方便，将（2-29）式按单元始端 i、终端 j 分块后写成如下的形式：

$$\begin{Bmatrix} F_i^{(e)} \\ \cdots \\ F_j^{(e)} \end{Bmatrix} = \begin{bmatrix} k_{ii}^{(e)} & \vdots & k_{ij}^{(e)} \\ \cdots & & \cdots \\ k_{ji}^{(e)} & \vdots & k_{jj}^{(e)} \end{bmatrix} \begin{Bmatrix} \delta_i^{(e)} \\ \cdots \\ \delta_j^{(e)} \end{Bmatrix} \qquad (2\text{-}30)$$

式中

$$\{F_i\}^{(e)} = \begin{Bmatrix} X_i \\ Y_i \\ M_i \end{Bmatrix}, \quad \{F_j\}^{(e)} = \begin{Bmatrix} X_j \\ Y_j \\ M_j \end{Bmatrix} \tag{2-31}$$

$$\{\delta_i\}^{(e)} = \begin{Bmatrix} u_i \\ v_i \\ \varphi_i \end{Bmatrix}, \quad \{\delta_j\}^{(e)} = \begin{Bmatrix} u_j \\ v_j \\ \varphi_j \end{Bmatrix} \tag{2-32}$$

$[k_{ii}]^{(e)}$、$[k_{ij}]^{(e)}$、$[k_{ji}]^{(e)}$、$[k_{jj}]^{(e)}$ 为单元刚度矩阵的四个子块，式（2-30）等号右第一个矩阵叫分块形式的单元刚度矩阵。将（2-4）式和（2-16）式代入（2-28）式并进行矩阵相乘，可求得结构坐标系中一般等截面直杆单元刚度矩阵中各矩阵子块的计算公式如下：

$$[k_{ii}]^{(e)} = \begin{bmatrix} \left(\dfrac{EA}{l}\cos^2\alpha + \dfrac{12EI}{l^3}\sin^2\alpha\right) & \left(\dfrac{EA}{l} - \dfrac{12EI}{l^3}\right)\cos\alpha\sin\alpha & -\dfrac{6EI}{l^2}\sin\alpha \\[2ex] \left(\dfrac{EA}{l} - \dfrac{12EA}{l^3}\right)\cos\alpha\sin\alpha & \left(\dfrac{EA}{l}\sin^2\alpha + \dfrac{12EI}{l^3}\cos^2\alpha\right) & \dfrac{6EI}{l^2}\cos\alpha \\[2ex] -\dfrac{6EI}{l^2}\sin\alpha & \dfrac{6EI}{l^2}\cos\alpha & \dfrac{4EI}{l} \end{bmatrix}$$

$$[k_{ij}]^{(e)} = \begin{bmatrix} \left(-\dfrac{EA}{l}\cos^2\alpha - \dfrac{12EI}{l^3}\sin^2\alpha\right) & \left(-\dfrac{EA}{l} + \dfrac{12EA}{l^3}\right)\cos\alpha\sin\alpha & -\dfrac{6EI}{l^2}\sin\alpha \\[2ex] \left(-\dfrac{EA}{l} + \dfrac{12EA}{l^3}\right)\cos\alpha\sin\alpha & \left(-\dfrac{EA}{l}\sin^2\alpha - \dfrac{12EI}{l^3}\cos^2\alpha\right) & \dfrac{6EI}{l^2}\cos\alpha \\[2ex] \dfrac{6EI}{l^2}\sin\alpha & -\dfrac{6EI}{l^2}\cos\alpha & \dfrac{2EI}{l} \end{bmatrix}$$

$$\left.\begin{matrix}\end{matrix}\right\} \tag{2-33}$$

$$[k_{ji}]^{(e)} = \begin{bmatrix} \left(-\dfrac{EA}{l}\cos^2\alpha - \dfrac{12EI}{l^3}\sin^2\alpha\right) & \left(-\dfrac{EA}{l} + \dfrac{12EI}{l^3}\right)\sin\alpha\cos\alpha & \dfrac{6EI}{l^2}\sin\alpha \\[2ex] \left(-\dfrac{EA}{l} + \dfrac{12EI}{l^3}\right)\sin\alpha\cos\alpha & \left(-\dfrac{EA}{l}\sin^2\alpha - \dfrac{12EI}{l^3}\cos^2\alpha\right) & -\dfrac{6EI}{l^2}\cos\alpha \\[2ex] -\dfrac{6EI}{l^2}\sin\alpha & \dfrac{6EI}{l^2}\cos\alpha & \dfrac{2EI}{l} \end{bmatrix}$$

$$[k_{jj}]^{(e)} = \begin{bmatrix} \left(\dfrac{EA}{l}\cos^2\alpha + \dfrac{12EI}{l^3}\sin^2\alpha\right) & \left(\dfrac{EA}{l} - \dfrac{12EI}{l^3}\right)\cos\alpha\sin\alpha & \dfrac{6EI}{l^2}\sin\alpha \\[2ex] \left(\dfrac{EA}{l} - \dfrac{12EI}{l^3}\right)\cos\alpha\sin\alpha & \left(\dfrac{EA}{l}\sin^2\alpha + \dfrac{12EI}{l^3}\cos^2\alpha\right) & -\dfrac{6EI}{l^2}\cos\alpha \\[2ex] \dfrac{6EI}{l^2}\sin\alpha & -\dfrac{6EI}{l^2}\cos\alpha & \dfrac{4EI}{l} \end{bmatrix}$$

在以上公式中，各单元刚度系数的正负号与结构坐标系的规定相同，且有 $[k_{ji}] = [k_{ij}]^T$ 的转置关系。

对照（2-4）式和（2-33）式，可以看出，在单元杆件坐标系中的单元刚度矩阵只与单元本身的属性，如单元的长度 l、横截面面积 A、横截面惯性矩 I 和单元材料的弹性模量 E

等有关；而在结构坐标系中，某一单元杆端位移所引起的杆件的变形状态及相应的杆端力与该单元所处的方位有关，因此结构坐标系中的单元刚度矩阵还与杆件坐标在结构坐标系中的夹角 α 有关。关于夹角 α 的正负号，以从结构坐标 X 轴逆时针转到杆件坐标 $\bar{x}$ 轴时的 α 为正（参看图 2-5 和图 2-6）。

用计算机计算时，为了便于进行规格化运算，不论单元是否考虑轴向变形，是否考虑杆端约束，通常都采用一般单元的刚度矩阵（2-4）式，通过坐标变换矩阵求 $[k]^{(e)}$，即由公式（2-33）求结构坐标系中的单元刚度矩阵 $[k]^{(e)}$。

结构坐标系中的单元刚度矩阵 $[k]^{(e)}$ 具有与杆件坐标系中的单元刚度矩阵 $[\bar{k}]^{(e)}$ 相似的性质。

当结构坐标系与杆件坐标系之间的夹角 α 等于零时，单元在结构坐标系中的单元刚度矩阵 $[k]^{(e)}$ 等于其在杆件坐标系中的单元刚度矩阵 $[\bar{k}]^{(e)}$。即当 $\alpha=0$ 时，有

$$[k]^{(e)} = [\bar{k}]^{(e)} \tag{2-34}$$

当结构坐标系与杆件坐标系之间的夹角 α 等于 90°时，将 $\sin\alpha=1$，$\cos\alpha=0$ 代入（2-33）式，可得结构坐标系中的单元刚度矩阵如下：

$$[k] = \begin{bmatrix} \dfrac{12EI}{l^3} & 0 & -\dfrac{6EI}{l^2} & -\dfrac{12EI}{l^3} & 0 & -\dfrac{6EI}{l^2} \\ 0 & \dfrac{EA}{l} & 0 & 0 & -\dfrac{EA}{l} & 0 \\ -\dfrac{6EI}{l^2} & 0 & \dfrac{4EI}{l} & \dfrac{6EI}{l^2} & 0 & \dfrac{2EI}{l} \\ -\dfrac{12EI}{l^3} & 0 & \dfrac{6EI}{l^2} & \dfrac{12EI}{l^3} & 0 & \dfrac{6EI}{l^2} \\ 0 & -\dfrac{EA}{l} & 0 & 0 & \dfrac{EA}{l} & 0 \\ -\dfrac{6EI}{l^2} & 0 & \dfrac{2EI}{l} & \dfrac{6EI}{l^2} & 0 & \dfrac{4EI}{l} \end{bmatrix} \tag{2-35}$$

B 拉压杆单元

对拉压杆单元，即桁架单元，只有轴向位移和轴力，利用其杆件坐标的单元刚度矩阵式（2-9）及式（2-25）中的杆端位移变换矩阵

$$[T] = \begin{bmatrix} \cos\alpha & \sin\alpha & 0 & 0 \\ 0 & 0 & \cos\alpha & \sin\alpha \end{bmatrix} \tag{2-36}$$

代入式（2-28），并用三角函数的简化代表符号 $c=\cos\alpha$，$s=\sin\alpha$，得结构坐标下的单元刚度矩阵

$$\begin{aligned} [k]^{(e)} &= [T]^T[\bar{k}]^{(e)}[T] \\ &= \begin{bmatrix} c & 0 \\ s & 0 \\ 0 & c \\ 0 & s \end{bmatrix} \begin{bmatrix} \dfrac{EA}{l} & -\dfrac{EA}{l} \\ -\dfrac{EA}{l} & \dfrac{EA}{l} \end{bmatrix} \begin{bmatrix} c & s & 0 & 0 \\ 0 & 0 & c & s \end{bmatrix} \\ &= \dfrac{EA}{l} \begin{bmatrix} c & -c \\ s & -s \\ -c & c \\ -s & s \end{bmatrix} \begin{bmatrix} c & s & 0 & 0 \\ 0 & 0 & c & s \end{bmatrix} \end{aligned}$$

把上式右端两个矩阵相乘，得拉压杆单元在结构坐标下的单元刚度矩阵为

$$[k] = \frac{EA}{l} \begin{bmatrix} c^2 & sc & -c^2 & -sc \\ sc & s^2 & -sc & -s^2 \\ -c^2 & -cs & c^2 & sc \\ -cs & -s^2 & sc & s^2 \end{bmatrix} \tag{2-37}$$

与拉压杆件单元相应的单元刚度方程为

$$\begin{Bmatrix} X_i \\ Y_i \\ X_j \\ Y_j \end{Bmatrix} = \frac{EA}{l} \begin{bmatrix} c^2 & sc & -c^2 & -sc \\ sc & s^2 & -sc & -s^2 \\ -c^2 & -cs & c^2 & sc \\ -cs & -s^2 & sc & s^2 \end{bmatrix} \begin{Bmatrix} u_i \\ v_i \\ u_j \\ v_j \end{Bmatrix} \tag{2-38}$$

缩写为

$$\{F\}^{(e)} = [k]^{(e)}\{\delta\}^{(e)} \tag{2-39}$$

2.3.5 算例

例 2-1 试求图 2-7 所示刚架中各单元在结构坐标系中的刚度矩阵 $[k]^{(e)}$。设各杆的杆长与截面尺寸相同，$b \times h = 0.5\text{m} \times 1\text{m}$（截面尺寸），$E = 3 \times 10^7 \text{kN/m}^2$。

解：（1）单元坐标系中的单元刚度矩阵 $[\bar{k}]^{(e)}$

$A = 0.5\text{m}^2$，$I = \frac{1}{24}\text{m}^4$，$\frac{EA}{l} = 300 \times 10^4$，$\frac{EI}{l} = 25 \times 10^4$

图中用箭头标明各单元杆件坐标 $\bar{x}$ 的正方向。由于单元（1）和（2）的尺寸相同，故 $[\bar{k}]^{(1)}$ 与 $[\bar{k}]^{(2)}$ 相等。由（2-4）式得

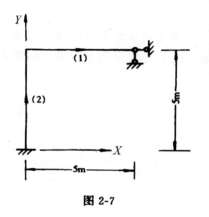

图 2-7

$$[\bar{k}]^{(1)} = [\bar{k}]^{(2)} = 10^4 \times \begin{bmatrix} 300 & 0 & 0 & -300 & 0 & 0 \\ 0 & 12 & 30 & 0 & -12 & 30 \\ 0 & 30 & 100 & 0 & -30 & 50 \\ -300 & 0 & 0 & 300 & 0 & 0 \\ 0 & -12 & -30 & 0 & 12 & -30 \\ 0 & 30 & 50 & 0 & -30 & 100 \end{bmatrix}$$

（2）结构坐标系中的单元刚度矩阵 $[k]^{(e)}$

单元（1）：$\alpha_1 = 0$，$[k]^{(1)} = [\bar{k}]^{(1)}$

单元（2）：$\alpha_2 = 90°$，$\sin\alpha_2 = 1$，$\cos\alpha_2 = 0$

$$[T] = \begin{bmatrix} 0 & 1 & 0 & \vdots & 0 & 0 & 0 \\ -1 & 0 & 0 & \vdots & 0 & 0 & 0 \\ 0 & 0 & 1 & \vdots & 0 & 0 & 0 \\ \cdots & \cdots & \cdots & \vdots & \cdots & \cdots & \cdots \\ 0 & 0 & 0 & \vdots & 0 & 1 & 0 \\ 0 & 0 & 0 & \vdots & -1 & 0 & 0 \\ 0 & 0 & 0 & \vdots & 0 & 0 & 1 \end{bmatrix}$$

$$[k]^{(2)} = [T]^T[\bar{k}]^{(2)}[T] = 10^4 \times \begin{bmatrix} 12 & 0 & -30 & -12 & 0 & -30 \\ 0 & 300 & 0 & 0 & -300 & 0 \\ -30 & 0 & 100 & 30 & 0 & 50 \\ -12 & 0 & 30 & 12 & 0 & 30 \\ 0 & -300 & 0 & 0 & 300 & 0 \\ -30 & 0 & 50 & 30 & 0 & 100 \end{bmatrix}$$

例 2-2 试求图 2-8 所示刚架各单元在结构坐标系中的单元刚度矩阵 $[k]^{(e)}$。各单元弹性常数如下：

单元（1）：$EA = 5.2 \times 10^6 \text{kN}$

$EI = 1.6 \times 10^5 \text{kN.m}^2$

单元（2）：$EA = 4.5 \times 10^6 \text{kN}$

$EI = 1.25 \times 10^5 \text{kN.m}^2$

单元（3）：$EA = 3.6 \times 10^6 \text{kN}$

$EI = 0.96 \times 10^5 \text{kN.m}^2$

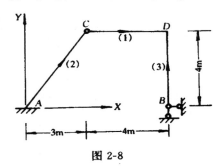

图 2-8

解：刚架的结构坐标系和各单元的杆件坐标系正方向如图 2-8 所示。

单元（1）：$\alpha_1 = 0$，$[k]^{(1)} = [\bar{k}]^{(1)}$

由（2-4）式得：

$$[k]^{(1)} = 10^3 \times \begin{bmatrix} 1300 & 0 & 0 & -1300 & 0 & 0 \\ 0 & 30 & 60 & 0 & -30 & 60 \\ 0 & 60 & 160 & 0 & -60 & 80 \\ -1300 & 0 & 0 & 1300 & 0 & 0 \\ 0 & -30 & -60 & 0 & 30 & -60 \\ 0 & 60 & 80 & 0 & -60 & 160 \end{bmatrix}$$

单元（2）：$\cos\alpha_2 = \dfrac{3}{5}$，$\sin\alpha_2 = \dfrac{4}{5}$

将以上数据代入（2-33）式，可求得（2）单元在结构坐标系中的刚度矩阵

$$[k]^{(2)} = 10^3 \times \begin{bmatrix} 331.68 & -426.24 & -24 & -331.68 & 426.24 & -24 \\ -426.24 & 580.32 & 18 & 426.24 & -580.32 & 18 \\ -24 & 18 & 100 & 24 & -18 & 50 \\ -331.68 & 426.24 & 24 & 331.68 & -426.24 & 24 \\ 426.24 & -580.32 & -18 & -426.24 & 580.32 & -18 \\ -24 & 18 & 50 & 24 & -18 & 100 \end{bmatrix}$$

单元（3）：$\alpha_3 = 90°$，$\cos\alpha_3 = 0$，$\sin\alpha_3 = 1$

由（2-35）式可得（3）单元在结构坐标系中的刚度矩阵

$$[k]^{(3)} = 10^3 \times \begin{bmatrix} 18 & 0 & -36 & -18 & 0 & -36 \\ 0 & 900 & 0 & 0 & -900 & 0 \\ -36 & 0 & 96 & 36 & 0 & 48 \\ -18 & 0 & 36 & 18 & 0 & 36 \\ 0 & -900 & 0 & 0 & 900 & 0 \\ -36 & 0 & 48 & 36 & 0 & 96 \end{bmatrix}$$

例2-3 试求图2-9 (a) 所示桁架各单元在结构坐标系中的单元刚度矩阵 $[k]^{(e)}$。

解：建立结构坐标系和各杆件坐标系如图2-9 (b) 所示。

根据桁架的几何尺寸和各杆件坐标系，可算得各单元的基本数据如表2-1所示。

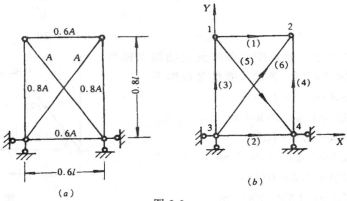

图 2-9

表 2-1

单 元	单元端点ij	A	l	$c=\cos\alpha$	$s=\sin\alpha$
(1)	1—2	0.6A	0.6l	1	0
(2)	3—4	0.6A	0.6l	1	0
(3)	3—1	0.8A	0.8l	0	1
(4)	4—2	0.8A	0.8l	0	1
(5)	1—4	A	l	0.6	−0.8
(6)	3—2	A	l	0.6	0.8

将表2-1中各单元的有关数据代入 (2-37) 式，得到

$$[k]^{(1)} = \frac{0.6EA}{0.6l}\begin{bmatrix} 1 & 0 & -1 & 0 \\ 0 & 0 & 0 & 0 \\ -1 & 0 & 1 & 0 \\ 0 & 0 & 0 & 0 \end{bmatrix} = \frac{EA}{l}\begin{bmatrix} 1 & 0 & -1 & 0 \\ 0 & 0 & 0 & 0 \\ -1 & 0 & 1 & 0 \\ 0 & 0 & 0 & 0 \end{bmatrix}$$

$$[k]^{(2)} = \frac{EA}{l}\begin{bmatrix} 1 & 0 & -1 & 0 \\ 0 & 0 & 0 & 0 \\ -1 & 0 & 1 & 0 \\ 0 & 0 & 0 & 0 \end{bmatrix}$$

$$[k]^{(3)} = \frac{0.8EA}{0.8l}\begin{bmatrix} 0 & 0 & 0 & 0 \\ 0 & 1 & 0 & -1 \\ 0 & 0 & 0 & 0 \\ 0 & -1 & 0 & 1 \end{bmatrix} = \frac{EA}{l}\begin{bmatrix} 0 & 0 & 0 & 0 \\ 0 & 1 & 0 & -1 \\ 0 & 0 & 0 & 0 \\ 0 & -1 & 0 & 1 \end{bmatrix}$$

$$[k]^{(4)} = \frac{EA}{l}\begin{bmatrix} 0 & 0 & 0 & 0 \\ 0 & 1 & 0 & -1 \\ 0 & 0 & 0 & 0 \\ 0 & -1 & 0 & 1 \end{bmatrix}$$

$$[k]^{(5)} = \frac{EA}{l}\begin{bmatrix} 0.36 & -0.48 & -0.36 & 0.48 \\ -0.48 & 0.64 & 0.48 & -0.64 \\ -0.36 & 0.48 & 0.36 & -0.48 \\ 0.48 & -0.64 & -0.48 & 0.64 \end{bmatrix}$$

$$[k]^{(6)} = \frac{EA}{l}\begin{bmatrix} 0.36 & 0.48 & -0.36 & -0.48 \\ 0.48 & 0.64 & -0.48 & -0.64 \\ -0.36 & -0.48 & 0.36 & 0.48 \\ -0.48 & -0.64 & 0.48 & 0.64 \end{bmatrix}$$

思 考 题

2-1 单元刚度矩阵中各元素的排列次序与杆端位移编码有什么关系?

2-2 为什么不考虑杆端约束条件的单元刚度矩阵是奇异矩阵?

2-3 什么是结构坐标系?为什么要对单元刚度矩阵进行坐标变换?这种坐标变换的物理概念是什么?

习 题

2-1 试按图 2-10 所示坐标系分别求出各杆件坐标的单元刚度矩阵 $[\bar{k}]^{(e)}$,并比较其异同。已知各杆长为 l,EA、EI 为常数。

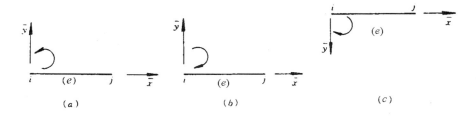

图 2-10

2-2 试求图 2-11 所示竖杆单元、斜杆单元在结构坐标下的单元刚度矩阵 $[k]^{(e)}$,已知各杆 EA、EI 为常数。

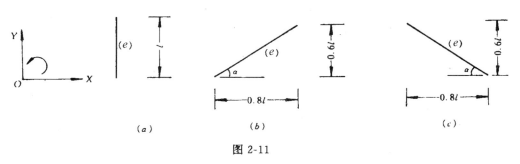

图 2-11

2-3 试求图 2-12 所示平面杆单元的单元刚度矩阵 $[\bar{k}]^{(e)}$，用分块矩阵形式写出其刚度方程。

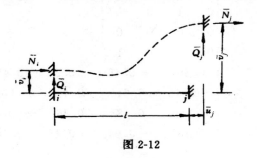

图 2-12

3 整体分析

结构整体分析的任务是：将一个个离散单元按各单元连接点处的变形协调条件和平衡条件集合成整体结构，由单元刚度矩阵集成结构刚度矩阵，由结构的原结点荷载和非结点荷载组成结构的结点荷载，形成整体结构的刚度法方程，进而求出全部解答。

3.1 结构刚度矩阵

用矩阵位移法分析结构时，由单元刚度矩阵集成结构刚度矩阵的方法可分为普通刚度法和直接刚度法两种。而直接刚度法按照对约束条件处理方法的不同又分为先处理法和后处理法，其中先处理法运算简单，节省计算机存贮单元，便于用计算机组织自动化的计算。下面介绍直接刚度法的先处理法。

3.1.1 先处理法形成结构刚度矩阵的概念

先处理法是在建立结构刚度矩阵时，同时引入了结点的支承约束条件。即对结点位移进行编码时，视沿位移方向有无约束的不同情况分别编为零码和非零码。现以例 2-1 中的刚架为例（图 3-1a）讨论如下。

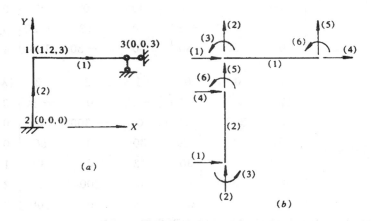

图 3-1

A 统一编码

结构的单元、结点编码如图所示。对每个结点位移编码时要视其约束条件而定。若考虑弯曲变形和轴向变形的影响，结点 1 为无约束的自由结点，其三个方向的独立位移分别编码为（1，2，3），结点 2 为固定支座，三个方向位移为零，故编码为（0，0，0），结点 3 的两个线位移方向有约束位移为零，而转角方向却有独立的角位移。所以该结点的编码为（0，0，4）。上述对结点位移的编码称为总码。

B 单元定位向量

各单元在结构坐标的杆端位移向量，按照先始端、后终端的顺序依次编为（1）、（2）、（3）、…（6）。称为杆端位移的局部码。图 3-1（a）中各单元杆端位移的局部码示于图 3-1（b）中。各单元杆端位移的局部码与总码之间的相互对应关系列于表 3-1。

表 3-1

总码\局部码\单元码	始 端			终 端		
	(1)	(2)	(3)	(4)	(5)	(6)
(1)	1	2	3	0	0	4
(2)	0	0	0	1	2	3

由单元（e）的杆端位移的总码组成的列向量，称为该单元的定位向量，记为 $\{\lambda\}^{(e)}$，图 3-1（a）的刚架中单元（1）、（2）的定位向量分别为

$$\{\lambda\}^{(1)} = \begin{bmatrix} 1 & 2 & 3 & 0 & 0 & 4 \end{bmatrix}^T$$
$$\{\lambda\}^{(2)} = \begin{bmatrix} 0 & 0 & 0 & 1 & 2 & 3 \end{bmatrix}^T$$

C 各单元在结构坐标中的单元刚度矩阵

根据式（2-33）或（2-34）、（2-35）求各单元在结构坐标的单元刚度矩阵 $[k]^{(e)}$。

图 3-1（a）刚架中单元（1）、（2）在结构坐标的单元刚度矩阵 $[k]^{(1)}$ 和 $[k]^{(2)}$ 由例 2-1 已经求出，现重新列出如下，并将其单元定位向量 $\{\lambda\}^{(e)}$ 示于单元刚度矩阵的上方和右侧。

$$[k]^{(1)} = 10^4 \begin{array}{ccccccc} 1 & 2 & 3 & 0 & 0 & 4 & \{\lambda\}^{(1)} \\ \begin{bmatrix} 300 & 0 & 0 & -300 & 0 & 0 \\ 0 & 12 & 30 & 0 & -12 & 30 \\ 0 & 30 & 100 & 0 & -30 & 50 \\ -300 & 0 & 0 & 300 & 0 & 0 \\ 0 & -12 & -30 & 0 & 12 & -30 \\ 0 & 30 & 50 & 0 & -30 & 100 \end{bmatrix} & \begin{matrix} 1 \\ 2 \\ 3 \\ 0 \\ 0 \\ 4 \end{matrix} \end{array}$$

$$[k]^{(2)} = 10^4 \begin{array}{ccccccc} 0 & 0 & 0 & 1 & 2 & 3 & \{\lambda\}^{(2)} \\ \begin{bmatrix} 12 & 0 & -30 & -12 & 0 & -30 \\ 0 & 300 & 0 & 0 & -300 & 0 \\ -30 & 0 & 100 & 30 & 0 & 50 \\ -12 & 0 & 30 & 12 & 0 & 30 \\ 0 & -300 & 0 & 0 & 300 & 0 \\ -30 & 0 & 50 & 30 & 0 & 100 \end{bmatrix} & \begin{matrix} 0 \\ 0 \\ 0 \\ 1 \\ 2 \\ 3 \end{matrix} \end{array}$$

D 由结构坐标的单元刚度矩阵集成结构刚度矩阵 $[K]$

按单元顺序，将各单元刚度矩阵 $[k]^{(e)}$ 中与其定位向量 $\{\lambda\}^{(e)}$ 中不为零的对应刚度元素送入结构刚度矩阵 $[K]$ 的相应位置，并进行叠加，即可形成结构刚度矩阵 $[K]$。称这种形成结构刚度矩阵的方法为"对号入座、同号叠加"法。

该刚架，由结构坐标的单元刚度矩阵 $[k]^{(1)}$ 和 $[k]^{(2)}$ 求得结构刚度矩阵为

$$[k] = 10^4 \begin{bmatrix} 300+12 & 0+0 & 30+0 & 0 \\ 0+0 & 12+300 & 30+0 & 30 \\ 30+0 & 30+0 & 100+100 & 50 \\ 0 & 30 & 50 & 100 \end{bmatrix} = 10^4 \begin{array}{ccccc} 1 & 2 & 3 & 4 & 总码 \\ \begin{bmatrix} 312 & 0 & 30 & 0 \\ 0 & 312 & 30 & 30 \\ 30 & 30 & 200 & 50 \\ 0 & 30 & 50 & 100 \end{bmatrix} & \begin{matrix} 1 \\ 2 \\ 3 \\ 4 \end{matrix} \end{array}$$

28

综上所述，按直接刚度法集成结构刚度矩阵的过程是：将杆件坐标的单元刚度矩阵 $[\bar{k}]^{(e)}$ 变换为结构坐标的单元刚度矩阵 $[k]^{(e)}$，然后按单元定位向量 $\{\lambda\}^{(e)}$，进行"对号入座、同号叠加"向结构刚度矩阵中输送相关元素，使所有单元循环一遍，即可形成结构刚度矩阵。

对于图 3-2 (a) 所示连续梁，按直接刚度法的先处理法计算结构刚度矩阵时，结构的单元、结点及结点位移编码分别示于图 3-2 (a)、(b) 中。为便于理解，现将各单元按其定位向量逐次向结构刚度矩阵 $[K]$ 中叠加的过程，分别示于图 3-3 (a)、(b)、(c) 中。

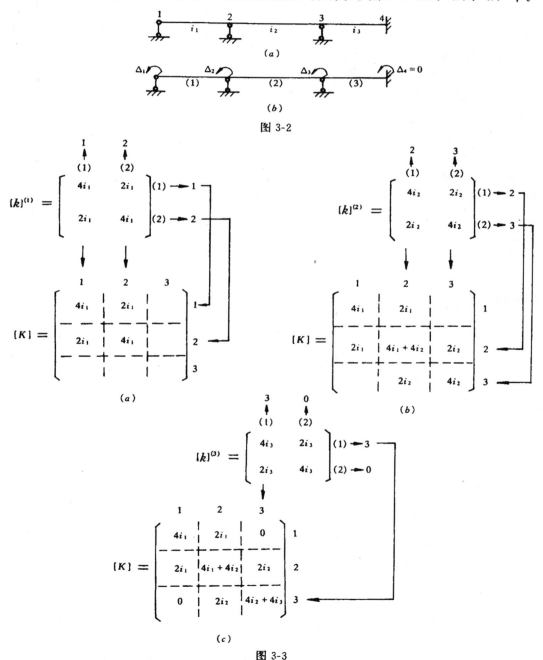

图 3-2

图 3-3

29

3.1.2 形成结构刚度矩阵的步骤和示例

A 步骤

按上节讨论可知，直接刚度法形成结构刚度矩阵的步骤为：

(1) 确定坐标系，对结构的单元、结点及结点位移进行统一编码。

(2) 建立各单元在结构坐标的单元刚度矩阵 $[k]^{(e)}$，确定单元定位向量 $\{\lambda\}^{(e)}$。

(3) 由各单元刚度矩阵 $[k]^{(e)}$ 及单元定位向量 $\{\lambda\}^{(e)}$ 按"对号入座、同号叠加"的方法集成结构刚度矩阵 $[K]$。

B 算例

例3-1 求图 3-4 (a) 所示刚架的结构刚度矩阵 $[K]$。已知 $EA_1 = 0.5 \times 10^6 \text{kN}$，$EI_1 = 0.42 \times 10^5 \text{kN} \cdot \text{m}^2$，$EA_2 = 0.63 \times 10^6 \text{kN}$，$EI_2 = 0.83 \times 10^5 \text{kN} \cdot \text{m}^2$。

解：(1) 坐标系、单元、结点及结点位移编码如图 3-4 (b) 所示。其中结点 1 和 4 为固定支座，三个位移分量都为零，编码均为 (0, 0, 0)，结点 2 和 3 均为自由刚结点，故编码分别为：(1, 2, 3) 和 (4, 5, 6)。

(2) 求各单元在结构坐标的单元刚度矩阵 $[k]^{(e)}$ 确定单元定位向量。

单元 (1)：$\alpha_1 = 90°$，$\{\lambda\}^{(1)} = [0\ 0\ 0\ 1\ 2\ 3]^T$，由式 (2-35) 得

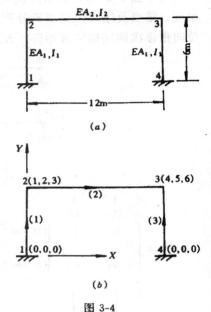

图 3-4

$$[k]^{(1)} = 10^3 \begin{array}{cccccc} 0 & 0 & 0 & 1 & 2 & 3 \quad \{\lambda\}^{(1)} \\ \begin{bmatrix} 2.31 & 0 & -6.94 & -2.31 & 0 & -6.94 \\ 0 & 83.30 & 0 & 0 & -83.30 & 0 \\ -6.94 & 0 & 27.8 & 6.94 & 0 & 13.90 \\ -2.31 & 0 & 6.94 & 2.31 & 0 & 6.94 \\ 0 & -83.30 & 0 & 0 & 83.3 & 0 \\ -6.94 & 0 & 13.90 & 6.94 & 0 & 27.80 \end{bmatrix} & \begin{array}{c} 0 \\ 0 \\ 0 \\ 1 \\ 2 \\ 3 \end{array} \end{array}$$

单元 (2)：$\alpha_2 = 0$，$\{\lambda\}^{(2)} = [1\ 2\ 3\ 4\ 5\ 6]^T$，由式 (2-34) 得

$$[k]^{(2)} = 10^3 \begin{array}{cccccc} 1 & 2 & 3 & 4 & 5 & 6 \quad \{\lambda\}^{(2)} \\ \begin{bmatrix} 52.5 & 0 & 0 & -52.5 & 0 & 0 \\ 0 & 0.58 & 3.47 & 0 & -0.58 & 3.47 \\ 0 & 3.47 & 27.8 & 0 & -3.47 & 13.9 \\ -52.5 & 0 & 0 & 52.5 & 0 & 0 \\ 0 & -0.58 & -3.47 & 0 & 0.58 & -3.47 \\ 0 & 3.47 & 13.9 & 0 & -3.47 & 27.8 \end{bmatrix} & \begin{array}{c} 1 \\ 2 \\ 3 \\ 4 \\ 5 \\ 6 \end{array} \end{array}$$

单元 (3)：$\alpha_3 = 90°$，$\{\lambda\}^{(3)} = [0\ 0\ 0\ 4\ 5\ 6]^T$，由式 (2-35) 得

$$[k]^{(3)} = 10^3 \times \begin{matrix} 0 & 0 & 0 & 4 & 5 & 6 & \{\lambda\}^{(3)} \\ \begin{bmatrix} 2.31 & 0 & -6.94 & -2.31 & 0 & -6.94 \\ 0 & 83.3 & 0 & 0 & -83.3 & 0 \\ -6.94 & 0 & 27.8 & 6.94 & 0 & 13.9 \\ -2.31 & 0 & 6.94 & 2.31 & 0 & 6.94 \\ 0 & -83.3 & 0 & 0 & 83.3 & 0 \\ -6.94 & 0 & 13.9 & 6.94 & 0 & 27.8 \end{bmatrix} & \begin{matrix} 0 \\ 0 \\ 0 \\ 4 \\ 5 \\ 6 \end{matrix} \end{matrix}$$

（3）由各单元刚度矩阵 $[k]^{(e)}$ 及其定位向量 $\{\lambda\}^{(e)}$ 按"对号入座、同号叠加"的方法集成结构刚度矩阵 $[K]$。

$$[K] = 10^3 \times \begin{matrix} 1 & 2 & 3 & 4 & 5 & 6 & 总码 \\ \begin{bmatrix} 54.81 & 0 & 6.94 & -52.5 & 0 & 0 \\ 0 & 83.88 & 3.47 & 0 & -0.58 & 3.47 \\ 6.94 & 3.47 & 55.6 & 0 & -3.47 & 13.9 \\ -52.5 & 0 & 0 & 54.81 & 0 & 6.94 \\ 0 & -0.58 & -3.47 & 0 & 83.88 & -3.47 \\ 0 & 3.47 & 13.9 & 6.94 & -3.47 & 55.6 \end{bmatrix} & \begin{matrix} 1 \\ 2 \\ 3 \\ 4 \\ 5 \\ 6 \end{matrix} \end{matrix}$$

例 3-2 求图 3-4 所示刚架的结构刚度矩阵 $[K]$。结构及截面尺寸同例 3-1。忽略各杆轴向变形的影响。

解：（1）坐标系、单元、结点及结点位移编码如图 3-5 所示。

结点 1 和 4 为固定支座，三个位移分量均为零，故编码也为 (0, 0, 0)。在结点 2 和 3 处，因忽略轴向变形的影响，所以竖向位移分量都为零，编码也为零，而水平位移分量相同，其编码也相同。结点 2、3 的结点位移编码分别为 (1, 0, 2) 和 (1, 0, 3)。

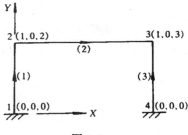

图 3-5

（2）各单元在结构坐标的单元刚度矩阵 $[k]^{(e)}$ 及单元定位向量 $\{\lambda\}^{(e)}$ 如下：

单元（1）：$\alpha_1 = 90°$，$\{\lambda\}^{(1)} = \begin{bmatrix} 0 & 0 & 0 & 1 & 0 & 2 \end{bmatrix}^T$

当忽略轴向变形时，为了电算方便常将其拉压刚度 EA 处理为零。由例 3-1 计算结果可得刚度矩阵 $[k]^{(1)}$ 如下：

$$[k]^{(1)} = 10^3 \begin{matrix} 0 & 0 & 0 & 1 & 0 & 2 & \{\lambda\}^{(1)} \\ \begin{bmatrix} 2.31 & 0 & -6.94 & -2.31 & 0 & -6.94 \\ 0 & 0 & 0 & 0 & 0 & 0 \\ -6.94 & 0 & 27.80 & 6.94 & 0 & 13.90 \\ -2.31 & 0 & 6.94 & 2.31 & 0 & 6.94 \\ 0 & 0 & 0 & 0 & 0 & 0 \\ -6.94 & 0 & 13.90 & 6.94 & 0 & 27.8 \end{bmatrix} & \begin{matrix} 0 \\ 0 \\ 0 \\ 1 \\ 0 \\ 2 \end{matrix} \end{matrix}$$

单元（2）：$\alpha_2 = 0$，$\{\lambda\}^{(2)} = [1 \quad 0 \quad 2 \quad 1 \quad 0 \quad 3]^T$

$$[k]^{(2)} = 10^3 \begin{array}{c} \begin{array}{cccccc} 1 & 0 & 2 & 1 & 0 & 3 \end{array} \quad \{\lambda\}^{(2)} \\ \begin{bmatrix} 0 & 0 & 0 & 0 & 0 & 0 \\ 0 & 0.58 & 3.47 & 0 & -0.58 & 3.47 \\ 0 & 3.47 & 27.80 & 0 & -3.47 & 13.90 \\ 0 & 0 & 0 & 0 & 0 & 0 \\ 0 & -0.58 & -3.47 & 0 & 0.58 & -3.47 \\ 0 & 3.47 & 13.90 & 0 & -3.47 & 27.8 \end{bmatrix} \begin{array}{c} 1 \\ 0 \\ 2 \\ 1 \\ 0 \\ 3 \end{array} \end{array}$$

单元（3）：$\alpha_3 = 90°$，$\{\lambda\}^{(3)} = [0 \quad 0 \quad 0 \quad 1 \quad 0 \quad 3]^T$

$$[k]^{(3)} = 10^3 \begin{array}{c} \begin{array}{cccccc} 0 & 0 & 0 & 1 & 0 & 3 \end{array} \quad \{\lambda\}^{(3)} \\ \begin{bmatrix} 2.31 & 0 & -6.94 & -2.31 & 0 & -6.94 \\ 0 & 0 & 0 & 0 & 0 & 0 \\ -6.94 & 0 & 27.80 & 6.94 & 0 & 13.90 \\ -2.31 & 0 & 6.94 & 2.31 & 0 & 6.94 \\ 0 & 0 & 0 & 0 & 0 & 0 \\ -6.94 & 0 & 13.90 & 6.94 & 0 & 27.80 \end{bmatrix} \begin{array}{c} 0 \\ 0 \\ 0 \\ 1 \\ 0 \\ 3 \end{array} \end{array}$$

（3）由各单元刚度矩阵 $[k]^{(e)}$ 及定位向量 $\{\lambda\}^{(e)}$ 集成结构刚度矩阵 $[K]$。

$$[K] = 10^3 \begin{bmatrix} 2.31 + 2.31 & 6.94 & 6.94 \\ 6.94 & 27.80 + 27.80 & 13.90 \\ 6.94 & 13.90 & 27.80 + 27.80 \end{bmatrix}$$

$$= 10^3 \begin{array}{c} \begin{array}{ccc} 1 & 2 & 3 \end{array} \quad \text{总码} \\ \begin{bmatrix} 4.62 & 6.94 & 6.94 \\ 6.94 & 55.60 & 13.90 \\ 6.94 & 13.90 & 55.60 \end{bmatrix} \begin{array}{c} 1 \\ 2 \\ 3 \end{array} \end{array}$$

例 3-3 求图 2-8 所示刚架的结构刚度矩阵 $[K]$。结构尺寸、各杆 EA、EI 值同例 2-2。

解：（1）坐标系、单元、结点及结点位移编码如图 3-6 所示。

结点 1 为固定支座，三个位移分量均为零，用（0，0，0）编码。相交于铰结点 C（图 2-8）处的两杆杆端，线位移相同，而角位移不同，故它们的线位移编为同码，而角位移编为异码。结点 C 的两个结点（2，3）位移分量的编码依次为（1，2，3）和（1，2，4）。结点 4 为自由刚结点，结点位移编码为（5，6，

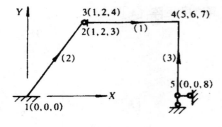

图 3-6

7）。结点 5 为不动铰支座，其水平、竖向线位移为零，而角位移不为零，故结点位移编码为（0，0，8）。

(2) 各单元在结构坐标的单元刚度矩阵 $[k]^{(e)}$ 在例 2-2 中已经求出，现对应各单元定位向量 $\{\lambda\}^{(e)}$ 重新写出如下：

$$
[k]^{(1)} = 10^3
\begin{array}{cccccc}
1 & 2 & 4 & 5 & 6 & 7 \quad \{\lambda\}^{(1)}
\end{array}
\left[
\begin{array}{cccccc}
1300 & 0 & 0 & -1300 & 0 & 0 \\
0 & 30 & 60 & 0 & -30 & 60 \\
0 & 60 & 160 & 0 & -60 & 80 \\
-1300 & 0 & 0 & 1300 & 0 & 0 \\
0 & -30 & -60 & 0 & 30 & -60 \\
0 & 60 & 80 & 0 & -60 & 160
\end{array}
\right]
\begin{array}{c}
1 \\ 2 \\ 4 \\ 5 \\ 6 \\ 7
\end{array}
$$

$$
[k]^{(2)} = 10^3
\begin{array}{cccccc}
0 & 0 & 0 & 1 & 2 & 3 \quad \{\lambda\}^{(2)}
\end{array}
\left[
\begin{array}{cccccc}
331.68 & -426.24 & -24 & -331.68 & 426.24 & -24 \\
-426.24 & 580.32 & 18 & 426.24 & -580.32 & 18 \\
-24 & 18 & 100 & 24 & -18 & 50 \\
-331.68 & 426.24 & 24 & 331.68 & -426.24 & 24 \\
426.24 & -580.32 & -18 & -426.24 & 580.32 & -18 \\
-24 & 18 & 50 & 24 & -18 & 100
\end{array}
\right]
\begin{array}{c}
0 \\ 0 \\ 0 \\ 1 \\ 2 \\ 3
\end{array}
$$

$$
[k]^{(3)} = 10^3
\begin{array}{cccccc}
0 & 0 & 8 & 5 & 6 & 7 \quad \{\lambda\}^{(3)}
\end{array}
\left[
\begin{array}{cccccc}
18 & 0 & -36 & -18 & 0 & -36 \\
0 & 900 & 0 & 0 & -900 & 0 \\
-36 & 0 & 96 & 36 & 0 & 48 \\
-18 & 0 & 36 & 18 & 0 & 36 \\
0 & -900 & 0 & 0 & 900 & 0 \\
-36 & 0 & 48 & 36 & 0 & 96
\end{array}
\right]
\begin{array}{c}
0 \\ 0 \\ 8 \\ 5 \\ 6 \\ 7
\end{array}
$$

(3) 由各单元刚度矩阵 $[k]^{(e)}$ 及定位向量 $\{\lambda\}^{(e)}$ 集成结构刚度矩阵 $[K]$ 为：

$$
[K] = 10^3
\begin{array}{cccccccc}
1 & 2 & 3 & 4 & 5 & 6 & 7 & 8 \quad 总码
\end{array}
\left[
\begin{array}{cccccccc}
1631.68 & -426.24 & 24 & 0 & -1300 & 0 & 0 & 0 \\
 & 610.32 & -18 & 60 & 0 & -30 & 60 & 0 \\
 & & 100 & 0 & 0 & 0 & 0 & 0 \\
 & & & 160 & 0 & -60 & 80 & 0 \\
 & & & & 1318 & 0 & 36 & 36 \\
 & 对称 & & & & 930 & -60 & 0 \\
 & & & & & & 256 & 48 \\
 & & & & & & & 96
\end{array}
\right]
\begin{array}{c}
1 \\ 2 \\ 3 \\ 4 \\ 5 \\ 6 \\ 7 \\ 8
\end{array}
$$

33

例 3-4 求例 2-2 中所示桁架结构（图 2-9）的结构刚度矩阵 $[K]$。

解：(1) 坐标系、单元、结点及结点位移编码如图 3-7 所示。

由于桁架单元杆端的刚体转动视为无效位移，所以桁架结构中，每个结点一般仅有两个线位移。结点 1 和 2 均为自由铰结点，其编码分别为 (1, 2) 和 (3, 4)。结点 3 和 4 都为不动铰支座，沿两个方向的线位移分量均为零，故编码为 (0, 0)。

(2) 各单元在结构坐标的单元刚度矩阵 $[k]^{(e)}$ 已在例 2-2 中求出，现将其与定位向量重新对应写出如下：

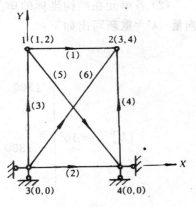

图 3-7

$$[k]^{(1)} = \frac{EA}{l} \begin{bmatrix} 1 & 0 & -1 & 0 \\ 0 & 0 & 0 & 0 \\ -1 & 0 & 1 & 0 \\ 0 & 0 & 0 & 0 \end{bmatrix} \begin{matrix} 1 \\ 2 \\ 3 \\ 4 \end{matrix} \quad \begin{matrix} 1 & 2 & 3 & 4 & \{\lambda\}^{(1)} \end{matrix}$$

$$[k]^{(3)} = \frac{EA}{l} \begin{bmatrix} 0 & 0 & 0 & 0 \\ 0 & 1 & 0 & -1 \\ 0 & 0 & 0 & 0 \\ 0 & -1 & 0 & 1 \end{bmatrix} \begin{matrix} 0 \\ 0 \\ 1 \\ 2 \end{matrix} \quad \begin{matrix} 0 & 0 & 1 & 2 & \{\lambda\}^{(3)} \end{matrix}$$

$$[k]^{(4)} = \frac{EA}{l} \begin{bmatrix} 0 & 0 & 0 & 0 \\ 0 & 1 & 0 & -1 \\ 0 & 0 & 0 & 0 \\ 0 & -1 & 0 & 1 \end{bmatrix} \begin{matrix} 0 \\ 0 \\ 3 \\ 4 \end{matrix} \quad \begin{matrix} 0 & 0 & 3 & 4 & \{\lambda\}^{(4)} \end{matrix}$$

$$[k]^{(5)} = \frac{EA}{l} \begin{bmatrix} 0.36 & -0.48 & -0.36 & 0.48 \\ -0.48 & 0.64 & 0.48 & -0.64 \\ -0.36 & 0.48 & 0.36 & -0.48 \\ 0.48 & -0.64 & -0.48 & 0.64 \end{bmatrix} \begin{matrix} 1 \\ 2 \\ 0 \\ 0 \end{matrix} \quad \begin{matrix} 1 & 2 & 0 & 0 & \{\lambda\}^{(5)} \end{matrix}$$

$$[k]^{(6)} = \frac{EA}{l} \begin{bmatrix} 0.36 & 0.48 & -0.36 & -0.48 \\ 0.48 & 0.64 & -0.48 & -0.64 \\ -0.36 & -0.48 & 0.36 & 0.48 \\ -0.48 & -0.64 & 0.48 & 0.64 \end{bmatrix} \begin{matrix} 0 \\ 0 \\ 3 \\ 4 \end{matrix} \quad \begin{matrix} 0 & 0 & 3 & 4 & \{\lambda\}^{(6)} \end{matrix}$$

由于单元 (2) 的定位向量 $\{\lambda\}^{(2)} = [0\ 0\ 0\ 0]^T$，即单元 (2) 的刚度元素 k_{ij} 对结构刚度矩阵没有贡献，故没有写出单元 (2) 的刚度矩阵。

(3) 由各单元刚度矩阵 $[k]^{(e)}$ 及定位向量 $\{\lambda\}^{(e)}$ 集成结构刚度矩阵 $[K]$ 如下：

$$[K] = \frac{EA}{l} \begin{bmatrix} 1.36 & -0.48 & -1 & 0 \\ -0.48 & 1.64 & 0 & 0 \\ -1 & 0 & 1.36 & 0.48 \\ 0 & 0 & 0.48 & 1.64 \end{bmatrix} \begin{matrix} 1 \\ 2 \\ 3 \\ 4 \end{matrix}$$

1　　　2　　　3　　　4　　　总码

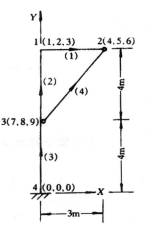

图 3-8

例3-5 求图 3-8 所示组合结构的结构刚度矩阵 $[K]$。各杆弹性常数为

单元(1)、(2)、(3)：$EA = 4.8 \times 10^6 \text{kN}$，$EI = 1.6 \times 10^5 \text{kN.m}^2$

单元(4)：$EA = 2.5 \times 10^5 \text{kN}$

解：(1) 坐标系、单元、结点及结点位移编码如图 3-8 所示。

其中，桁架杆单元 (4) 的两端结点 2 和 3 为刚、铰混合结点。结点位移编码时可按刚结点处理。故编码分别为 (4，5，6) 和 (7，8，9)。

(2) 求结构坐标的单元刚度矩阵 $[k]^{(e)}$，确定单元定位向量 $\{\lambda\}^{(e)}$。

单元 (1)：$\alpha_1 = 0$，$\{\lambda\}^{(1)} = \begin{bmatrix} 1 & 2 & 3 & 4 & 5 & 6 \end{bmatrix}^T$

$$[k]^{(1)} = 10^3 \times \begin{bmatrix} 1600 & 0 & 0 & -1600 & 0 & 0 \\ 0 & 71.11 & 106.67 & 0 & -71.11 & 106.67 \\ 0 & 106.67 & 213.33 & 0 & -106.67 & 106.67 \\ -1600 & 0 & 0 & 1600 & 0 & 0 \\ 0 & -71.11 & -106.67 & 0 & 71.11 & -106.67 \\ 0 & 106.67 & 106.67 & 0 & -106.67 & 213.33 \end{bmatrix} \begin{matrix} 1 \\ 2 \\ 3 \\ 4 \\ 5 \\ 6 \end{matrix}$$

1　　　　　2　　　　　3　　　　　4　　　　　5　　　　　6　　　$\{\lambda\}^{(1)}$

单元 (2)：$\alpha_2 = 90°$，$\{\lambda\}^{(2)} = \begin{bmatrix} 7 & 8 & 9 & 1 & 2 & 3 \end{bmatrix}^T$

单元 (3)：$\alpha_3 = 90°$，$\{\lambda\}^{(3)} = \begin{bmatrix} 0 & 0 & 0 & 7 & 8 & 9 \end{bmatrix}^T$

$$[k]^{(2)} = [k]^{(3)} = 10^3 \times \begin{bmatrix} 30 & 0 & -60 & -30 & 0 & -60 \\ 0 & 1200 & 0 & 0 & -1200 & 0 \\ -60 & 0 & 160 & 60 & 0 & 80 \\ -30 & 0 & 60 & 30 & 0 & 60 \\ 0 & -1200 & 0 & 0 & 1200 & 0 \\ -60 & 0 & 80 & 60 & 0 & 160 \end{bmatrix} \begin{matrix} 7 \\ 8 \\ 9 \\ 1 \\ 2 \\ 3 \end{matrix}$$

0　　0　　0　　7　　8　　9　　$\{\lambda\}^{(3)}$
7　　8　　9　　1　　2　　3　　$\{\lambda\}^{(2)}$

单元 (4)：$\sin\alpha_4 = 0.8$，$\cos\alpha_4 = 0.6$，$\{\lambda\}_{(4)} = \begin{bmatrix} 7 & 8 & 4 & 5 \end{bmatrix}^T$，由式 (2-37) 得

$$
[k]^{(4)} = 10^3 \times \begin{array}{c} \quad\;\, 7 \qquad\quad 8 \qquad\quad 4 \qquad\quad 5 \quad\; \{\lambda\}^{(4)} \\ \begin{bmatrix} 18 & 24 & -18 & -24 \\ 24 & 32 & -24 & -32 \\ -18 & -24 & 18 & 24 \\ -24 & -32 & 24 & 32 \end{bmatrix} \begin{array}{c} 7 \\ 8 \\ 4 \\ 5 \end{array} \end{array}
$$

（3）由结构坐标的单元刚度矩阵 $[k]^{(e)}$ 及定位向量 $\{\lambda\}^{(e)}$ 集成结构刚度矩阵 $[K]$ 为：

$$
[K] = 10^3 \times \begin{array}{c} 1 \qquad\;\; 2 \qquad\quad 3 \qquad\quad 4 \qquad\quad 5 \qquad\qquad 6 \qquad\qquad 7 \qquad\quad 8 \qquad\quad 9 \quad\;\; \text{总码} \\ \begin{bmatrix} 1630 & 0 & 60 & -1600 & 0 & 0 & -30 & 0 & 60 \\ & 1271.11 & 106.67 & 0 & -71.11 & 106.67 & 0 & -1200 & 0 \\ & & 373.33 & 0 & -106.67 & 106.67 & -60 & & 80 \\ & & & 1618 & 24 & 0 & -18 & -24 & 0 \\ & & & & 103.11 & -106.67 & -24 & -32 & 0 \\ & & & & & 213.33 & 0 & 0 & 0 \\ & \text{对称} & & & & & 78 & 24 & 0 \\ & & & & & & & 2432 & 0 \\ & & & & & & & & 320 \end{bmatrix} \begin{array}{c} 1 \\ 2 \\ 3 \\ 4 \\ 5 \\ 6 \\ 7 \\ 8 \\ 9 \end{array} \end{array}
$$

3.1.3 结构刚度矩阵的性质

结构刚度矩阵 $[K]$ 具有与单元刚度矩阵 $[k]^{(e)}$ 相似的性质。

A 对称性

$[K]$ 的对称性是指其中位于主对角线两侧的副元素具有如下的关系：

$$K_{ij} = K_{ji} \qquad (3\text{-}1)$$

$[K]$ 中的每个元素称为结构的刚度系数。其中 K_{ij} 的物理意义是：在结构坐标系中，仅当第 j 个结点位移分量为 1 时引起第 i 个结点力的分量。

B 奇异性

按本节方法集成结构刚度矩阵时，已经引入了边界约束条件，故 $[K]$ 是非奇异矩阵。当已知结构结点力向量 $\{P\}$ 时，便可由结构的刚度法方程求得结构结点位移向量 $\{\Delta\}$ 的惟一解。

C 稀疏性

稀疏矩阵是指矩阵中含有大量的零元素。一般情况，结构刚度矩阵 $[K]$ 中

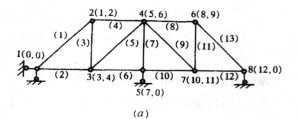

(a)

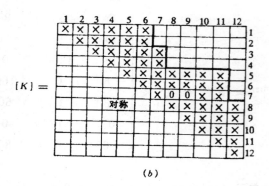

(b)

图 3-9

都有许多零元素。如图 3-9 (a) 所示桁架结构，按图示的结点编码，其结构刚度矩阵中非零元素分布情况如图 3-9 (b) 所示，图中的"×"号表示非零元素，且分布在靠近主对角线的带状区域内。而该区域以外的零元素在矩阵分析中不起作用。可利用这一特性减少计算机的存贮单元，提高计算效率。

3.2 结构的结点荷载

作用在结构上的荷载按其作用位置的不同，可分为结点荷载和非结点荷载两类。直接作用在结点上的荷载称为结点荷载，而作用在结点之间杆段上的荷载称为非结点荷载。实际结构上的荷载可以是结点荷载，也可是非结点荷载，或者是二者兼有。当结构上受非结点荷载作用时，需将其转换为与之等效的结点荷载。由直接结点荷载与等效结点荷载相迭加，就形成了结构的结点荷载。

3.2.1 等效结点荷载

结构受非结点荷载作用时，需按结点位移等效的原则将其转换为等效结点荷载，即结构在结点荷载作用下产生的结点位移，与原非结点荷载作用产生的结点位移相同，则称这种结点荷载为等效结点荷载，记为 $\{P_E\}$。

现以图 3-10 (a) 所示刚架为例说明等效结点荷载的计算。考虑弯曲变形和轴向变形影

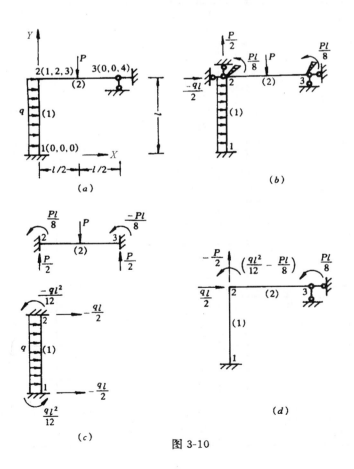

图 3-10

37

响时，单元、结点及结点位移编码如图示。在单元（1）和（2）上均受有非结点荷载作用，需将其变换为等效结点荷载，步骤如下：

（1）在结点 2 和 3 沿各位移方向分别附加链杆约束和刚臂约束，使各单元成为两端固定的单跨超静定梁，如图 3-10（b）(c）所示，可查表 3-2 求得各单元固端力。固端力的方向与杆件坐标正方向一致者为正，反之为负。上述各固端力将在附加约束上产生约束反力，如图 3-10（b）所示。

（2）解除各附加约束，使结点发生与实际变形相一致的结点位移，以上解除约束的过程相当于将附加约束上的约束反力反方向加于同一结点上，便得到了原非结点荷载的等效结点荷载，如图 3-10（d）所示。

图 3-10（a）所示刚架在荷载作用下的内力和变形，等于图 3-10（b）、(d）两种情况的叠加。因为图 3-10（b）所示结构不产生结点位移，所以图 3-10（d）所示结构在结点荷载作用下产生的结点位移，就是原结构的结点位移。对产生结点位移来讲，图 3-10（d）的结点荷载与原结构的非结点荷载图 3-10（a）是等效的，或者说，非结点荷载就是按照结点位移等效的原则变换为等效结点荷载的。而对原结构的内力来讲，这两种荷载并不等效，原结构的内力等于图 3-10（b）、(d）两种情况的内力之和。

表 3-2 杆件坐标系的单元固端力 $\{\overline{F}_0\}^{(e)}$

编号	简　图	杆端内力	始　端 i	终　　端 j
1	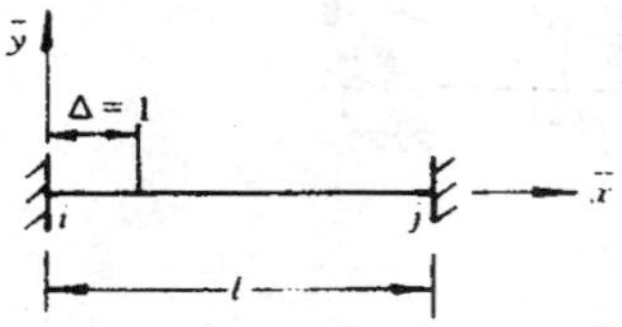	$\overline{N}$	$\dfrac{EA}{l}$	$-\dfrac{EA}{l}$
		$\overline{Q}$	0	0
		$\overline{M}$	0	0
2	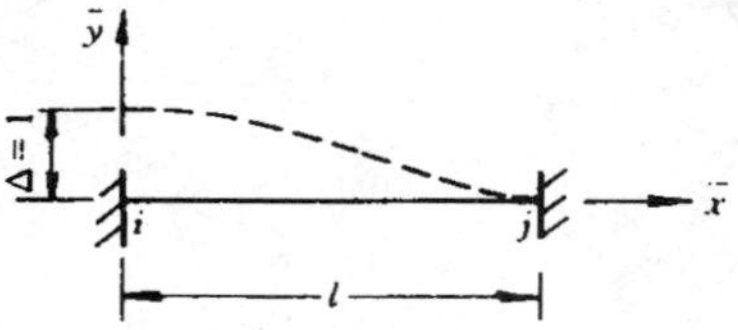	$\overline{N}$	0	0
		$\overline{Q}$	$\dfrac{12EI}{l^3}$	$-\dfrac{12EI}{l^3}$
		$\overline{M}$	$\dfrac{6EI}{l^2}$	$\dfrac{6EI}{l^2}$
3	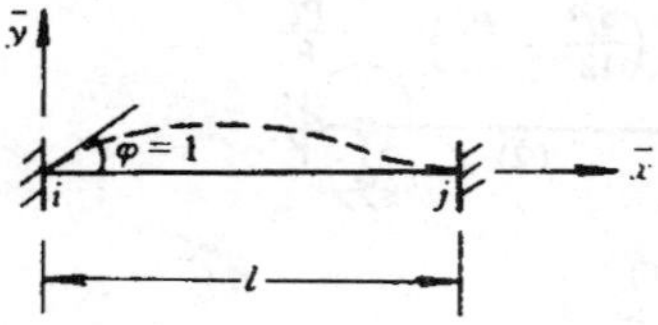	$\overline{N}$	0	0
		$\overline{Q}$	$\dfrac{6EI}{l^2}$	$-\dfrac{6EI}{l^2}$
		$\overline{M}$	$\dfrac{4EI}{l}$	$\dfrac{2EI}{l}$
4	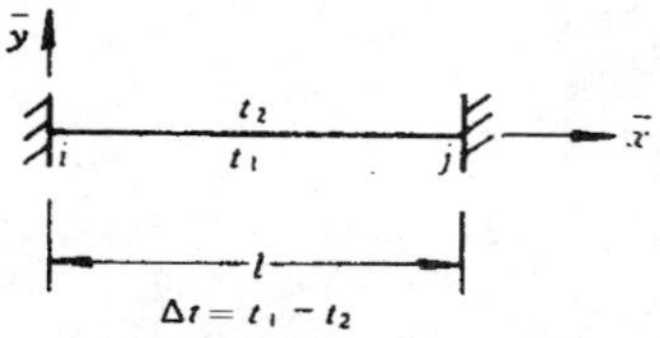	$\overline{N}$	$EA\alpha t_0$	$-EA\alpha t_0$
		$\overline{Q}$	0	0
		$\overline{M}$	$\dfrac{EI\alpha\Delta t}{h}$	$-\dfrac{EI\alpha\Delta t}{h}$

编号	简 图	杆端内力	始 端 i	终 端 j
5		$\bar{N}$	0	0
		$\bar{Q}$	$\dfrac{-Pb^2(l+2a)}{l^3}$	$\dfrac{-Pa^2(l+2b)}{l^3}$
		$\bar{M}$	$-\dfrac{Pab^2}{l^2}$	$\dfrac{Pa^2b}{l^2}$
6		$\bar{N}$	0	0
		$\bar{Q}$	$\dfrac{6ab}{l^3}M$	$-\dfrac{6ab}{l^3}M$
		$\bar{M}$	$\dfrac{b(3a-l)}{l^2}M$	$\dfrac{a(3b-l)}{l^2}M$
7		$\bar{N}$	0	0
		$\bar{Q}$	$-qa\left(1-\dfrac{a^2}{l^2}+\dfrac{a^3}{2l^3}\right)$	$-\dfrac{qa^3}{l^2}\left(1-\dfrac{a}{2l}\right)$
		$\bar{M}$	$-\dfrac{qa^2}{12}\left(6-8\dfrac{a}{l}+\dfrac{3a^2}{l^2}\right)$	$\dfrac{qa^3}{12l}\left(4-\dfrac{3a}{l}\right)$
8		$\bar{N}$	0	0
		$\bar{Q}$	$\dfrac{-q_0 a}{4}\left(2-\dfrac{3a^2}{l^2}+1.6\dfrac{a^3}{l^3}\right)$	$-\dfrac{q_0 a^3}{4l^2}\left(3-1.6\dfrac{a}{l}\right)$
		$\bar{M}$	$\dfrac{-q_0 a^2}{6}\left(2-\dfrac{3a}{l}+1.2\dfrac{a^2}{l^2}\right)$	$-\dfrac{q_0 a^3}{4l}\left(1-0.8\dfrac{a}{l}\right)$
9		$\bar{N}$	$-\dfrac{bP}{l}$	$-\dfrac{aP}{l}$
		$\bar{Q}$	0	0
		$\bar{M}$	0	0
10		$\bar{N}$	$-qa\left(1-\dfrac{a}{2l}\right)$	$-\dfrac{qa^2}{2l}$
		$\bar{Q}$	0	0
		$\bar{M}$	0	0

表中：h 为杆件截面高度；t_1、t_2 分别为杆件两侧温度改变量，t_0 为截面形心轴处温度改变量；a 为材料线胀系数。

下面以图 3-10 (a) 所示结构为例，说明形成等效结点荷载的具体方法。

(1) 求单元固端力 $\{\bar{F}_0\}^{(e)}$

在杆件坐标系中，单元固端力的正负号规则与单元杆端力的正负号规则相同。非结点荷载的正负号规则如下：集中力和分布力的方向与杆件坐标系的坐标轴正方向一致为正，反之为负。集中力偶以逆时针方向为正，反之为负。

在求单元固端力时，将结构的各杆均视作两端固定梁，查表 3-2 就可求得单元固端力。

已知：$q=-15kN/m$，$p=-20kN$，$l=4m$

$$\{\overline{F}_0\}^{(1)}=\left\{\begin{array}{c} 0 \\ 30 \\ 20 \\ 0 \\ 30 \\ -20 \end{array}\right\} \qquad \{\overline{F}_0\}^{(2)}=\left\{\begin{array}{c} 0 \\ 10 \\ 10 \\ 0 \\ 10 \\ -10 \end{array}\right\}$$

（2）将杆件坐标系中的单元固端力 $\{\overline{F}_0\}^{(e)}$ 转换成结构坐标系中的单元固端力 $\{F_0\}^{(e)}$

单元（1）：$\alpha_1=90°$，$\sin\alpha_1=1$，$\cos\alpha_1=0$，$\{\lambda\}^{(1)}=\begin{bmatrix}0&0&0&1&2&3\end{bmatrix}^T$，由（2-23）式得：

$$\{F_0\}^{(1)}=[T]^T\{\overline{F}_0\}^{(1)}=\begin{bmatrix} 0 & -1 & 0 & & & \\ 1 & 0 & 0 & & 0 & \\ 0 & 0 & 1 & & & \\ & & & 0 & -1 & 0 \\ & 0 & & 1 & 0 & 0 \\ & & & 0 & 0 & 1 \end{bmatrix}\left\{\begin{array}{c} 0 \\ 30 \\ 20 \\ 0 \\ 30 \\ -20 \end{array}\right\}=\left\{\begin{array}{c} -30 \\ 0 \\ 20 \\ -30 \\ 0 \\ -20 \end{array}\right\}\begin{array}{c} 0 \\ 0 \\ 0 \\ 1 \\ 2 \\ 3 \end{array}$$

单元（2）：$\alpha_2=0$，$\{\lambda\}^{(2)}=\begin{bmatrix}1&2&3&0&0&4\end{bmatrix}^T$

$$\{F_0\}^{(2)}=\{\overline{F}_0\}^{(2)}=\left\{\begin{array}{c} 0 \\ 10 \\ 10 \\ 0 \\ 10 \\ -10 \end{array}\right\}\begin{array}{c} 1 \\ 2 \\ 3 \\ 0 \\ 0 \\ 4 \end{array}$$

（3）利用单元定位向量集成结构的等效结点荷载向量 $\{P_E\}$

将结构坐标系中的单元固端力向量 $\{F_0\}^{(e)}$ 反号后，利用单元定位向量在结构的等效结点荷载向量 $\{P_E\}$ 中进行定位并累加即可求得 $\{P_E\}$。

各单元的定位向量写在 $\{F_0\}^{(e)}$ 右侧如上。

$$\{P_E\}=-\left\{\begin{array}{cc} -30 & +\ 0 \\ 0 & +\ 10 \\ -20 & +\ 10 \\ 0 & -\ 10 \end{array}\right\}=\left\{\begin{array}{c} 30 \\ -10 \\ 10 \\ 10 \end{array}\right\}\begin{array}{c} 1 \\ 2 \\ 3 \\ 4 \end{array}$$

3.2.2 算例

例 3-6 试求图 3-11 所示连续梁的等效结点荷载向量 $\{P_E\}$。

解： 单元、结点及结点位移编码如图 3-11 所示。

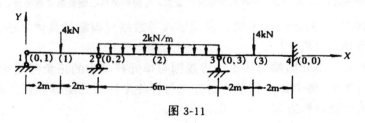

图 3-11

（1）求杆件坐标系中的单元固端力 $\{\overline{F}_0\}^{(e)}$。

查表 3-2 得

$$\{\overline{F}_0\}^{(1)} = \begin{bmatrix} 2 & 2 & 2 & -2 \end{bmatrix}^T$$

$$\{\overline{F}_0\}^{(2)} = \begin{bmatrix} 6 & 6 & 6 & -6 \end{bmatrix}^T$$

$$\{\overline{F}_0\}^{(3)} = \begin{bmatrix} 2 & 2 & 2 & -2 \end{bmatrix}^T$$

（2）将 $\{\overline{F}_0\}^{(e)}$ 转换成结构坐标系中的单元固端力 $\{F_0\}^{(e)}$。

由于 3 个单元的杆件坐标系与结构坐标系一致，所以有

$$\{F_0\}^{(1)} = \{\overline{F}_0\}^{(1)}$$

$$\{F_0\}^{(2)} = \{\overline{F}_0\}^{(2)}$$

$$\{F_0\}^{(3)} = \{\overline{F}_0\}^{(3)}$$

（3）利用单元定位向量集成结构的等效结点荷载向量 $\{P_E\}$。

将各单元定位向量标在 $\{F_0\}^{(e)}$ 的右侧如下：

$$\{F_0\}^{(1)} = \begin{Bmatrix} 2 \\ 2 \\ 2 \\ -2 \end{Bmatrix} \begin{matrix} 0 \\ 1 \\ 0 \\ 2 \end{matrix}, \qquad \{F_0\}^{(2)} = \begin{Bmatrix} 6 \\ 6 \\ 6 \\ -6 \end{Bmatrix} \begin{matrix} 0 \\ 2 \\ 0 \\ 3 \end{matrix}, \qquad \{F_0\}^{(3)} = \begin{Bmatrix} 2 \\ 2 \\ 2 \\ -2 \end{Bmatrix} \begin{matrix} 0 \\ 3 \\ 0 \\ 0 \end{matrix}$$

按照单元定位向量，将 $\{F_0\}^{(e)}$ 中的元素反号后送到 $\{P_E\}$ 的对应位置，叠加后得到

$$\{P_E\} = - \begin{Bmatrix} 2 & +0 & +0 \\ -2 & +6 & +0 \\ 0 & -6 & +2 \end{Bmatrix} \begin{matrix} 1 \\ 2 \\ 3 \end{matrix} = \begin{Bmatrix} -2 \\ -4 \\ 4 \end{Bmatrix} \begin{matrix} 1 \\ 2 \\ 3 \end{matrix}$$

3.2.3 结构结点荷载向量

结构的结点荷载向量 $\{P\}$，一般由两部分组成。一部分是直接作用在结点上的荷载组成的向量；另一部分是由非结点荷载变换得到的等效结点荷载组成的向量。据此结构的结点荷载向量可表示为

$$\{P\} = \{P_D\} + \{P_E\} \tag{3-2}$$

式中　$\{P_D\}$ ——直接结点荷载向量；

$\{P_E\}$ ——等效结点荷载向量。

当结构上无结点荷载作用时，则 $\{P_D\} = \{0\}$，若无非结点荷载作用时，则向量 $\{P_E\} = \{0\}$。

综上所述，计算结构结点荷载向量 $\{P\}$ 的步骤是：

（1）按结构结点位移编码，由直接作用在结点上的荷载写出向量 $\{P_D\}$ 的各元素。

（2）求各单元由非结点荷载作用产生的杆件坐标的固端力向量 $\{\overline{F}_0\}^{(e)}$。

$$\{\overline{F}_0\} = [\overline{N}_i \ \overline{Q}_i \ \overline{M}_i \ \overline{N}_j \ \overline{Q}_j \ \overline{M}_j]^T \tag{3-3}$$

（3）按式 2-23 求结构坐标的各单元固端力向量 $\{F_0\}^{(e)}$，即

$$\{F_0\}^{(e)} = [T]^T \ \{\overline{F}_0\}^{(e)}$$

（4）利用单元定位向量，将 $\{F_0\}^{(e)}$ 中的元素反号（即把杆端力反作用于结点上）后，定位、叠加形成等效结点荷载向量 $\{P_E\}$。

（5）将向量 $\{P_D\}$、$\{P_E\}$ 代入式（3-2）可求得结构的结点荷载向量 $\{P\}$。

3.2.4 算例

例 3-7 试求图 3-12a 所示刚架的结点荷载向量 $\{P\}$。

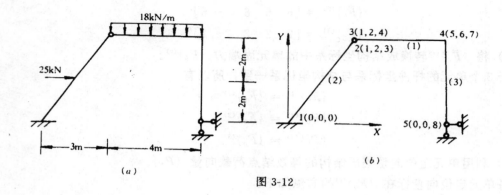

图 3-12

解：坐标系、单元、结点及结点位移编码如图 3-12（b）所示。

（1）求各单元在杆件坐标的固端力 $\{\overline{F}_0\}^{(e)}$ 如下：

单元（1）：$\{\overline{F}_0\}^{(1)} = [\,0 \quad 36 \quad 24 \quad 0 \quad 36 \quad -24\,]^T$

单元（2）：将水平集中力分解为轴向集中力 P_1 和横向集中力 P_2，则 $P_1 = 15\text{kN}$，$P_2 = -20\text{kN}$，$l = 5\text{m}$，分别查表 3-2 可得

$$\{\overline{F}_0\}^{(2)} = [\,-7.5 \quad 10 \quad 12.5 \quad -7.5 \quad 10 \quad -12.5\,]^T$$

单元（3）：没有非结点荷载作用，则

$$\{\overline{F}_0\}^{(3)} = \{0\}$$

（2）将 $\{\overline{F}_0\}^{(e)}$ 转换成 $\{F_0\}^{(e)}$。

单元（1）：$\alpha_1 = 0$，$\sin\alpha_1 = 0$，$\cos\alpha_1 = 1$，$\{\lambda\}^{(1)} = [\,1 \ 2 \ 3 \ 4 \ 5 \ 6\,]^T$，$[T]$ 为单位矩阵，所以

$$\{F_0\}^{(1)} = \{\overline{F}_0\}^{(1)} = \begin{bmatrix} 0 \\ 36 \\ 24 \\ 0 \\ 36 \\ -24 \end{bmatrix} \begin{matrix} 1 \\ 2 \\ 4 \\ 5 \\ 6 \\ 7 \end{matrix}$$

单元（2）：$\sin\alpha_2 = 0.8$，$\cos\alpha_2 = 0.6$，$\{\lambda\}^{(2)} = [\,0 \ 0 \ 0 \ 1 \ 2 \ 3\,]^T$，所以

$$\{F_0\}^{(2)} = [T]^T\{\overline{F}_0\}^{(2)} = \left[\begin{array}{ccc:ccc} 0.6 & -0.8 & 0 & & & \\ 0.8 & 0.6 & 0 & & 0 & \\ 0 & 0 & 1 & & & \\ \hdashline & & & 0.6 & -0.8 & 0 \\ & 0 & & 0.8 & 0.6 & 0 \\ & & & 0 & 0 & 1 \end{array}\right] \left\{\begin{array}{c} -7.5 \\ 10 \\ 12.5 \\ \hdashline -7.5 \\ 10 \\ -12.5 \end{array}\right\}$$

$$
= \left\{ \begin{array}{r} -12.5 \\ 0 \\ 12.5 \\ \hdashline -12.5 \\ 0 \\ -12.5 \end{array} \right\} \begin{array}{l} 0 \\ 0 \\ 0 \\ 1 \\ 2 \\ 3 \end{array}
$$

（3）利用单元定位向量，将 $\{F_0\}^{(e)}$ 中元素反号后叠加集成 $\{P_E\}$ 为

$$
\{P_E\} = -\left\{ \begin{array}{rr} 0 & -12.5 \\ 36 & +0 \\ 0 & -12.5 \\ 24 & +0 \\ 0 & +0 \\ 36 & +0 \\ -24 & +0 \\ 0 & +0 \end{array} \right\} \begin{array}{l} 1 \\ 2 \\ 3 \\ 4 \\ 5 \\ 6 \\ 7 \\ 8 \end{array} = \left\{ \begin{array}{r} 12.5 \\ -36 \\ 12.5 \\ -24 \\ 0 \\ -36 \\ 24 \\ 0 \end{array} \right\} \begin{array}{l} 1 \\ 2 \\ 3 \\ 4 \\ 5 \\ 6 \\ 7 \\ 8 \end{array}
$$

总码

因结构上无直接结点荷载作用，故 $\{P_D\} = \{0\}$，则

$$\{P\} = \{P_E\} = [12.5 \quad -36 \quad 12.5 \quad -24 \quad 0 \quad -36 \quad 24 \quad 0]^T$$

例3-8 试求图 3-13（a）所示组合结构的结点荷载向量 $\{P\}$。

解：坐标系、单元、结点及结点位移编码如图 3-13（b）所示。

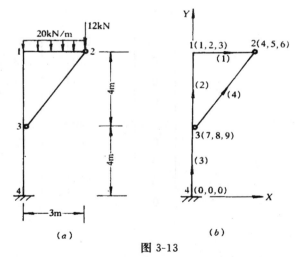

（a）　　　　　　　（b）

图 3-13

（1）杆件坐标的单元固端力 $\{\overline{F}_0\}^{(e)}$。

结构中只有单元（1）上作用有非结点荷载，查表 3-2 得：

$$\{\overline{F}_0\}^{(1)} = [0 \quad 30 \quad 15 \quad 0 \quad 30 \quad -15]^T$$

（2）将 $\{\overline{F}_0\}^{(e)}$ 转换成 $\{F_0\}^{(e)}$。

单元 （1） 的杆件坐标系与结构坐标系一致，所以 $\{F_0\}^{(1)} = \{\overline{F}_0\}^{(1)}$。

（3）利用单元定位向量，将 $\{F_0\}^{(e)}$ 反号后形成 $\{P_E\}$。

$$\{P_E\} = -\begin{Bmatrix} 0 \\ 30 \\ 15 \\ 0 \\ 30 \\ -15 \\ 0 \\ 0 \\ 0 \end{Bmatrix} \begin{matrix} 1 \\ 2 \\ 3 \\ 4 \\ 5 \\ 6 \\ 7 \\ 8 \\ 9 \end{matrix} = \begin{Bmatrix} 0 \\ -30 \\ -15 \\ 0 \\ -30 \\ 15 \\ 0 \\ 0 \\ 0 \end{Bmatrix} \begin{matrix} 1 \\ 2 \\ 3 \\ 4 \\ 5 \\ 6 \\ 7 \\ 8 \\ 9 \end{matrix}$$

直接作用在结构上的结点荷载组成的向量为：

$$\{P_D\} = \begin{Bmatrix} 0 \\ 0 \\ 0 \\ 0 \\ -12 \\ 0 \\ 0 \\ 0 \\ 0 \end{Bmatrix}$$

由式（3-2）得：

$$\{P\} = \{P_D\} + \{P_E\} = \begin{Bmatrix} 0 \\ 0 \\ 0 \\ 0 \\ -12 \\ 0 \\ 0 \\ 0 \\ 0 \end{Bmatrix} + \begin{Bmatrix} 0 \\ -30 \\ -15 \\ 0 \\ -30 \\ 15 \\ 0 \\ 0 \\ 0 \end{Bmatrix} = \begin{Bmatrix} 0 \\ -30 \\ -15 \\ 0 \\ -42 \\ 15 \\ 0 \\ 0 \\ 0 \end{Bmatrix} \begin{matrix} 1 \\ 2 \\ 3 \\ 4 \\ 5 \\ 6 \\ 7 \\ 8 \\ 9 \end{matrix}$$

3.3　后处理法

3.1.1 节的分析过程采用的是先处理法，现介绍后处理法。

3.3.1　后处理法的概念

后处理法是先不考虑支座对结点位移的约束作用，对全部结点位移进行统一编码。每个单元都采用不考虑杆端约束的单元刚度矩阵，按刚度集成法，形成原始结构刚度矩阵和原始刚度法方程。然后再引入支座约束条件，对其方程的结构刚度矩阵 $[K]$、荷载向量

$\{P\}$ 进行修正，以使 $[K]$ 成为非奇异矩阵，从而求得结点位移 $\{\Delta\}$ 的惟一解。由于这种方法是在形成原始结构刚度矩阵之后进行支承条件处理的，故称为后处理法。

现以图 3-14 (a) 所示刚架为例具体介绍后处理法及约束处理的概念。

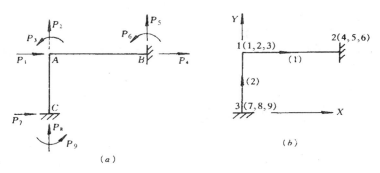

图 3-14

支座结点 B、C 暂视为可发生位移的自由结点，将支座处未知的约束反力视为结点荷载。若考虑弯曲变形和轴向变形的影响，则结构的单元、结点及结点位移统一编码如图 3-14 (b) 所示。则结构原始刚度法方程的形式为

$$
\begin{bmatrix} k_{11} & k_{12} & \cdots & k_{19} \\ k_{21} & k_{22} & \cdots & k_{29} \\ \cdots & \cdots & \cdots & \cdots \\ k_{91} & k_{92} & \cdots & k_{99} \end{bmatrix} \begin{Bmatrix} \Delta_1 \\ \Delta_2 \\ \vdots \\ \Delta_9 \end{Bmatrix} = \begin{Bmatrix} P_1 \\ P_2 \\ \vdots \\ P_9 \end{Bmatrix} \tag{3-4}
$$

该方程中的结点位移向量 $\{\Delta\}$ 中的分量 $\Delta_1\Delta_2\Delta_3$ 为自由结点 1 的未知结点位移，而 $\Delta_4\Delta_5\cdots\Delta_9$ 为约束结点 2、3 的已知结点位移。由于建立原始刚度方程（3-4）时未考虑支承约束条件，所以原始结构刚度矩阵 $[K]_{9\times9}$ 是奇异矩阵。故不能直接由方程（3-4）求得原结构自由结点未知位移的惟一解。为了求得未知结点位移 $\Delta_1\Delta_2\Delta_3$，可将上述方程按未知结点位移和已知结点位移的顺序分块后表示为

$$
\begin{bmatrix} [K]_{DD} & \vdots & [K]_{DR} \\ [K]_{RD} & \vdots & [K]_{RR} \end{bmatrix} \begin{Bmatrix} \{\Delta\}_D \\ \{\Delta\}_R \end{Bmatrix} = \begin{Bmatrix} \{P\}_D \\ \{P\}_R \end{Bmatrix} \tag{3-5}
$$

式中　　$[K]_{DD}$、$[K]_{RD}$——分别为与自由结点位移对应的子块刚度矩阵；

$[K]_{DR}$、$[K]_{RR}$——分别为与支座结点位移对应的子块刚度矩阵；

$\{\Delta\}_D$——未知结点位移的子块列向量；

$\{\Delta\}_R$——支座结点处已知结点位移的子块列向量；

$\{P\}_D$——已知结点荷载子块列向量；

$\{P\}_R$——未知支座约束反力的子块列向量。

将式（3-5）展开，并代入支承处约束条件 $\{\Delta\}_R = \{0\}$ 后，可得

$$
[K]_{DD}\{\Delta\}_D = \{P\}_D \tag{3-6}
$$

$$
[K]_{RD}\{\Delta\}_D = \{P\}_R \tag{3-7}
$$

若支座处有已知支座位移，即 $\{\Delta\}_R \neq \{0\}$ 时，则式（3-6）改变为

$$
[K]_{DD}\{\Delta\}_D = \{P\}_D' \tag{3-8}
$$

其中

$$\{P\}_D' = \{P\}_D - [K]_{DR}\{\Delta\}_R \tag{3-9}$$

可以看出式（3-6）或（3-8）中的 $[K]_{DD}$ 是一非奇异矩阵（相当于先处理法中的结构刚度矩阵）。故可从上式中求得未知结点位移 $\{\Delta\}_D$ 的惟一解。然后将 $\{\Delta\}_D$ 代入式（3-7）便可求得支承处的约束反力 $\{P\}_R$。

3.3-2 适合电算的约束处理方法

上述约束处理方法适合于手算，而在计算机上不易实现，为了适合计算机自动化运算的特点常采用如下两种方法。

A 划零置 1 法

对于具有 n 个未知量的刚度法方程，展开如下：

$$\begin{bmatrix} k_{11} & k_{12} & \cdots & k_{1r} & \cdots & k_{1n} \\ k_{21} & k_{22} & \cdots & k_{2r} & \cdots & k_{2n} \\ \vdots & \vdots & & \vdots & & \vdots \\ k_{r1} & k_{r2} & \cdots & k_{rr} & \cdots & k_{rn} \\ \vdots & \vdots & & \vdots & & \vdots \\ k_{n1} & k_{n2} & \cdots & k_{nr} & \cdots & k_{nn} \end{bmatrix} \begin{Bmatrix} \Delta_1 \\ \Delta_2 \\ \vdots \\ \Delta_r \\ \vdots \\ \Delta_n \end{Bmatrix} = \begin{Bmatrix} P_1 \\ P_2 \\ \vdots \\ P_r \\ \vdots \\ P_n \end{Bmatrix} \tag{3-10}$$

设以约束条件 $\Delta_r=0$（或 $\Delta_r=\delta_r$，δ_r 为给定不等于零的位移值）为例来说明处理方法。Δ_r 是向量 $\{\Delta\}$ 中的一个元素，对 $\{\Delta\}$ 不作修正。仅对原始刚度矩阵 $[K]$ 和荷载向量 $\{P\}$ 进行修改。其方法是：将 $[K]$ 中对应于约束 Δ_r 的行和列中的元素进行修改，把主对角元素 k_{rr} 置为 1，其余元素均改为零（即 $k_{rr}=1$，$k_{r1}=k_{r2}=\cdots\cdots=k_{rn}=0$，$k_{1r}=k_{2r}=\cdots\cdots=k_{nr}=0$）。其次将 $\{P\}$ 中与约束 Δ_r 对应的约束反力 P_r 改为零（或 $P_r=\delta_r$）。

经这样处理后，与 Δ_r 对应的第 r 个方程已被以 $\Delta_r=0$（或 $\Delta_r=\delta_r$）的约束条件所代替。对前述的方程式（3-10），若采用划零置 1 法经约束处理后，改变为

$$\begin{bmatrix} k_{11} & k_{12} & k_{13} & 0 & 0 & 0 & 0 & 0 & 0 \\ k_{21} & k_{22} & k_{23} & 0 & 0 & 0 & 0 & 0 & 0 \\ k_{31} & k_{32} & k_{33} & 0 & 0 & 0 & 0 & 0 & 0 \\ 0 & 0 & 0 & 1 & 0 & 0 & 0 & 0 & 0 \\ 0 & 0 & 0 & 0 & 1 & 0 & 0 & 0 & 0 \\ 0 & 0 & 0 & 0 & 0 & 1 & 0 & 0 & 0 \\ 0 & 0 & 0 & 0 & 0 & 0 & 1 & 0 & 0 \\ 0 & 0 & 0 & 0 & 0 & 0 & 0 & 1 & 0 \\ 0 & 0 & 0 & 0 & 0 & 0 & 0 & 0 & 1 \end{bmatrix} \begin{Bmatrix} \Delta_1 \\ \Delta_2 \\ \Delta_3 \\ \Delta_4 \\ \Delta_5 \\ \Delta_6 \\ \Delta_7 \\ \Delta_8 \\ \Delta_9 \end{Bmatrix} = \begin{Bmatrix} P_1 \\ P_2 \\ P_3 \\ 0 \\ 0 \\ 0 \\ 0 \\ 0 \\ 0 \end{Bmatrix} \tag{3-11}$$

显然，由式（3-11）即可求出结点位移向量 $\{\Delta\}$ 的惟一解。

B 乘大数法

现仍设以 $\Delta_r=0$（或 $\Delta_r=\delta_r$，δ_r 为给定不等于零的位移值）为例说明处理方法。乘大数法也是仅对原始刚度矩阵 $[K]$ 和荷载向量 $\{P\}$ 进行修改。其方法是将 $[K]$ 中与 Δ_r 对应的主对角元素 k_{rr} 乘以一个充分大的数 N（大数 N 可根据计算精度要求和计算机的容量适当选取。若计量单位采用 kN·cm 时，N 取 $10^8 \sim 10^{10}$ 比较合适）。及次将 $\{P\}$ 中与 Δ_r 对应的约束反力 P_r 改为 $Nk_{rr}\delta_r$。经以上处理后，与 Δ_r 对应的第 r 个方程变为：

$$k_{r1}\Delta_1 + k_{r2}\Delta_2 + \cdots Nk_{rr}\Delta_r + \cdots + k_{rn}\Delta_n = Nk_{rr}\delta_r \qquad (3\text{-}12)$$

由于 N 为一个充分大的数，上式不含 N 的各项数值相对很小，均可忽略不计。所以它等价于

$$\Delta_r = \delta_r \qquad (3\text{-}13)$$

若给定 $\delta_r = 0$，即是 $\Delta_r = 0$。这样处理后，原来的第 r 个方程就被上述约束条件所代替。对方程式（3-10），采用乘大数法进行约束处理后改变为：

$$\begin{bmatrix} k_{11} & k_{12} & k_{13} & k_{14} & k_{15} & k_{16} & k_{17} & k_{18} & k_{19} \\ k_{21} & k_{22} & k_{23} & k_{24} & k_{25} & k_{26} & k_{27} & k_{28} & k_{29} \\ k_{31} & k_{32} & k_{33} & k_{34} & k_{35} & k_{36} & k_{37} & k_{38} & k_{39} \\ k_{41} & k_{42} & k_{43} & Nk_{44} & k_{45} & k_{46} & k_{47} & k_{48} & k_{49} \\ k_{51} & k_{52} & k_{53} & k_{54} & Nk_{55} & k_{56} & k_{57} & k_{58} & k_{59} \\ k_{61} & k_{62} & k_{63} & k_{64} & k_{65} & Nk_{66} & k_{67} & k_{68} & k_{69} \\ k_{71} & k_{72} & k_{73} & k_{74} & k_{75} & k_{76} & Nk_{77} & k_{78} & k_{79} \\ k_{81} & k_{82} & k_{83} & k_{84} & k_{85} & k_{86} & k_{87} & Nk_{88} & k_{89} \\ k_{91} & k_{92} & k_{93} & k_{94} & k_{95} & k_{96} & k_{97} & k_{98} & Nk_{99} \end{bmatrix} \begin{Bmatrix} \Delta_1 \\ \Delta_2 \\ \Delta_3 \\ \Delta_4 \\ \Delta_5 \\ \Delta_6 \\ \Delta_7 \\ \Delta_8 \\ \Delta_9 \end{Bmatrix} = \begin{Bmatrix} P_1 \\ P_2 \\ P_3 \\ Nk_{44} \cdot 0 \\ Nk_{55} \cdot 0 \\ Nk_{66} \cdot 0 \\ Nk_{77} \cdot 0 \\ Nk_{88} \cdot 0 \\ Nk_{99} \cdot 0 \end{Bmatrix} \qquad (3\text{-}14)$$

可以看出，先处理法和后处理法的共同特点是：方法规律、简单，而先处理法又比后处理法节省计算机存贮单元，所以在实际结构分析中，应用更为广泛。

思 考 题

3-1 结构刚度矩阵中各元素的物理意义是什么？

3-2 结构刚度方程中的结点荷载向量 $\{P\}$ 中各元素的数值和正、负号是怎样确定的？为什么？

3-3 什么叫先处理法？试述其解题步骤。

3-4 何谓等效结点荷载？在矩阵位移法中，为什么要将非结点荷载变换成等效结点荷载，它与固端反力的关系是什么？

3-5 何谓后处理法？它与先处理法有何区别？

习 题

3-1 试按先处理法求图 3-15 所示各梁的结构刚度矩阵 [K]。

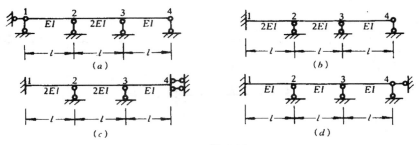

图 3-15

3-2 试按先处理法求图 3-16 所示各结构的刚度矩阵 [K]。已知各杆长度为 l，不计轴向变形的影响。

3-3 试按先处理法求图 3-17 所示各结构的刚度矩阵 [K]。考虑弯曲变形及轴向变形的影响，各杆长度为 l、EA、EI 为常数。

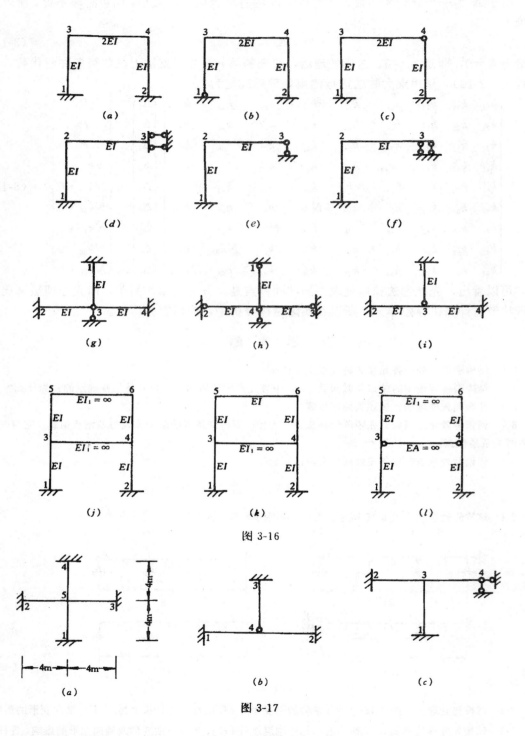

图 3-16

图 3-17

3-4 试按单元始端（i）、终端（j）分块的单元刚度矩阵的表达式分别计算：

(1) 图 3-18（a）所示刚架原始的结构刚度矩阵 [K] 中元素 K_{44}；

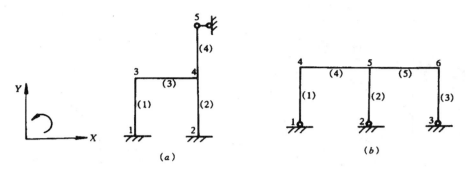

图 3-18

(2) 图 3-18（b）所示刚架子块结构刚度矩阵 [K] 中的元素 K_{55}、K_{66}。其中

$$[k]^{(e)} \begin{bmatrix} K_{ii} & K_{ij} \\ K_{ji} & K_{jj} \end{bmatrix}$$

3-5　试按直接刚度法求图 3-19 所示各桁架结构的结构刚度矩阵 [K]，已知各杆 EA＝常数。

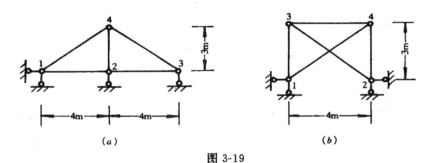

图 3-19

3-6　试按先处理法求图 3-20 所示各结构的结点荷载向量 {P}。略去各杆轴向变形的影响。

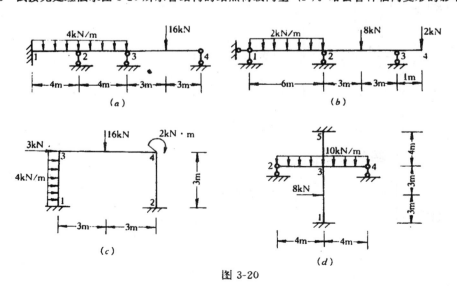

图 3-20

49

3-1 (b) $[K] = \dfrac{EI}{l} \begin{bmatrix} 16 & \dfrac{-12}{l} & 4 & 0 \\ \dfrac{-12}{l} & \dfrac{36}{l^2} & \dfrac{-6}{l} & \dfrac{6}{l} \\ 4 & \dfrac{-6}{l} & 12 & 2 \\ 0 & \dfrac{6}{l} & 2 & 4 \end{bmatrix}$,　(c) $[K] = \dfrac{EI}{l} \begin{bmatrix} 16 & 4 & 0 \\ 4 & 12 & \dfrac{-6}{l} \\ 0 & \dfrac{-6}{l} & \dfrac{12}{l^2} \end{bmatrix}$

3-2 (a) $[K] = \dfrac{EI}{l} \begin{bmatrix} \dfrac{24}{l^2} & \dfrac{6}{l} & \dfrac{6}{l} \\ \dfrac{6}{l} & 12 & 4 \\ \dfrac{6}{l} & 4 & 12 \end{bmatrix}$,　(c) $[K] = \dfrac{EI}{l} \begin{bmatrix} \dfrac{24}{l^2} & \dfrac{6}{l} & 0 & \dfrac{6}{l} \\ \dfrac{6}{l} & 12 & 4 & 0 \\ 0 & 4 & 8 & 0 \\ \dfrac{6}{l} & 0 & 0 & 4 \end{bmatrix}$

(d) $[K] = \dfrac{EI}{l} \begin{bmatrix} 8 & \dfrac{-6}{l} \\ \dfrac{-6}{l} & \dfrac{12}{l^2} \end{bmatrix}$,　(f) $[K] = \dfrac{EI}{l} \begin{bmatrix} \dfrac{12}{l^2} & \dfrac{6}{l} \\ \dfrac{6}{l} & 8 \end{bmatrix}$

(g) $[K] = \dfrac{EI}{l} \begin{bmatrix} 4 & 0 & 0 \\ 0 & 4 & 0 \\ 0 & 0 & 4 \end{bmatrix}$,　(h) $[K] = \dfrac{EI}{l} \begin{bmatrix} 4 & 0 & 0 & 2 \\ 0 & 4 & 0 & 2 \\ 0 & 0 & 4 & 2 \\ 2 & 2 & 2 & 12 \end{bmatrix}$

(i) $[K] = \dfrac{EI}{l} \begin{bmatrix} 8 & 0 \\ 0 & 4 \end{bmatrix}$,　(j) $[K] = \dfrac{EI}{l} \begin{bmatrix} \dfrac{48}{l^2} & \dfrac{-24}{l^2} \\ \dfrac{-24}{l^2} & \dfrac{24}{l^2} \end{bmatrix}$

3-3 (a) $[K] = \begin{bmatrix} \left(\dfrac{2EA}{l} + \dfrac{24EI}{l^3} \right) & 0 & 0 \\ 0 & \left(\dfrac{2EA}{l} + \dfrac{24EI}{l^3} \right) & 0 \\ 0 & 0 & \dfrac{16}{l} \end{bmatrix}$

(b) $[K] = \begin{bmatrix} \left(\dfrac{2EA}{l} + \dfrac{24EI}{l^3} \right) & 0 & 0 & \dfrac{-6EI}{l} \\ 0 & \left(\dfrac{2EA}{l} + \dfrac{24EI}{l^3} \right) & 0 & 0 \\ 0 & 0 & \dfrac{8EI}{l} & 0 \\ \dfrac{-6EI}{l^2} & 0 & 0 & \dfrac{4EI}{l} \end{bmatrix}$,

$$(c) \quad [K] = \begin{bmatrix} \left(\dfrac{2EA}{l}+\dfrac{12EI}{l^3}\right) & 0 & \dfrac{6EI}{l^2} & 0 \\[2mm] 0 & \left(\dfrac{EA}{l}+\dfrac{24EI}{l^3}\right) & 0 & \dfrac{6EI}{l^2} \\[2mm] \dfrac{6EI}{l^2} & 0 & \dfrac{12EI}{l} & \dfrac{2EI}{l} \\[2mm] 0 & \dfrac{6EI}{l^2} & \dfrac{2EI}{l} & \dfrac{4EI}{l} \end{bmatrix}$$

3-4 (1) $K_{44} = (K_{jj}^{(2)} + K_{jj}^{(3)} + K_{ii}^{(4)})$

(2) $K_{55} = (K_{jj}^{(4)} + K_{jj}^{(2)} + K_{ii}^{(5)})$

$K_{66} = (K_{jj}^{(3)} + K_{jj}^{(5)})$

3-5 $(a) \quad [K] = EA \begin{bmatrix} \dfrac{1}{2} & -\dfrac{1}{4} & 0 & 0 \\[2mm] -\dfrac{1}{4} & \dfrac{41}{125} & \dfrac{-16}{125} & \dfrac{-12}{125} \\[2mm] 0 & \dfrac{-16}{125} & \dfrac{32}{125} & 0 \\[2mm] 0 & \dfrac{-12}{125} & 0 & \dfrac{179}{375} \end{bmatrix} = EA \begin{bmatrix} 0.5 & -0.25 & 0 & 0 \\ -0.25 & 0.328 & -0.128 & 0.096 \\ 0 & -0.128 & 0.256 & 0 \\ 0 & 0.096 & 0 & 0.477 \end{bmatrix}$

$(b) \quad [K] = EA \begin{bmatrix} \dfrac{141}{500} & \dfrac{-12}{125} & -\dfrac{1}{4} & 0 \\[2mm] \dfrac{-12}{125} & \dfrac{134}{375} & 0 & 0 \\[2mm] -\dfrac{1}{4} & 0 & \dfrac{141}{500} & \dfrac{12}{125} \\[2mm] 0 & 0 & \dfrac{12}{125} & \dfrac{134}{375} \end{bmatrix} = EA \begin{bmatrix} 0.282 & -0.096 & -0.250 & 0 \\ -0.096 & 0.357 & 0 & 0 \\ -0.25 & 0 & 0.282 & 0.096 \\ 0 & 0 & 0.096 & 0.357 \end{bmatrix}$

3-6 $(a) \quad \{P\} = \begin{Bmatrix} 0 \\[1mm] \dfrac{-20}{3} \\[1mm] \dfrac{20}{3} \end{Bmatrix}, \quad (b) \quad \{P\} = \begin{Bmatrix} 6 \\ 0 \\ 4 \end{Bmatrix}, \quad (c) \quad \{P\} = \begin{Bmatrix} 9 \\ -9 \\ 10 \end{Bmatrix}, \quad (d) \quad \{P\} = \begin{Bmatrix} 4 \\ 13.33 \\ 6 \\ 13.33 \end{Bmatrix}$

4 矩阵位移法全过程

4.1 结构的结点位移向量

按直接刚度法的先处理法分析结构时，其可动结点的平衡方程为

$$[K]\{\Delta\} = \{P\} \tag{4-1}$$

式中结构的结点位移向量 $\{\Delta\}$ 的求解常用的有以下方法。

4.1.1 用方程系数矩阵的逆矩阵求解

当系数矩阵 $[K]$ 为非奇异矩阵且阶数较低（$n<4$）时，方程（4-1）可用其系数矩阵的逆矩阵按下式求解是比较方便的。

$$\{\Delta\} = [K]^{-1}\{P\} \tag{4-2}$$

一个满秩矩阵的逆矩阵可用其相应的伴随矩阵以下式来表示：

$$[K]^{-1} = \frac{1}{|K|}[K]^{\cdot} \tag{4-3}$$

式中 $|K|$——由矩阵 $[K]$ 的各元素组成的行列式；

$[K]^{\cdot}$——系 $[K]$ 的伴随矩阵。

如已知某结构的刚度矩阵为：

$$[K] = \frac{EI}{l}\begin{bmatrix} 16 & 4 & 0 \\ 4 & 12 & 2 \\ 0 & 2 & 7 \end{bmatrix} \tag{4-4}$$

该矩阵是对称矩阵，其各阶主子式为

$$|K_{11}| = \frac{EI}{l}|16| = \frac{16EI}{l} > 0$$

$$\begin{vmatrix} K_{11} & K_{12} \\ K_{21} & K_{22} \end{vmatrix} = \frac{EI}{l}\begin{vmatrix} 16 & 4 \\ 4 & 12 \end{vmatrix} = 176\left(\frac{EI}{l}\right)^2 > 0$$

$$\begin{vmatrix} K_{11} & K_{12} & K_{13} \\ K_{21} & K_{22} & K_{23} \\ K_{31} & K_{32} & K_{33} \end{vmatrix} = \frac{EI}{l}\begin{vmatrix} 16 & 4 & 0 \\ 4 & 12 & 2 \\ 0 & 2 & 7 \end{vmatrix} = 1168\left(\frac{EI}{l}\right)^3 > 0$$

即各阶主子式均大于零，则必有逆矩阵。

伴随矩阵 $[K]^{\cdot}$ 的第 j 行第 i 列的元素为 $|K|$ 中元素 K_{ij} 的代数余子式 $K_{ij}^{\cdot}$，即

$$[K]^{\cdot} = \begin{bmatrix} K_{11}^{\cdot} & K_{12}^{\cdot} & K_{13}^{\cdot} \\ K_{21}^{\cdot} & K_{22}^{\cdot} & K_{23}^{\cdot} \\ K_{31}^{\cdot} & K_{32}^{\cdot} & K_{33}^{\cdot} \end{bmatrix} \tag{4-5}$$

式中各元素分别为

$$K_{11}^{\cdot} = (-1)^{1+1}\left(\frac{EI}{l}\right)^2\begin{vmatrix} 12 & 2 \\ 2 & 7 \end{vmatrix} = 80\left(\frac{EI}{l}\right)^2$$

$$K_{12}^* = (-1)^{1+2} \left(\frac{EI}{l}\right)^2 \begin{vmatrix} 4 & 2 \\ 0 & 7 \end{vmatrix} = -28\left(\frac{EI}{l}\right)^2$$

$$K_{13}^* = (-1)^{1+3} \left(\frac{EI}{l}\right)^2 \begin{vmatrix} 4 & 12 \\ 0 & 2 \end{vmatrix} = 8\left(\frac{EI}{l}\right)^2$$

$$K_{21}^* = (-1)^{2+1} \left(\frac{EI}{l}\right)^2 \begin{vmatrix} 4 & 0 \\ 2 & 7 \end{vmatrix} = -28\left(\frac{EI}{l}\right)^2$$

$$K_{22}^* = (-1)^{2+2} \left(\frac{EI}{l}\right)^2 \begin{vmatrix} 16 & 0 \\ 0 & 7 \end{vmatrix} = 112\left(\frac{EI}{l}\right)^2$$

$$K_{23}^* = (-1)^{2+3} \left(\frac{EI}{l}\right)^2 \begin{vmatrix} 16 & 4 \\ 0 & 2 \end{vmatrix} = -32\left(\frac{EI}{l}\right)^2$$

$$K_{31}^* = (-1)^{3+1} \left(\frac{EI}{l}\right)^2 \begin{vmatrix} 4 & 0 \\ 12 & 2 \end{vmatrix} = 8\left(\frac{EI}{l}\right)^2$$

$$K_{32}^* = (-1)^{3+2} \left(\frac{EI}{l}\right)^2 \begin{vmatrix} 16 & 0 \\ 4 & 2 \end{vmatrix} = -32\left(\frac{EI}{l}\right)^2$$

$$K_{33}^* = (-1)^{3+3} \left(\frac{EI}{l}\right)^2 \begin{vmatrix} 16 & 4 \\ 4 & 12 \end{vmatrix} = 176\left(\frac{EI}{l}\right)^2$$

将以上各元素值代入（4-5）式可得，

$$[K]^* = \left(\frac{EI}{l}\right)^2 \begin{bmatrix} 80 & -28 & 8 \\ -28 & 112 & -32 \\ 8 & -32 & 176 \end{bmatrix}$$

由（4-4）式可求得与其相应的行列式值如下：

$$|K| = \left(\frac{EI}{l}\right)^3 \begin{vmatrix} 16 & 4 & 0 \\ 4 & 12 & 2 \\ 0 & 2 & 7 \end{vmatrix} = 1168\left(\frac{EI}{l}\right)^3 \neq 0 \tag{4-6}$$

将（4-5）、（4-6）代入式（4-3）即可得 $[K]$ 的逆矩阵为

$$[K]^{-1} = \frac{l}{1168EI} \begin{bmatrix} 80 & -28 & 8 \\ -28 & 112 & -32 \\ 8 & -32 & 176 \end{bmatrix} = \frac{l}{292EI} \begin{bmatrix} 20 & -7 & 2 \\ -7 & 28 & -8 \\ 2 & -8 & 44 \end{bmatrix}$$

将 $[K]^{-1}$ 代入式（4-2）即可求得结构结点位移的惟一解答。但当系数矩阵 $[K]$ 的阶数较高（$n>4$）时，按上述方法求逆矩阵的计算工作量将随着方程阶数的提高而迅速增加，即使用先进的计算机也很耗费机时，很不经济。故一般不用此法。

4.1.2 适于计算机求解方程的方法

用计算机求解方程式（4-1）的方法可分为两大类。一类是迭代解法，通过迭代逐次逼近方程的解答，其精度与迭代次数有关，计算机运行时间与解答要求的精度有关；另一类是直接解法，如高斯消去法、直接三角分解法等，这些方法的共同特点是：计算过程规律、简单，便于编制通用的计算机程序，可一次运行直接求出方程组的精确解答。解答精度高，计算机运行时间少，计算效率高。已被普遍应用于大型线性方程组的解算。现对本书选用的直接三角分解法简要介绍如下。

当方程式（4-1）的系数矩阵 $[K]$ 对称、正定时，则可按三角分解法进行求解，其过

程是：

（1）分解系数矩阵

按下式将系数矩阵分解为三个矩阵的连乘积，即

$$[K] = [L][L_D][L]^T \qquad (4\text{-}7)$$

式中　　$[L]$——下三角矩阵；

　　　　$[L_D]$——对角矩阵；

　　　　$[L]^T$——$[L]$ 的转置矩阵。

在 $[L]$ 矩阵中，i 行 j 列的元素是

$$\left.\begin{array}{ll} L_{ij} = K_{ij} - \displaystyle\sum_{k=1}^{i-1} \dfrac{L_{ik}L_{jk}}{L_{kk}} & (i > j) \\[4mm] L_{ii} = K_{ii} - \displaystyle\sum_{k=1}^{i-1} \dfrac{L_{ik}L_{ik}}{L_{kk}} & (i = j) \\[4mm] L_{ij} = 0 & (i < j) \end{array}\right\} \qquad (4\text{-}8)$$

由式（4-8）可知，与各行第一个非零元素 K_{ij} 对应的 L_{ij} 就等于 K_{ij}，即

$$L_{ij} = K_{ij} \qquad (4\text{-}9)$$

（2）前代

由于 $[L]$ 及 $[L]^T$ 矩阵分别为下三角及上三角矩阵，$[L_D]$ 为对角矩阵，故可将其方程式（4-1）的求解过程作如下的等效变换

$$[L]\{Y\} = \{P\} \qquad (4\text{-}10)$$

式中

$$\{Y\} = [L_D][L]^T\{\Delta\} \qquad (4\text{-}11)$$

由于 $[L_D][L]^T$ 仍为一上三角矩阵，故可由式（4-10）由上而下逐一向前代入求出其中间变量 $[Y_1 Y_2 \cdots Y_n]^T$，该向量中任一个元素 Y_i 为

$$Y_i = \frac{\left(P_i - \displaystyle\sum_{k=1}^{i-1} L_{ik}Y_k\right)}{L_{ii}} \qquad (4\text{-}12)$$

称上述求解过程为前代。

（3）回代

由上式求得中间变量 $\{Y\}$ 的各元素后，再由式（4-11）由下而上逐一回代便可求出方程（4-1）的未知向量 $\{\Delta\}$ 的各元素 $[\Delta_1 \Delta_2 \cdots \Delta_n]^T$，其中任一元素 Δ_i 的计算式为

$$\Delta_i = Y_i - \left(\sum_{j=i+1}^{n} \frac{L_{ji}}{L_{ii}}\Delta_j\right) \qquad (i < j) \qquad (4\text{-}13)$$

例 4-1　用对称分解法求解下述线性方程组。

$$\begin{bmatrix} \dfrac{40}{3} & \dfrac{20}{3} & 0 \\[3mm] \dfrac{20}{3} & \dfrac{52}{3} & 2 \\[3mm] 0 & 2 & 9 \end{bmatrix} \begin{Bmatrix} X_1 \\[3mm] X_2 \\[3mm] X_3 \end{Bmatrix} = \begin{Bmatrix} -60 \\[3mm] -190 \\[3mm] \dfrac{125}{2} \end{Bmatrix}$$

解：（1）求 $[L]$ 矩阵。由式（4-8）得

$$L_{11} = K_{11} = \frac{40}{3}$$

$$L_{21} = K_{21} = \frac{20}{3}$$

$$L_{22} = K_{22} - \frac{L_{21}^2}{L_{11}} = \frac{52}{3} - \left(\frac{20}{3}\right)^2 \cdot \frac{3}{40} = 14$$

$$L_{31} = K_{31} = 0$$

$$L_{32} = K_{32} = 2$$

$$L_{33} = K_{33} - \frac{L_{32}^2}{L_{22}} = 9 - \frac{2^2}{14} = \frac{61}{7}$$

即

$$[L] = \begin{bmatrix} \dfrac{40}{3} & & 0 \\ \dfrac{20}{3} & 14 & \\ 0 & 2 & \dfrac{61}{7} \end{bmatrix}$$

（2）前代由式（4-11）求中间变量 $\{Y\}$。

$$Y_1 = -60 \cdot \frac{3}{40} = -\frac{9}{2}$$

$$Y_2 = [(-190) - L_{21}Y_1]/L_{22} = \left[-190 - \frac{20}{3}\left(\frac{-9}{2}\right)\right]\Big/14 = -\frac{80}{7}$$

$$Y_3 = \left(\frac{125}{2} - L_{32}Y_2\right)\Big/L_{33} = \left[\frac{125}{2} - 2 \cdot \left(\frac{-80}{7}\right)\right]\Big/\frac{61}{7} = \frac{1195}{122}$$

即

$$\{Y\} = \begin{Bmatrix} Y_1 \\ Y_2 \\ Y_3 \end{Bmatrix} = \begin{Bmatrix} -\dfrac{9}{2} \\ -\dfrac{80}{7} \\ \dfrac{1195}{122} \end{Bmatrix}$$

（3）回代求方程组解 $\{X\}$。由式（4-11）得

$$\begin{bmatrix} 1 & \dfrac{L_{21}}{L_{11}} & \dfrac{L_{31}}{L_{11}} \\ & 1 & \dfrac{L_{32}}{L_{22}} \\ & & 1 \end{bmatrix} \begin{Bmatrix} X_1 \\ X_2 \\ X_3 \end{Bmatrix} = \begin{Bmatrix} Y_1 \\ Y_2 \\ Y_3 \end{Bmatrix}$$

按上式由下而上逐一回代依次求出 X_3、X_2、X_1：

$$X_3 = Y_3 = \frac{1195}{122}$$

$$X_2 = Y_2 - \frac{L_{32}}{L_{22}} \cdot X_3 = -\frac{80}{7} - \frac{2}{14} \cdot \frac{1195}{122} = \frac{-1565}{122}$$

$$X_1 = Y_1 - \left(\frac{L_{21}}{L_{11}} X_2 + \frac{L_{31}}{L_{11}} X_3 \right) = -\frac{9}{2} - \left(\frac{20}{3} \cdot \frac{3}{40} \cdot \frac{-1565}{122} + 0 \right) = \frac{467}{244}$$

即

$$\{X\} = \begin{Bmatrix} X_1 \\ X_2 \\ X_3 \end{Bmatrix} = \begin{Bmatrix} \dfrac{467}{244} \\ \dfrac{-1565}{122} \\ \dfrac{1195}{122} \end{Bmatrix} = \begin{Bmatrix} 1.914 \\ -12.828 \\ 9.795 \end{Bmatrix}$$

4.2 单元的杆端内力

单元的杆端内力一般由两部分组成，即由单元的杆端位移引起的杆端内力和由作用在单元上的非结点荷载引起的杆端内力叠加而成，即

$$\{\overline{F}\}^{(e)} = \{\overline{F}_0\}^{(e)} + [\overline{k}]^{(e)} \{\overline{\delta}\}^{(e)} \tag{4-14}$$

式中右端第一项系由单元 e 上的非结点荷载作用引起的固端力；第二项系由单元 (e) 的杆端位移 $\{\overline{\delta}\}^{(e)}$ 引起的杆端力。

当结构的可动结点位移向量 $\{\Delta\}$ 求出后，则结构的全部结点位移都知道了。由单元定位向量 $\{\lambda\}^{(e)}$ 的各元素值可方便地从 $\{\Delta\}$ 中选出单元在结构坐标系的杆端位移向量 $\{\delta\}^{(e)}$，再经过坐标变换由下式求得单元在杆件坐标系的杆端位移向量 $\{\overline{\delta}\}^{(e)}$。

$$\{\overline{\delta}\}^{(e)} = [T]^{(e)} \{\delta\}^{(e)} \tag{4-15}$$

如分析图 4-1 (a) 所示结构时，若按图 4-1 (b) 所示编码可得各单元定位向量 $\{\lambda\}^{(e)}$ 分别为：

$$\{\lambda\}^{(1)} = [0\ 0\ 0\ 3\ 4\ 5]^T, \{\lambda\}^{(2)} = [1\ 0\ 2\ 3\ 4\ 5]^T, \{\lambda\}^{(3)} = [3\ 4\ 5\ 6\ 0\ 7]^T.$$

据此可确定各单元的杆端位移向量 $\{\delta\}^{(e)}$ 如下：

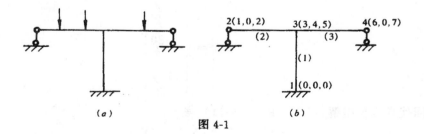

图 4-1

$$\{\delta\}^{(1)} = \begin{Bmatrix} 0 \\ 0 \\ 0 \\ \Delta_3 \\ \Delta_4 \\ \Delta_5 \end{Bmatrix}, \quad \{\delta\}^{(2)} = \begin{Bmatrix} \Delta_1 \\ 0 \\ \Delta_2 \\ \Delta_3 \\ \Delta_4 \\ \Delta_5 \end{Bmatrix}, \quad \{\delta\}^{(3)} = \begin{Bmatrix} \Delta_3 \\ \Delta_4 \\ \Delta_5 \\ \Delta_6 \\ 0 \\ \Delta_7 \end{Bmatrix}$$

当计算规则刚架时，因结构全由水平、竖直方向的杆单元组成，由这些单元在结构坐

标下的杆端力 $\{F\}^{(e)}$ 亦可直接绘出内力图。这时可由下式求出结构坐标系的杆端力,不需进行坐标变换,以简化计算。

$$\{F\}^{(e)} = \{F_0\}^{(e)} + [k]^{(e)}\{\delta\}^{(e)} \qquad (4\text{-}16)$$

用公式 (4-14) 或 (4-16) 求单元杆端内力时应注意,当单元上无非结点荷载作用时,则其固端力向量 $\{\overline{F}_0\} = \{0\}$ 或 $\{F_0\} = \{0\}$ 而不必计算。

例 4-2 试求图 4-2 所示三跨连续梁的各单元杆端弯矩,绘出 M 图。已知 $EI = 4 \times 10^3 \mathrm{kN \cdot m^2}$,结点位移向量 $\{\Delta\} = [-0.718 \quad -1.897 \quad 0.107 \quad 5.571]^T \times 10^{-3} \mathrm{rad}$。

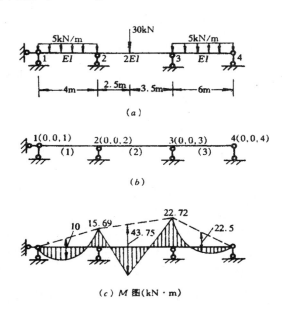

图 4-2

解:单元、结点及结点位移编码如图 4-2 (b) 所示。

(1) 求各单元在杆件坐标的单元刚度矩阵、$[\overline{k}]^{(e)}$、确定单元定位向量 $\{\lambda\}^{(e)}$。

$$[\overline{k}]^{(1)} = \frac{EI}{4}\begin{bmatrix} 4 & 2 \\ 2 & 4 \end{bmatrix}\begin{matrix} 1 \\ 2 \end{matrix} \quad , \qquad [\overline{k}]^{(2)} = \frac{2EI}{6}\begin{bmatrix} 4 & 2 \\ 2 & 4 \end{bmatrix}\begin{matrix} 2 \\ 3 \end{matrix}$$

$$[\overline{k}]^{(3)} = \frac{EI}{6}\begin{bmatrix} 4 & 2 \\ 2 & 4 \end{bmatrix}\begin{matrix} 3 \\ 4 \end{matrix}$$

(2) 求各单元在杆件坐标的杆端位移向量 $\{\delta\}^{(e)}$。因各杆单元倾角 α 均等于零,故知 $\{\overline{\delta}\}^{(e)} = \{\delta\}^{(e)}$,即

$$\{\overline{\delta}\}^{(1)} = \{\delta\}^{(1)} = \begin{Bmatrix} \Delta_1 \\ \Delta_2 \end{Bmatrix} = \begin{Bmatrix} -0.718 \\ -1.897 \end{Bmatrix}10^{-3}$$

57

$$\{\overline{\delta}\}^{(2)} = \{\delta\}^{(2)} = \begin{Bmatrix} \Delta_2 \\ \Delta_3 \end{Bmatrix} = \begin{Bmatrix} -1.897 \\ 0.107 \end{Bmatrix} 10^{-3}$$

$$\{\overline{\delta}\}^{(3)} = \{\delta\}^{(3)} = \begin{Bmatrix} \Delta_3 \\ \Delta_4 \end{Bmatrix} = \begin{Bmatrix} 0.107 \\ 5.571 \end{Bmatrix} 10^{-3}$$

（3）求各单元在杆件坐标的固端力向量 $\{\overline{F}_0\}^{(e)}$。查表 3-2 可得：

$$\{\overline{F}_0\}^{(1)} = \begin{Bmatrix} \dfrac{1}{12} \times 5 \times 4^2 \\ -\dfrac{1}{12} \times 5 \times 4^2 \end{Bmatrix} = \begin{Bmatrix} 6.67 \\ -6.67 \end{Bmatrix} \text{kN} \cdot \text{m}$$

$$\{\overline{F}_0\}^{(2)} = \begin{Bmatrix} \dfrac{30 \times 2.5 \times 3.5^2}{6^2} \\ -\dfrac{30 \times 2.5^2 \times 3.5}{6^2} \end{Bmatrix} = \begin{Bmatrix} 25.52 \\ -18.23 \end{Bmatrix} \text{kN} \cdot \text{m}$$

$$\{\overline{F}_0\}^{(3)} = \begin{Bmatrix} \dfrac{1}{12} \times 5 \times 6^2 \\ -\dfrac{1}{12} \times 5 \times 6^2 \end{Bmatrix} = \begin{Bmatrix} 15 \\ -15 \end{Bmatrix} \text{kN} \cdot \text{m}$$

（4）求各单元的杆端内力 $\{\overline{F}\}^{(e)}$。由式（4-4）求得各单元杆端弯矩如下：

$$\{\overline{F}\}^{(1)} = \begin{Bmatrix} \overline{M}_i \\ \overline{M}_j \end{Bmatrix} = \begin{Bmatrix} 6.67 \\ -6.67 \end{Bmatrix} + \begin{bmatrix} 4 & 2 \\ 2 & 4 \end{bmatrix} \begin{Bmatrix} -0.718 \\ -1.897 \end{Bmatrix} = \begin{Bmatrix} 0 \\ -15.69 \end{Bmatrix} \text{kN} \cdot \text{m}$$

$$\{\overline{F}\}^{(2)} = \begin{Bmatrix} \overline{M}_i \\ \overline{M}_j \end{Bmatrix} = \begin{Bmatrix} 25.52 \\ -18.23 \end{Bmatrix} + \frac{4}{3}\begin{bmatrix} 4 & 2 \\ 2 & 4 \end{bmatrix} \begin{Bmatrix} -1.897 \\ 0.107 \end{Bmatrix} = \begin{Bmatrix} 15.69 \\ -22.72 \end{Bmatrix} \text{kN} \cdot \text{m}$$

$$\{\overline{F}\}^{(3)} = \begin{Bmatrix} \overline{M}_i \\ \overline{M}_j \end{Bmatrix} = \begin{Bmatrix} 15 \\ -15 \end{Bmatrix} + \frac{2}{3}\begin{bmatrix} 4 & 2 \\ 2 & 4 \end{bmatrix} \begin{Bmatrix} 0.107 \\ 5.571 \end{Bmatrix} = \begin{Bmatrix} 22.72 \\ 0 \end{Bmatrix} \text{kN} \cdot \text{m}$$

（5）绘制 M 图。由以上各单元杆端弯矩可绘出 M 图如图 4-2（c）所示。

例 4-3 试求图 4-3（a）所示刚架的各单元杆端内力，绘出内力图。略去轴向变形影响。已知各杆 $EI = 6 \times 10^3 \text{kN} \cdot \text{m}^2$，结构结点位移向量 $\{\Delta\} = \begin{bmatrix} 24.87 & -3.29 & 0.726 & 0.387 \end{bmatrix}^T \times 10^{-3}$。

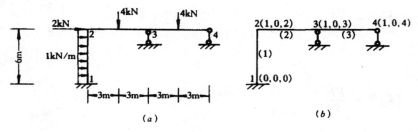

图 4-3

解：单元、结点及结点位移编码如图 4-3（b）所示。

（1）求各单元在杆件坐标的单元刚度矩阵 $[\overline{k}]^{(e)}$，确定单元定位向量 $\{\lambda\}^{(e)}$。

依题意可采用梁单元刚度矩阵。

$$[\overline{k}]^{(1)} = [\overline{k}]^{(2)} = [\overline{k}]^{(3)}$$

$$= \frac{EI}{l} \begin{bmatrix} \frac{12}{l^2} & \frac{6}{l} & \frac{-12}{l^2} & \frac{6}{l} \\ \frac{6}{l} & 4 & \frac{-6}{l} & 2 \\ \frac{-12}{l^2} & \frac{-6}{l} & \frac{12}{l^2} & \frac{-6}{l} \\ \frac{6}{l} & 2 & \frac{-6}{l} & 4 \end{bmatrix} = \begin{bmatrix} 2 & 6 & -2 & 6 \\ 6 & 24 & -6 & 12 \\ -2 & -6 & 2 & -6 \\ 6 & 12 & -6 & 24 \end{bmatrix} \times \frac{10^3}{6}$$

$$\{\lambda\}^{(1)} = \begin{bmatrix} 0 & 0 & 1 & 2 \end{bmatrix}^T, \quad \{\lambda\}^{(2)} = \begin{bmatrix} 0 & 2 & 0 & 3 \end{bmatrix}^T,$$
$$\{\lambda\}^{(3)} = \begin{bmatrix} 0 & 3 & 0 & 4 \end{bmatrix}^T.$$

（2）求各单元在杆件坐标的杆端位移向量 $\{\delta\}^{(e)}$。

由定位向量 $\{\lambda\}^{(e)}$ 及图 6-3 （b） 可得

$$\{\bar{\delta}\}^{(1)} = \begin{Bmatrix} 0 \\ 0 \\ -\Delta_1 \\ \Delta_2 \end{Bmatrix} = \begin{Bmatrix} 0 \\ 0 \\ -24.87 \\ -3.29 \end{Bmatrix} \times 10^{-3}, \quad \{\bar{\delta}\}^{(2)} = \begin{Bmatrix} 0 \\ \Delta_2 \\ 0 \\ \Delta_3 \end{Bmatrix} = \begin{Bmatrix} 0 \\ -3.29 \\ 0 \\ 0.726 \end{Bmatrix} \times 10^{-3}$$

$$\{\bar{\delta}\}^{(3)} = \begin{Bmatrix} 0 \\ \Delta_3 \\ 0 \\ \Delta_4 \end{Bmatrix} = \begin{Bmatrix} 0 \\ 0.726 \\ 0 \\ 0.387 \end{Bmatrix} \times 10^{-3}$$

（3）求各单元在杆件坐标的固端力向量 $\{\bar{F}_0\}^{(e)}$。查表 3-2 得

$$\{\bar{F}_0\}^{(1)} = \begin{Bmatrix} \frac{1}{2} \times 1 \times 6 \\ \frac{1}{12} \times 1 \times 6^2 \\ \frac{1}{2} \times 1 \times 6 \\ -\frac{1}{12} \times 1 \times 6^2 \end{Bmatrix} = \begin{Bmatrix} 3 \\ 3 \\ 3 \\ -3 \end{Bmatrix}, \quad \{\bar{F}_0\}^{(2)} = \begin{Bmatrix} \frac{1}{2} \times 4 \\ \frac{1}{8} \times 4 \times 6 \\ \frac{1}{2} \times 4 \\ -\frac{1}{8} \times 4 \times 6 \end{Bmatrix} = \begin{Bmatrix} 2 \\ 3 \\ 2 \\ -3 \end{Bmatrix}$$

$$\{\bar{F}_0\}^{(3)} = \begin{Bmatrix} \frac{1}{2} \times 4 \\ \frac{1}{8} \times 4 \times 6 \\ \frac{1}{2} \times 4 \\ -\frac{1}{8} \times 4 \times 6 \end{Bmatrix} = \begin{Bmatrix} 2 \\ 3 \\ 2 \\ -3 \end{Bmatrix}$$

（4）求各单元的杆端内力 $\{\bar{F}\}^{(e)}$。由式（4-14）得各单元杆端内力如下：

$$\{\bar{F}\}^{(1)} = \begin{Bmatrix} \bar{Q}_i \\ \bar{M}_i \\ \bar{Q}_j \\ \bar{M}_j \end{Bmatrix} = \begin{Bmatrix} 3 \\ 3 \\ 3 \\ -3 \end{Bmatrix} + \begin{bmatrix} 2 & 6 & -2 & 6 \\ 6 & 24 & -6 & 12 \\ -2 & -6 & 2 & -6 \\ 6 & 2 & -6 & 24 \end{bmatrix} \begin{Bmatrix} 0 \\ 0 \\ -24.87 \\ -3.29 \end{Bmatrix} \frac{1}{6} = \begin{Bmatrix} 8.000 \\ 21.29 \\ -2.00 \\ 8.71 \end{Bmatrix}$$

$$\{\overline{F}\}^{(2)} = \begin{Bmatrix} \overline{Q}_i \\ \overline{M}_i \\ \overline{Q}_j \\ \overline{M}_j \end{Bmatrix} = \begin{Bmatrix} 2 \\ 3 \\ 2 \\ -3 \end{Bmatrix} + \begin{bmatrix} 2 & 6 & -2 & 6 \\ 6 & 24 & -6 & 12 \\ -2 & -6 & 2 & -6 \\ 6 & 12 & -6 & 24 \end{bmatrix} \begin{Bmatrix} 0 \\ -3.29 \\ 0 \\ 0.726 \end{Bmatrix} \frac{1}{6} = \begin{Bmatrix} -0.564 \\ -8.71 \\ 4.56 \\ -6.68 \end{Bmatrix}$$

$$\{\overline{F}\}^{(3)} = \begin{Bmatrix} \overline{Q}_i \\ \overline{M}_i \\ \overline{Q}_j \\ \overline{M}_j \end{Bmatrix} = \begin{Bmatrix} 2 \\ 3 \\ 2 \\ -3 \end{Bmatrix} + \begin{bmatrix} 2 & 6 & -2 & 6 \\ 6 & 24 & -6 & 12 \\ -2 & -6 & 2 & -6 \\ 6 & 12 & -6 & 24 \end{bmatrix} \begin{Bmatrix} 0 \\ 0.726 \\ 0 \\ 0.387 \end{Bmatrix} \frac{1}{6} = \begin{Bmatrix} 3.11 \\ 6.68 \\ 0.89 \\ 0 \end{Bmatrix}$$

由以上各单元杆端内力 $\{\overline{F}\}^{(e)}$ 可绘出最后内力图，如图 4-4 所示。

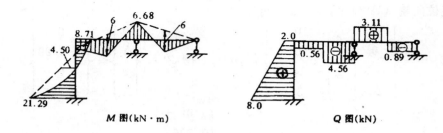

图 4-4

注意绘内力图时，需将矩阵位移法中坐标系（图 4-5）下的杆端力 $\{\overline{F}\}^{(e)}$ 的正负号改变为传统结构力学的正负号，其方法是：

弯矩：对水平杆，左端 $M_{ij}>0$ 时，上边受拉，右端 $M_{ji}>0$ 时下边受拉；

剪力：单元终端算出的剪力 Q_{ji}，变号后与传统剪力正负号相同；

轴力：单元始端算出的轴力 N_{ij} 变号后，与传统以拉力为正的规定相同。

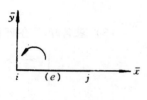

图 4-5

4.3 结构的支座反力

用计算机程序求结构的支座反力时，有以下两种方法：使用支座反力公式和使用支座结点平衡方程。

4.3.1 使用支座反力公式计算

现以图 4-6 (a) 所示结构在荷载作用下产生的支座反力：R_1、R_2、$\cdots$、R_8 的计算分析如下：

设已知各杆长度为 l，EI 为常数，$P_1=P$，$P_2=2P$，$q=P/l$。单元编码如图 4-6 (b)。

A 结构自由结点的矩阵平衡方程

以下称可发生位移分量的结点为自由结点；不发生位移分量的结点为支座结点。如果一个结点在一些方向有位移分量，而在另一些方向不发生位移分量，则上述区分的含义，对这些结点兼而有之。由位移法的知识，依结点 B、C 的平衡条件，可得位移法的典型方程为

$$\left. \begin{array}{l} r_{11}Z_1 + r_{12}Z_2 + r_{1P} = 0 \\ r_{21}Z_1 + r_{22}Z_2 + r_{2P} = 0 \end{array} \right\} \tag{4-17}$$

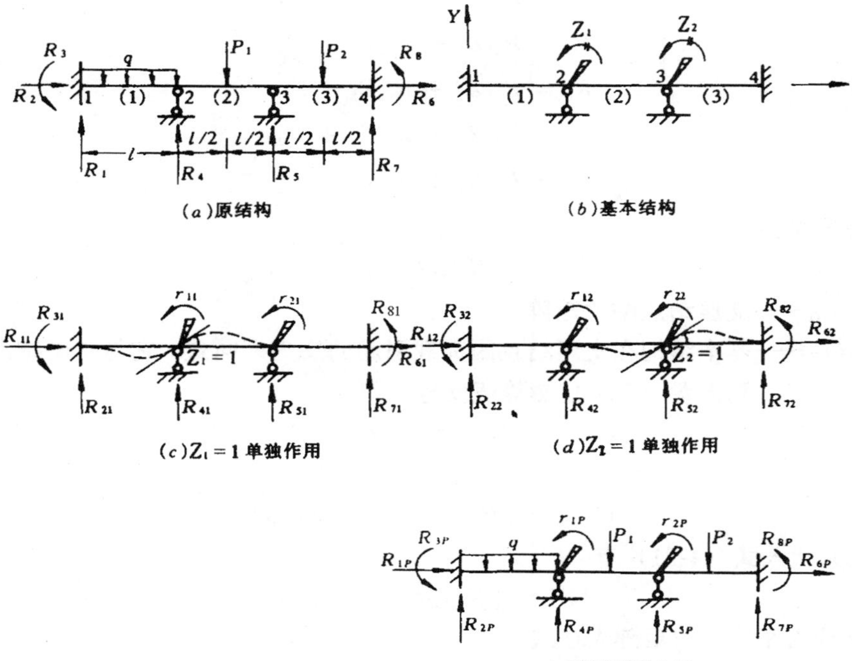

図 4-6

(a) 原结构 (b) 基本结构

(c) $Z_1 = 1$ 单独作用 (d) $Z_1 = 1$ 单独作用

(e) 荷载单独作用

表示为矩阵形式:

$$\begin{bmatrix} r_{11} & r_{12} \\ r_{21} & r_{22} \end{bmatrix} \begin{Bmatrix} Z_1 \\ Z_2 \end{Bmatrix} + \begin{Bmatrix} r_{1P} \\ r_{2P} \end{Bmatrix} = \begin{Bmatrix} 0 \\ 0 \end{Bmatrix} \tag{4-18}$$

即得自由结点平衡方程:

$$[K]_{DD} \{\Delta\}_D = \{P\}_D \tag{4-19}$$

式中 $[K]_{DD} = \begin{bmatrix} r_{11} & r_{12} \\ r_{21} & r_{22} \end{bmatrix}$ ——自由结点刚度矩阵;

$\{\Delta\}_D = \begin{Bmatrix} Z_1 \\ Z_2 \end{Bmatrix}$ ——未知结点位移列向量;

$\{P\}_D = -\begin{Bmatrix} r_{1P} \\ r_{2P} \end{Bmatrix}$ ——自由结点荷载列向量。

由式 (4-2) 可求出自由结点位移向量:

$$\{\Delta\}_D = [K]_{DD}^{-1} \{P\}_D \tag{4-20}$$

B 支座反力的计算公式

由图 4-6 (a)、(c)、(d)、(e),利用叠加原理可得:

$$R_1 = R_{11}Z_1 + R_{12}Z_2 + R_{1P}$$

$$R_2 = R_{21}Z_1 + R_{22}Z_2 + R_{2P}$$

$$R_3 = R_{31}Z_1 + R_{32}Z_2 + R_{3P}$$

61

$$R_4 = R_{41}Z_1 + R_{42}Z_2 + R_{4P}$$

$$R_5 = R_{51}Z_1 + R_{52}Z_2 + R_{5P}$$

$$R_6 = R_{61}Z_1 + R_{62}Z_2 + R_{6P}$$

$$R_7 = R_{71}Z_1 + R_{72}Z_2 + R_{7P}$$

$$R_8 = R_{81}Z_1 + R_{82}Z_2 + R_{8P}$$

表示为矩阵形式：

$$\{R\} = [K]_{RD}\{\Delta\}_D + \{R\}_P \tag{4-21}$$

式中　　$[K]_{RD}$——支座结点刚度矩阵；

　　　　$\{R\}_P$——基本结构在支座结点因荷载引起的反力列向量。它与支座结点等效荷载
　　　　　　　列向量 $\{P\}_R$ 显然等值反号，即

$$\{R\}_P = -\{P\}_R \tag{4-22}$$

而

$$\{P\}_R = [R_{1P} \quad R_{2P} \quad \cdots \quad R_{8P}]^T$$

将式（4-22）代入式（4-21）有

$$\{R\} = [K]_{RD}\{\Delta\}_D - \{P\}_R \tag{4-23}$$

上式称为结构支座反力的矩阵表达式。

现再讨论矩阵 $[K]_{RD}$ 和 $\{P\}_R$ 的形成方法。因为 $[K]_{RD}$ 与 $[K]_{DD}$，$\{P\}_R$ 与 $\{P\}_D$ 分别为结点刚度矩阵和结点等效荷载列阵中的两个子矩阵，所以 $[K]_{RD}$ 的形成方法与 $[K]_{DD}$ 相同，$\{P\}_R$ 的形成方法与 $\{P\}_D$ 相同。现对上述子矩阵中各元素值确定如下：

a　支座结点刚度矩阵 $[K]_{RD}$

由图 4-6（c）、（d）利用交于支座结点的各单元刚度系数，由支座结点的平衡条件可得：
图 4-6（c）

$$R_{11} = 0, \quad R_{21} = k_{26}^{(1)} = \frac{6EI}{l^2}$$

$$R_{31} = k_{36}^{(1)} = \frac{2EI}{l}, \quad R_{41} = k_{56}^{(1)} + k_{23}^{(2)} = -\frac{6EI}{l^2} + \frac{6EI}{l^2} = 0$$

$$R_{51} = k_{53}^{(2)} = -\frac{6EI}{l^2}, \quad R_{61} = 0$$

$$R_{71} = 0, \qquad\qquad R_{81} = 0$$

图 4-6（d）

$$R_{12} = 0, \qquad\quad R_{22} = 0, \qquad\quad R_{32} = 0$$

$$R_{42} = k_{26}^{(2)} = \frac{6EI}{l^2}, \qquad R_{52} = k_{56}^{(2)} + k_{23}^{(3)} = -\frac{6EI}{l^2} + \frac{6EI}{l^2} = 0$$

$$R_{62} = 0, \quad R_{72} = k_{53}^{(3)} = -\frac{6EI}{l^2}, \quad R_{82} = k_{63}^{(3)} = \frac{2EI}{l}。$$

则最后的支座结点刚度矩阵为：

$$[K]_{RD} = \left\{ \begin{array}{cc} 0 & 0 \\[6pt] \dfrac{6EI}{l^2} & 0 \\[10pt] \dfrac{2EI}{l} & 0 \\[10pt] 0 & \dfrac{6EI}{l^2} \\[10pt] -\dfrac{6EI}{l^2} & 0 \\[10pt] 0 & 0 \\[6pt] 0 & -\dfrac{6EI}{l^2} \\[10pt] 0 & \dfrac{2EI}{l} \end{array} \right\} \tag{4-24}$$

b 支座结点等效荷载列向量 $\{P\}_R$

与自由结点荷载列向量一样，它由两部分组成：直接作用在支座结点上的荷载组成的列向量和与支座结点相关的单元上非结点荷载产生的等效结点荷载向量。分别确定如下。

直接结点荷载向量：

$$\{P\}_D = [P_{1D} \quad P_{2D} \quad \cdots \quad P_{8D}]^T = [0 \quad 0 \quad \cdots \quad 0]^T$$

非结点荷载产生的等效结点荷载向量：先计算单元在结构坐标的固端力向量，查表 3-2 得

单元（1）：

$$\{F_0\}^{(1)} = \left\{ \begin{array}{c} F_{01} \\ F_{02} \\ F_{03} \\ F_{04} \\ F_{05} \\ F_{06} \end{array} \right\} = \left\{ \begin{array}{c} 0 \\[6pt] \dfrac{ql}{2} \\[10pt] \dfrac{ql^2}{12} \\[10pt] 0 \\[6pt] \dfrac{ql}{2} \\[10pt] -\dfrac{ql^2}{12} \end{array} \right\}$$

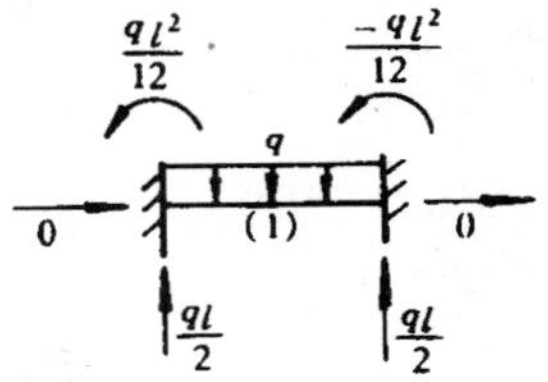

图 4-7

单元（2）：

$$\{F_0\}^{(2)} = \left\{ \begin{array}{c} F_{01} \\ F_{02} \\ F_{03} \\ F_{04} \\ F_{05} \\ F_{06} \end{array} \right\} = \left\{ \begin{array}{c} 0 \\[6pt] \dfrac{P_1}{2} \\[10pt] \dfrac{P_1 l}{8} \\[10pt] 0 \\[6pt] \dfrac{P_1}{2} \\[10pt] -\dfrac{P_1 l}{8} \end{array} \right\}$$

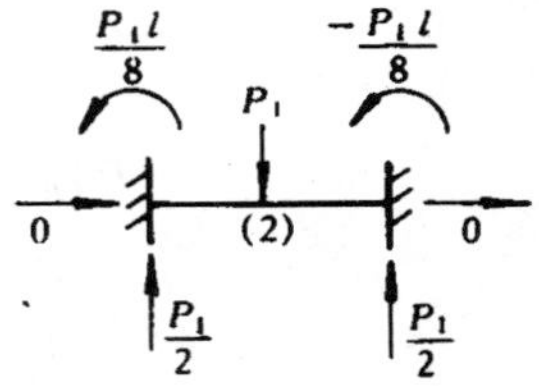

图 4-8

63

单元（3）：

$$\{F_0\}^{(3)} = \begin{Bmatrix} F_{01} \\ F_{02} \\ F_{03} \\ F_{04} \\ F_{05} \\ F_{06} \end{Bmatrix} = \begin{Bmatrix} 0 \\ \dfrac{P_2}{2} \\ \dfrac{P_2 l}{8} \\ 0 \\ \dfrac{P_2}{2} \\ -\dfrac{P_2 l}{8} \end{Bmatrix}$$

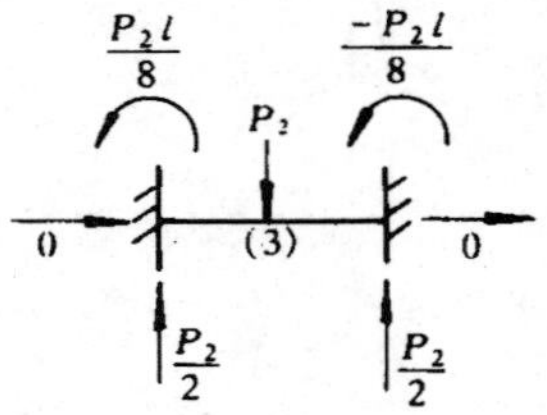

图 4-9

将各单元固端力向量反作用于各结点的位移分量方向上，再把它们按结点沿结构坐标方向叠加起来。

$$P_{E1} = -F_{01}^{(1)} = 0$$

$$P_{E2} = -F_{02}^{(1)} = -\frac{ql}{2} = -\frac{P}{2}$$

$$P_{E3} = -F_{03}^{(1)} = -\frac{ql^2}{12} = -\frac{Pl}{12}$$

$$P_{E4} = -F_{05}^{(1)} - F_{02}^{(2)} = -\frac{ql}{2} - \frac{P_1}{2} = -P$$

$$P_{E5} = -F_{05}^{(2)} - F_{02}^{(3)} = -\frac{P_1}{2} - \frac{P_2}{2} = -\frac{3P}{2}$$

$$P_{E6} = -F_{04}^{(3)} = 0$$

$$P_{E7} = -F_{05}^{(3)} = -\frac{P_2}{2} = -P$$

$$P_{E8} = -F_{06}^{(3)} = -\left(-\frac{P_2 l}{8}\right) = \frac{Pl}{4}$$

最后得：

$$\{P\}_R = \{P\}_D + \{P\}_E = \begin{Bmatrix} 0 \\ 0 \\ 0 \\ 0 \\ 0 \\ 0 \\ 0 \\ 0 \end{Bmatrix} + \begin{Bmatrix} 0 \\ -\dfrac{P}{2} \\ -\dfrac{Pl}{12} \\ -P \\ -\dfrac{3P}{2} \\ 0 \\ -P \\ \dfrac{Pl}{4} \end{Bmatrix} = \begin{Bmatrix} 0 \\ -\dfrac{P}{2} \\ -\dfrac{Pl}{12} \\ -P \\ -\dfrac{3P}{2} \\ 0 \\ -P \\ \dfrac{Pl}{4} \end{Bmatrix} \qquad (4-25)$$

将支座结点刚度矩阵 $[K]_{RD}$ 和支座结点等效结点荷载向量 $\{P\}_R$ 代入式（4-23），可求得结构的支座反力向量 $\{R\}$。

应用上述公式求支座反力时，需先求出支座结点刚度矩阵 $[K]_R$ 和等效结点荷载向量 $\{P\}_R$，但这两个矩阵以前并未使用过，要单独计算。若电算亦需新建立数组，编写出形成这两个矩阵的程序，比较麻烦。

4.3.2 使用支座结点平衡方程计算

当求出结构各单元杆端内力后，将交于支座结点的各单元杆端内力反作用于支座隔离体上，利用该支座结点的平衡条件，求出支座反力。这种方法可适用于各种不同类型的支座，如图 4-10 (a)、(b)、(c) 所示。

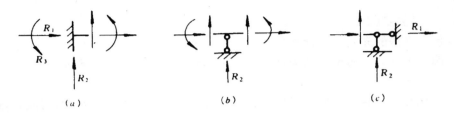

图 4-10

例 4-4 图 4-11 (a) 所示连续梁受荷载作用，已知单元（1）（杆 12）和单元（2）（杆 23）的杆端内力分别为：$\{F\}^{(1)} = \begin{bmatrix} 0 & 18.9 & 19.8 & 0 & 17.1 & -14.4 \end{bmatrix}^T$，$\{F\}^{(2)} = \begin{bmatrix} 0 & 6.4 & 14.4 & 0 & 1.6 & 0 \end{bmatrix}^T$，试计算各支座反力。

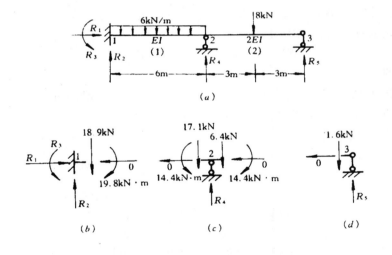

图 4-11

解：（1）将单元（1）1 端的杆端轴力、剪力、弯矩值（0　18.9　19.8）分别反作用于结点 1 上，并取结点 1 为隔离体（图 4-11 (b)），由其平衡条件可得：

$$R_1 = 0, \quad R_2 = 18.9\text{kN}\ (\uparrow), \quad R_3 = 19.8\text{kN} \cdot \text{m}\ (\curvearrowleft)。$$

（2）将单元（1）2 端的杆端轴力、剪力和弯矩值（0　17.1　−14.4）分别反作用于结点 2 上，同时将单元（2）2 端的杆端轴力、剪力和弯矩值（0　6.4　14.4）也分别反作用于结点 2 上，并取结点 2 为隔离体（图 4-11 (c)），由平衡条件可得：

$$R_4 = 17.1 + 6.4 = 23.4\text{kN}(\uparrow)$$

（3）将单元（2）3端的杆端轴力、剪力和弯矩值（0　1.6　0）分别反作用于结点3上，并取该结点为隔离体（图4-11（d）），由平衡条件得：

$$R_5 = 1.6\text{kN}(\uparrow)$$

即该连续梁全部支座反力向量为

$$\{R\} = \begin{bmatrix} R_1 & R_2 & R_3 & R_4 & R_5 \end{bmatrix}^T$$
$$= \begin{bmatrix} 0 & 18.9\text{kN} & 19.8\text{kN} \cdot \text{m} & 23.4\text{kN} & 1.6\text{kN} \end{bmatrix}^T。$$

4.4 计算步骤及算例

4.4.1 计算步骤

用直接刚度法的先处理法计算平面结构时，其计算步骤如下：

（1）确定坐标系，将整体结构划分为若干单元，并对单元、结点及结点位移进行统一编码。

（2）求单元在杆件坐标及结构坐标的单元刚度矩阵 $[\overline{k}]^{(e)}$ 和 $[k]^{(e)}$，并确定定位向量 $\{\lambda\}^{(e)}$。

（3）集成结构刚度矩阵 $[K]$。

（4）分别计算直接结点荷载向量 $\{P_D\}$ 和等效结点荷载向量 $\{P_E\}$，按（3-2）式求结构结点荷载向量 $\{P\}$。

$$\{P\} = \{P_D\} + \{P_E\}$$

（5）解方程 $[K]\{\Delta\} = \{P\}$，求出结点位移向量 $\{\Delta\}$。

（6）按下式求各单元杆端内力。

$$\{\overline{F}\}^{(e)} = \{\overline{F}_0\}^{(e)} + [\overline{k}]^{(e)}\{\overline{\delta}\}^{(e)}$$

4.4.2 算例

例4-5 求图4-12（a）所示连续梁的弯矩图。已知 $EI = 10\text{kN} \cdot \text{m}^2$。

解：（1）单元、结点及结点位移编码如图4-12（b）所示。

（2）建立单元刚度矩阵。

单元（1）：

$$\alpha_1 = 0, \{\lambda\}^{(1)} = \begin{bmatrix} 1 & 2 \end{bmatrix}^T$$

$$[k]^{(1)} = \begin{bmatrix} \dfrac{8EI}{6} & \dfrac{4EI}{6} \\ \dfrac{4EI}{6} & \dfrac{8EI}{6} \end{bmatrix} = \begin{bmatrix} \dfrac{40}{3} & \dfrac{20}{3} \\ \dfrac{20}{3} & \dfrac{40}{3} \end{bmatrix} \begin{matrix} 1 \\ 2 \end{matrix}$$

单元（2）：

$$\alpha_2 = 0, \{\lambda\}^{(2)} = \begin{bmatrix} 2 & 3 \end{bmatrix}^T$$

$$[k]^{(2)} = \begin{bmatrix} \dfrac{4EI}{10} & \dfrac{2EI}{10} \\ \dfrac{2EI}{10} & \dfrac{4EI}{10} \end{bmatrix} = \begin{bmatrix} 4 & 2 \\ 2 & 4 \end{bmatrix} \begin{matrix} 2 \\ 3 \end{matrix}$$

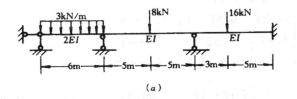

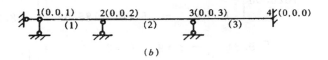

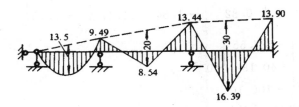

(c) M 图(kN·m)

图 4-12

单元 (3)：$\alpha_3 = 0$，$\{\lambda\}^{(3)} = \begin{bmatrix} 3 & 0 \end{bmatrix}^T$

$$[k]^{(3)} = \begin{bmatrix} \dfrac{4EI}{8} & \dfrac{2EI}{8} \\[2mm] \dfrac{2EI}{8} & \dfrac{4EI}{8} \end{bmatrix} = \begin{bmatrix} 5 & \dfrac{5}{2} \\[2mm] \dfrac{5}{2} & 5 \end{bmatrix} \begin{matrix} 3 \\[2mm] 0 \end{matrix}$$

上方标注：$3 \quad 0 \quad \{\lambda\}^{(3)}$

(3) 求结构刚度矩阵 [K]

$$[K] = \begin{bmatrix} \dfrac{40}{3} & \dfrac{20}{3} & 0 \\[2mm] \dfrac{20}{3} & \left(\dfrac{40}{3}+4\right) & 2 \\[2mm] 0 & 2 & (4+5) \end{bmatrix} = \begin{bmatrix} 13.33 & 6.67 & 0 \\ 6.67 & 17.33 & 2 \\ 0 & 2 & 9 \end{bmatrix} \begin{matrix} 1 \\ 2 \\ 3 \end{matrix}$$

上方标注：$1 \quad 2 \quad 3$ 总码

(4) 求结点荷载向量 {P}。

结构上无直接结点荷载作用，故向量 $\{P_D\} = \{0\}$，各单元固端力向量 $\{\overline{F}_0\}^{(e)}$ 为

$$\{\overline{F}_0\}^{(1)} = \begin{Bmatrix} 9 \\ -9 \end{Bmatrix} \begin{matrix} 1 \\ 2 \end{matrix}, \{\overline{F}_0\}^{(2)} = \begin{Bmatrix} 10 \\ -10 \end{Bmatrix} \begin{matrix} 2 \\ 3 \end{matrix}, \{\overline{F}_0\}^{(3)} = \begin{Bmatrix} 18.75 \\ -11.25 \end{Bmatrix} \begin{matrix} 3 \\ 0 \end{matrix}$$

$$\{P\} = \{P_D\} + \{P_E\} = \begin{Bmatrix} 0 \\ 0 \\ 0 \end{Bmatrix} - \begin{Bmatrix} 9 & + & 0 & + & 0 \\ -9 & + & 10 & + & 0 \\ 0 & + & (-10) & + & 18.75 \end{Bmatrix} = \begin{Bmatrix} -9 \\ -1 \\ -8.75 \end{Bmatrix}$$

（5）解方程求结构的结点位移向量 $\{\Delta\}$

$$\{\Delta\} = \begin{bmatrix} 13.33 & 6.67 & 0 \\ 6.67 & 17.33 & 2 \\ 0 & 2 & 9 \end{bmatrix}^{-1} \begin{Bmatrix} -9 \\ -1 \\ -8.75 \end{Bmatrix}$$

$$= \frac{1}{1526.06} \begin{bmatrix} 151.97 & -60.03 & 13.34 \\ -60.03 & 119.97 & -26.66 \\ 13.34 & -26.66 & 186.52 \end{bmatrix} \begin{Bmatrix} -9 \\ -1 \\ -8.75 \end{Bmatrix}$$

$$= 10^{-2} \begin{bmatrix} 9.34 & -3.69 & 0.82 \\ -3.69 & 7.38 & -1.64 \\ 0.82 & -1.64 & 11.47 \end{bmatrix} \begin{Bmatrix} -9 \\ -1 \\ -8.75 \end{Bmatrix}$$

$$= \begin{Bmatrix} -87.55 \\ 40.18 \\ -106.10 \end{Bmatrix} 10^{-2}$$

（6）求单元杆端内力 $\{\overline{F}\}^{(e)}$

$$\{\overline{F}\}^{(1)} = \begin{Bmatrix} \overline{M}_i \\ \overline{M}_j \end{Bmatrix} = \begin{Bmatrix} 9 \\ -9 \end{Bmatrix} + \begin{bmatrix} 13.33 & 6.67 \\ 6.67 & 13.33 \end{bmatrix} \begin{Bmatrix} -87.55 \\ 40.18 \end{Bmatrix} 10^{-2} = \begin{Bmatrix} 0 \\ -9.49 \end{Bmatrix}$$

$$\{\overline{F}\}^{(2)} = \begin{Bmatrix} \overline{M}_i \\ \overline{M}_j \end{Bmatrix} = \begin{Bmatrix} 10 \\ -10 \end{Bmatrix} + \begin{bmatrix} 4 & 2 \\ 2 & 4 \end{bmatrix} \begin{Bmatrix} 40.18 \\ -106.10 \end{Bmatrix} 10^{-2} = \begin{Bmatrix} 9.49 \\ -13.44 \end{Bmatrix}$$

$$\{\overline{F}\}^{(3)} = \begin{Bmatrix} \overline{M}_i \\ \overline{M}_j \end{Bmatrix} = \begin{Bmatrix} 18.75 \\ -11.25 \end{Bmatrix} + \begin{bmatrix} 5 & 2.5 \\ 2.5 & 5 \end{bmatrix} \begin{Bmatrix} -106.10 \\ 0.00 \end{Bmatrix} 10^{-2} = \begin{Bmatrix} 13.44 \\ -13.90 \end{Bmatrix}$$

由以上各单元杆端内力 $\{\overline{F}\}^{(e)}$ 可绘出 M 图如图 4-12（c）所示。

本例中若要求作出该梁的弯矩图和剪力图，则应将各单元刚度矩阵 $[\overline{k}]^{(e)}$ 写为四阶形式。计算如下：

（1）单元、结点及结点位移编码同上。

（2）求各单元刚度矩阵 $[\overline{k}]^{(e)}$。

单元（1）：

$$\alpha_1 = 0, \{\lambda\}^{(1)} = [0 \ 1 \ 0 \ 2]^T$$

$$[k]^{(1)} = \begin{bmatrix} \dfrac{24EI}{6^3} & \dfrac{12EI}{6^2} & -\dfrac{24EI}{6^3} & \dfrac{12EI}{6^2} \\ \dfrac{12EI}{6^2} & \dfrac{8EI}{6} & \dfrac{-12EI}{6^2} & \dfrac{4EI}{6} \\ \dfrac{-24EI}{6^3} & \dfrac{-12EI}{6^2} & \dfrac{24EI}{6^3} & \dfrac{-12EI}{6^2} \\ \dfrac{12EI}{6^2} & \dfrac{4EI}{6} & \dfrac{-12EI}{6^2} & \dfrac{8EI}{6} \end{bmatrix}$$

68

$$
[k]^{(1)} =
\begin{matrix}
 & 0 & 1 & 0 & 2 & \{\lambda\}^{(1)} \\
\end{matrix}
$$

$$
[k]^{(1)} =
\begin{bmatrix}
\dfrac{10}{9} & \dfrac{10}{3} & \dfrac{-10}{9} & \dfrac{10}{3} \\[2mm]
\dfrac{10}{3} & \dfrac{40}{3} & \dfrac{-10}{3} & \dfrac{20}{3} \\[2mm]
\dfrac{-10}{9} & \dfrac{-10}{3} & \dfrac{10}{9} & \dfrac{-10}{3} \\[2mm]
\dfrac{10}{3} & \dfrac{20}{3} & \dfrac{-10}{3} & \dfrac{40}{3}
\end{bmatrix}
\begin{matrix}
0 \\[2mm] 1 \\[2mm] 0 \\[2mm] 2
\end{matrix}
$$

单元（2）：

$$
\alpha_2 = 0, \{\lambda\}^{(2)} = [\,0\ 2\ 0\ 3\,]^T
$$

$$
[k]^{(2)} =
\begin{bmatrix}
\dfrac{12EI}{10^3} & \dfrac{6EI}{10^2} & \dfrac{-12EI}{10^3} & \dfrac{6EI}{10^2} \\[3mm]
\dfrac{6EI}{10^2} & \dfrac{4EI}{10} & \dfrac{-6EI}{10^2} & \dfrac{2EI}{10} \\[3mm]
\dfrac{-12EI}{10^3} & \dfrac{-6EI}{10^2} & \dfrac{12EI}{10^3} & \dfrac{-6EI}{10^2} \\[3mm]
\dfrac{6EI}{10^2} & \dfrac{2EI}{10} & \dfrac{-6EI}{10^2} & \dfrac{4EI}{10}
\end{bmatrix}
$$

$$
\begin{matrix}
 & 0 & 2 & 0 & 3 & \{\lambda\}^{(2)} \\
\end{matrix}
$$

$$
=
\begin{bmatrix}
\dfrac{3}{25} & \dfrac{3}{5} & \dfrac{-3}{25} & \dfrac{3}{5} \\[2mm]
\dfrac{3}{5} & 4 & \dfrac{-3}{5} & 2 \\[2mm]
\dfrac{-3}{25} & \dfrac{-3}{5} & \dfrac{3}{25} & \dfrac{-3}{5} \\[2mm]
\dfrac{3}{5} & 2 & \dfrac{-3}{5} & 4
\end{bmatrix}
\begin{matrix}
0 \\[2mm] 2 \\[2mm] 0 \\[2mm] 3
\end{matrix}
$$

单元（3）：

$$
\alpha_3 = 0, \{\lambda\}^{(3)} = [\,0\ 3\ 0\ 0\,]^T
$$

$$
[k]^{(3)} =
\begin{bmatrix}
\dfrac{12EI}{8^3} & \dfrac{6EI}{8^2} & \dfrac{-12EI}{8^3} & \dfrac{6EI}{8^2} \\[3mm]
\dfrac{6EI}{8^2} & \dfrac{4EI}{8} & \dfrac{-6EI}{8^2} & \dfrac{2EI}{8} \\[3mm]
\dfrac{-12EI}{8^3} & \dfrac{-6EI}{8^2} & \dfrac{12EI}{8^3} & \dfrac{-6EI}{8^2} \\[3mm]
\dfrac{6EI}{8^2} & \dfrac{2EI}{8} & \dfrac{-6EI}{8^2} & \dfrac{4EI}{8}
\end{bmatrix}
$$

$$
\begin{array}{cccc}
\phantom{[k]^{(3)}=}\ \ 0 & 3 & 0 & 0 \quad \{\lambda\}^{(3)}
\end{array}
$$

$$
[k]^{(3)} = \begin{bmatrix}
\dfrac{15}{64} & \dfrac{60}{64} & -\dfrac{15}{64} & \dfrac{60}{64} \\[2mm]
\dfrac{60}{64} & 5 & -\dfrac{60}{64} & \dfrac{5}{2} \\[2mm]
-\dfrac{15}{64} & -\dfrac{60}{64} & \dfrac{15}{64} & -\dfrac{60}{64} \\[2mm]
\dfrac{60}{64} & \dfrac{5}{2} & -\dfrac{60}{64} & 5
\end{bmatrix}
\begin{array}{c} 0 \\[2mm] 3 \\[2mm] 0 \\[2mm] 0 \end{array}
$$

（3）求结构刚度矩阵 $[K]$

$$
\begin{array}{cccc}
 & 1 & 2 & 3 \quad \text{总码}
\end{array}
$$

$$
[K] = \begin{bmatrix}
\dfrac{40}{3} & \dfrac{20}{3} & 0 \\[2mm]
\dfrac{20}{3} & \dfrac{52}{3} & 2 \\[2mm]
0 & 2 & 9
\end{bmatrix} = \begin{bmatrix}
13.33 & 6.67 & 0 \\
6.67 & 17.33 & 2 \\
0 & 2 & 9
\end{bmatrix}
\begin{array}{c} 1 \\ 2 \\ 3 \end{array}
$$

（4）求结构结点荷载向量 $\{P\}$。求各单元固端力向量 $\{\overline{F}_0\}^{(e)}$

$$
\{\overline{F}_0\}^{(1)} = \begin{Bmatrix} 9 \\ 9 \\ 9 \\ -9 \end{Bmatrix}\begin{array}{c}0\\1\\0\\2\end{array}, \quad
\{\overline{F}_0\}^{(2)} = \begin{Bmatrix} 4 \\ 10 \\ 4 \\ -10 \end{Bmatrix}\begin{array}{c}0\\2\\0\\3\end{array}, \quad
\{\overline{F}_0\}^{(3)} = \begin{Bmatrix} 10 \\ 18.75 \\ 6 \\ -11.25 \end{Bmatrix}\begin{array}{c}0\\3\\0\\0\end{array}
$$

$$
\{P\} = \{P_D\} + \{P_E\} = \begin{Bmatrix} 0 \\ 0 \\ 0 \end{Bmatrix} - \begin{Bmatrix} 9 \\ 1 \\ 8.75 \end{Bmatrix} = \begin{Bmatrix} -9 \\ -1 \\ -8.75 \end{Bmatrix}
$$

（5）解方程求结构结点位移向量 $\{\Delta\}$。

结果同前，即

$$
\{\Delta\} = \begin{Bmatrix} \Delta_1 \\ \Delta_2 \\ \Delta_3 \end{Bmatrix} = \begin{Bmatrix} -87.55 \\ 40.18 \\ -106.10 \end{Bmatrix} 10^{-2}
$$

（6）求单元杆端内力 $\{\overline{F}\}^{(e)}$

$$
\{\overline{F}\}^{(1)} = \begin{Bmatrix} \overline{Q}_i \\ \overline{M}_i \\ \overline{Q}_j \\ \overline{M}_j \end{Bmatrix} = \begin{Bmatrix} 9 \\ 9 \\ 9 \\ -9 \end{Bmatrix} + \begin{bmatrix}
1.11 & 3.33 & -1.11 & 3.33 \\
3.33 & 13.33 & -3.33 & 6.67 \\
-1.11 & -3.33 & 1.11 & -3.33 \\
3.33 & 6.67 & -3.33 & 13.33
\end{bmatrix} \times
$$

$$
\begin{Bmatrix} 0 \\ -87.55 \\ 0 \\ 40.18 \end{Bmatrix} 10^{-2} = \begin{Bmatrix} 7.42 \\ 0 \\ 10.58 \\ -9.48 \end{Bmatrix}
$$

$$\{\overline{F}\}^{(2)} = \begin{Bmatrix} \overline{Q}_i \\ \overline{M}_i \\ \overline{Q}_j \\ \overline{M}_j \end{Bmatrix} = \begin{Bmatrix} 4 \\ 10 \\ 4 \\ -10 \end{Bmatrix} + \begin{bmatrix} 0.12 & 0.6 & -0.12 & 0.6 \\ 0.6 & 4 & -0.6 & 2 \\ -0.12 & -0.6 & 0.12 & -0.6 \\ 0.6 & 2 & -0.6 & 4 \end{bmatrix} \times$$

$$\begin{Bmatrix} 0 \\ 40.18 \\ 0 \\ -106.10 \end{Bmatrix} 10^{-2} = \begin{Bmatrix} 3.60 \\ 9.48 \\ 4.40 \\ -13.44 \end{Bmatrix}$$

$$\{\overline{F}\}^{(3)} = \begin{Bmatrix} \overline{Q}_i \\ \overline{M}_i \\ \overline{Q}_j \\ \overline{M}_j \end{Bmatrix} = \begin{Bmatrix} 10 \\ 18.75 \\ 6 \\ -11.25 \end{Bmatrix} + \begin{bmatrix} 0.23 & 0.98 & -0.23 & 0.98 \\ 0.98 & 5 & -0.98 & 2.50 \\ -0.23 & -0.98 & 0.23 & -0.98 \\ 0.98 & 2.5 & -0.98 & 5 \end{bmatrix} \times$$

$$\begin{Bmatrix} 0 \\ -106.10 \\ 0 \\ 0 \end{Bmatrix} 10^{-2} = \begin{Bmatrix} 8.96 \\ 13.44 \\ 7.04 \\ -13.90 \end{Bmatrix}$$

由求得各单元杆端内力 $\{\overline{F}\}^{(e)}$ 可绘出内力图。M 图同图 4-12 (c) 所示。Q 图如图 4-13 所示。

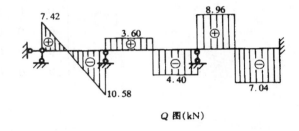

Q 图(kN)

图 4-13

例 4-6　计算图 4-14 (a) 所示刚架，作内力图，考虑弯曲变形和轴向变形的影响。已知各杆截面相同，$EA = 1 \times 10^7$ kN，$EI = 1 \times 10^6$ kN·m²。

解：(1) 单元、结点及结点位移编码如图 4-14 (b) 所示。

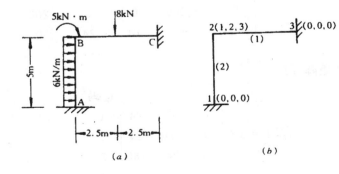

(a)　　　　　　　　(b)

图 4-14

结点 1 和 3 为固定支座，3 个位移分量都为零，编码为 (0，0，0)，结点 2 为自由刚结点，有 3 个独立的位移分量，编码为 (1，2，3)。

71

（2）求单元刚度矩阵 $[k]^{(e)}$。

先求杆件坐标下的单元刚度矩阵 $[\bar{k}]^{(e)}$。

单元有关常数如下：

$$\frac{EA}{l}=200\times10^4,\quad \frac{2EI}{l}=40\times10^4,\quad \frac{4EI}{l}=80\times10^4,\quad \frac{6EI}{l^2}=24\times10^4,\quad \frac{12EI}{l^3}=10\times10^4。$$

$$[\bar{k}]^{(1)}=[\bar{k}]^{(2)}=\begin{bmatrix} 200 & 0 & 0 & -200 & 0 & 0 \\ 0 & 10 & 24 & 0 & -10 & 24 \\ 0 & 24 & 80 & 0 & -24 & 40 \\ -200 & 0 & 0 & 200 & 0 & 0 \\ 0 & -10 & -24 & 0 & 10 & -24 \\ 0 & 24 & 40 & 0 & -24 & 80 \end{bmatrix}\times10^4$$

单元（1）：$\alpha_1=0$，$\{\lambda\}^{(1)}=\begin{bmatrix}1&2&3&0&0&0\end{bmatrix}^T$

$$[k]^{(1)}=[\bar{k}]^{(1)}$$

单元（2）：$\alpha_2=90°$，$\{\lambda\}^{(2)}=\begin{bmatrix}0&0&0&1&2&3\end{bmatrix}^T$

坐标变换矩阵为

$$[T]=\begin{bmatrix} 0 & 1 & 0 & 0 & 0 & 0 \\ -1 & 0 & 0 & 0 & 0 & 0 \\ 0 & 0 & 1 & 0 & 0 & 0 \\ 0 & 0 & 0 & 0 & 1 & 0 \\ 0 & 0 & 0 & -1 & 0 & 0 \\ 0 & 0 & 0 & 0 & 0 & 1 \end{bmatrix}$$

$$[k]^{(2)}=[T]^T[\bar{k}]^{(2)}[T]=10^4\begin{matrix}\begin{array}{cccccc}0&0&0&1&2&3\end{array}&\\ \begin{bmatrix} 10 & 0 & -24 & -10 & 0 & -24 \\ 0 & 200 & 0 & 0 & -200 & 0 \\ -24 & 0 & 80 & 24 & 0 & 40 \\ -10 & 0 & 24 & 10 & 0 & 24 \\ 0 & -200 & 0 & 0 & 200 & 0 \\ -24 & 0 & 40 & 24 & 0 & 80 \end{bmatrix}&\begin{array}{c}0\\0\\0\\1\\2\\3\end{array}\end{matrix}\quad\{\lambda\}^{(2)}$$

（3）求结构刚度矩阵 $[K]$

$$[K]=10^4\begin{matrix}\begin{bmatrix} 210 & 0 & 24 \\ 0 & 210 & 24 \\ 24 & 24 & 160 \end{bmatrix}&\begin{array}{c}\text{总码}\\1\\2\\3\end{array}\end{matrix}$$

（4）求结构结点荷载向量 $\{P\}$。

直接结点荷载向量

$$\{P_D\}=\begin{bmatrix}0&0&-5\end{bmatrix}^T$$

72

各单元固端力向量 $\{\overline{F}_0\}^{(e)}$，见图 4-15 (a)、(b)

$$\{\overline{F}_0\}^{(1)} = \begin{Bmatrix} \overline{N}_i \\ \overline{Q}_i \\ \overline{M}_i \\ \overline{N}_j \\ \overline{Q}_j \\ \overline{M}_j \end{Bmatrix} = \begin{Bmatrix} 0 \\ 4 \\ 5 \\ 0 \\ 4 \\ -5 \end{Bmatrix}$$

图中：5kN·m   8kN   −5kN·m 作用于 0—i—(1)—j—0，4kN、4kN 向上

(a)

$$\{\overline{F}_0\}^{(2)} = \begin{Bmatrix} \overline{N}_i \\ \overline{Q}_i \\ \overline{M}_i \\ \overline{N}_j \\ \overline{Q}_j \\ \overline{M}_j \end{Bmatrix} = \begin{Bmatrix} 0 \\ 15 \\ 12.5 \\ 0 \\ 15 \\ -12.5 \end{Bmatrix}$$

图中：−12.5kN·m 0   15kN（j 端）；6kN/m (2)；12.5kN·m 15kN（i 端） 0

(b)

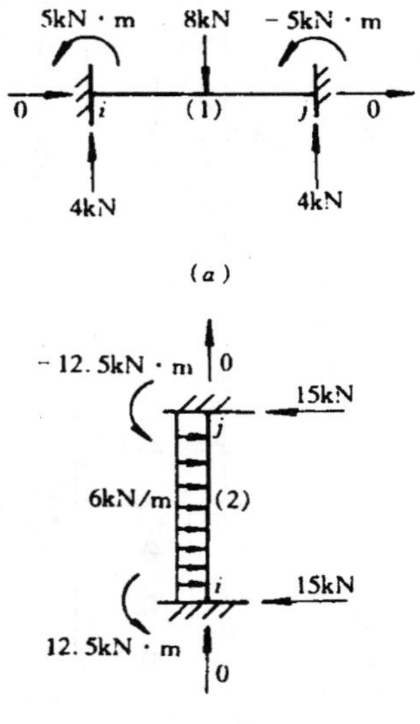

图 4-15

$\alpha_1 = 0$，$\{F_0\}^{(1)} = \{\overline{F}_0\}^{(1)}$

$\alpha_2 = 90°$，由式（2-23）

$$\{F_0\}^{(2)} = [T]^T \{\overline{F}_0\}^{(2)} = \begin{bmatrix} 0 & -1 & 0 & 0 & 0 & 0 \\ 1 & 0 & 0 & 0 & 0 & 0 \\ 0 & 0 & 1 & 0 & 0 & 0 \\ 0 & 0 & 0 & 0 & -1 & 0 \\ 0 & 0 & 0 & 1 & 0 & 0 \\ 0 & 0 & 0 & 0 & 0 & 1 \end{bmatrix} \begin{Bmatrix} 0 \\ 15 \\ 12.5 \\ 0 \\ 15 \\ -12.5 \end{Bmatrix} = \begin{Bmatrix} -15 \\ 0 \\ 12.5 \\ -15 \\ 0 \\ -12.5 \end{Bmatrix} \begin{matrix} 0 \\ 0 \\ 0 \\ 1 \\ 2 \\ 3 \end{matrix}$$

等效结点荷载向量

$$\{P_E\} = -\begin{Bmatrix} 0 & + & (-15) \\ 4 & + & 0 \\ 5 & + & (-12.5) \end{Bmatrix} = \begin{Bmatrix} 15 \\ -4 \\ 7.5 \end{Bmatrix}$$

$$\{P\} = \{P_D\} + \{P_E\} = \begin{Bmatrix} 0 \\ 0 \\ -5 \end{Bmatrix} + \begin{Bmatrix} 15 \\ -4 \\ 7.5 \end{Bmatrix} = \begin{Bmatrix} 15 \\ -4 \\ 2.5 \end{Bmatrix}$$

（5）解方程求结构结点位移 $\{\Delta\}$

$$\{\Delta\} = \begin{Bmatrix} \Delta_1 \\ \Delta_2 \\ \Delta_3 \end{Bmatrix} = 10^4 \begin{bmatrix} 210 & 0 & 24 \\ 0 & 210 & 24 \\ 24 & 24 & 160 \end{bmatrix}^{-1} \begin{Bmatrix} 15 \\ -4 \\ 2.5 \end{Bmatrix}$$

$$= 10^{-8} \begin{bmatrix} 48.46 & 0.85 & -7.40 \\ 0.85 & 48.46 & -7.40 \\ -7.40 & -7.40 & 64.72 \end{bmatrix} \begin{Bmatrix} 15 \\ -4 \\ 2.5 \end{Bmatrix} = \begin{Bmatrix} 7.05 \\ -2.00 \\ 0.80 \end{Bmatrix} 10^{-6}$$

（6）求单元杆端内力 $\{\overline{F}\}^{(e)}$

$$\{\overline{F}\}^{(1)} = \begin{Bmatrix} \overline{N}_i \\ \overline{Q}_i \\ \overline{M}_i \\ \overline{N}_j \\ \overline{Q}_j \\ \overline{M}_j \end{Bmatrix} = \begin{Bmatrix} 0 \\ 4 \\ 5 \\ 0 \\ 4 \\ -5 \end{Bmatrix} + 10^4 \begin{bmatrix} 200 & 0 & 0 & -200 & 0 & 0 \\ 0 & 10 & 24 & 0 & -10 & 24 \\ 0 & 24 & 80 & 0 & -24 & 40 \\ -200 & 0 & 0 & 200 & 0 & 0 \\ 0 & -10 & -24 & 0 & 10 & -24 \\ 0 & 24 & 40 & 0 & -24 & 80 \end{bmatrix} \times$$

$$\begin{Bmatrix} 7.05 \\ -2.00 \\ 0.80 \\ 0 \\ 0 \\ 0 \end{Bmatrix} 10^{-6} = \begin{Bmatrix} 0 \\ 4 \\ 5 \\ 0 \\ 4 \\ -5 \end{Bmatrix} + \begin{Bmatrix} 14.10 \\ -0.008 \\ 0.16 \\ -14.10 \\ 0.008 \\ -0.16 \end{Bmatrix} = \begin{Bmatrix} 14.10 \\ 3.99 \\ 5.16 \\ -14.10 \\ 4.01 \\ -5.16 \end{Bmatrix}$$

单元（2）的杆端位移向量为

$$\{\delta\}^{(2)} = [T]\{\delta\}^{(2)} = \begin{bmatrix} 0 & 1 & 0 & 0 & 0 & 0 \\ -1 & 0 & 0 & 0 & 0 & 0 \\ 0 & 0 & 1 & 0 & 0 & 0 \\ 0 & 0 & 0 & 0 & 1 & 0 \\ 0 & 0 & 0 & -1 & 0 & 0 \\ 0 & 0 & 0 & 0 & 0 & 1 \end{bmatrix} \begin{Bmatrix} 0 \\ 0 \\ 0 \\ 7.05 \\ -2.00 \\ 0.80 \end{Bmatrix} 10^{-6} = \begin{Bmatrix} 0 \\ 0 \\ 0 \\ -2.00 \\ -7.05 \\ 0.80 \end{Bmatrix} 10^{-6}$$

$$\{\overline{F}\}^{(2)} = \begin{Bmatrix} \overline{N}_i \\ \overline{Q}_i \\ \overline{M}_i \\ \overline{N}_j \\ \overline{Q}_j \\ \overline{M}_j \end{Bmatrix} = \begin{Bmatrix} 0 \\ 15 \\ 12.5 \\ 0 \\ 15 \\ -12.5 \end{Bmatrix} + 10^4 \begin{bmatrix} 200 & 0 & 0 & -200 & 0 & 0 \\ 0 & 10 & 24 & 0 & -10 & 24 \\ 0 & 24 & 80 & 0 & -24 & 40 \\ -200 & 0 & 0 & 200 & 0 & 0 \\ 0 & -10 & -24 & 0 & 10 & -24 \\ 0 & 24 & 40 & 0 & -24 & 80 \end{bmatrix} \times$$

$$\begin{Bmatrix} 0 \\ 0 \\ 0 \\ -2.00 \\ -7.05 \\ 0.80 \end{Bmatrix} 10^{-6} = \begin{Bmatrix} 0 \\ 15 \\ 12.5 \\ 0 \\ 15 \\ -12.5 \end{Bmatrix} + \begin{Bmatrix} 4.0 \\ 0.90 \\ 2.01 \\ -4.0 \\ -0.90 \\ 2.34 \end{Bmatrix} = \begin{Bmatrix} 4.0 \\ 15.90 \\ 14.51 \\ -4.0 \\ 14.10 \\ -10.16 \end{Bmatrix}$$

（7）绘制结构内力图，如图 4-16 所示。

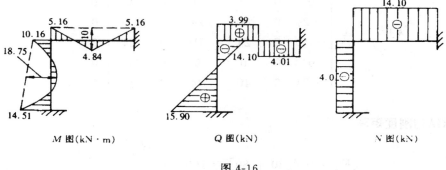

M 图（kN·m）　　　Q 图（kN）　　　N 图（kN）

图 4-16

例 4-7　求图 4-17（a）所示刚架内力。截面尺寸荷载同例 4-6。略去轴向变形的影响。

解：（1）单元、结点及结点位移编码如图 4-17（b）所示。

结点 1 和 2 为固定支座，3 个位移分量都为零，编码均为（0，0，0）。因忽略轴向变形，故结点 3 的竖向位移和水平位移分量都为零，编码分别为 0，而仅转角位移为独立的分量，编码为 1。

（2）求单元刚度矩阵 $[k]^{(e)}$，确定定位向量 $\{\lambda\}^{(e)}$。

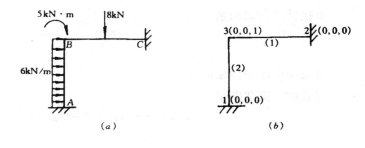

图 4-17

单元（1）：　　　$\alpha_1 = 0$，$\{\lambda\}^{(1)} = \begin{bmatrix} 0 & 0 & 1 & 0 & 0 & 0 \end{bmatrix}^T$

$$[k]^{(1)} = [\bar{k}]^{(1)}$$

单元（2）：　　　$\alpha_2 = 90°$，$\{\lambda\}^{(2)} = \begin{bmatrix} 0 & 0 & 0 & 0 & 0 & 1 \end{bmatrix}^T$

$$[k]^{(2)} = [T]^T [\bar{k}]^{(2)} [T]$$

当略去轴向变形时，相当于各杆拉压刚度为无限大。即 $EA = \infty$，电算时常将其处理为零。故 $[k]^{(e)}$ 中除了与 EA 有关的元素为零外，其余均与例 4-6 相同。

$$
[k]^{(1)} = 10^4
\begin{matrix}
0 & 0 & 1 & 0 & 0 & 0 & \{\lambda\}^{(1)} \\
\end{matrix}
$$

$$
[k]^{(1)} = 10^4
\begin{bmatrix}
0 & 0 & 0 & 0 & 0 & 0 \\
0 & 10 & 24 & 0 & -10 & 24 \\
0 & 24 & 80 & 0 & -24 & 40 \\
0 & 0 & 0 & 0 & 0 & 0 \\
0 & -10 & -24 & 0 & 10 & -24 \\
0 & 24 & 40 & 0 & -24 & 80 \\
\end{bmatrix}
\begin{matrix}
0 \\ 0 \\ 1 \\ 0 \\ 0 \\ 0
\end{matrix}
$$

$$
\begin{array}{ccccccc}
& 0 & 0 & 0 & 0 & 0 & 1 & \{\lambda\}^{(2)}
\end{array}
$$

$$
[k]^{(2)} = 10^4
\begin{bmatrix}
10 & 0 & -24 & -10 & 0 & -24 \\
0 & 0 & 0 & 0 & 0 & 0 \\
-24 & 0 & 80 & 24 & 0 & 40 \\
-10 & 0 & 24 & 10 & 0 & 24 \\
0 & 0 & 0 & 0 & 0 & 0 \\
-24 & 0 & 40 & 24 & 0 & 80
\end{bmatrix}
\begin{matrix}
0 \\ 0 \\ 0 \\ 0 \\ 0 \\ 1
\end{matrix}
$$

（3）求结构刚度矩阵 $[K]$

总码

$$
[K] = 10^4[80 + 80] = 10^4[160] \quad 1
$$

（4）求结构结点荷载向量 $\{P\}$。

直接结点荷载向量

$$
\{P_D\} = \{-5\}
$$

各单元固端力向量同例 4-6。

等效结点荷载向量

$$
\{P_E\} = -\{5 + (-12.5)\} = \{7.5\}
$$

$$
\{P\} = \{P_D\} + \{P_E\} = \{-5\} + \{7.5\} = \{2.5\}
$$

（5）解方程

$$
10^4[160]\{\Delta_1\} = \{2.5\}
$$

解之得

$$
\{\Delta_1\} = \frac{1}{160 \times 10^4}\{2.5\} = 10^{-6}\{1.56\}
$$

（6）求各单元杆端内力 $\{\overline{F}\}^{(e)}$

$$
\{\overline{F}\}^{(1)} =
\begin{Bmatrix}
0 \\ 4 \\ 5 \\ 0 \\ 4 \\ -5
\end{Bmatrix}
+ 10^4
\begin{bmatrix}
200 & 0 & 0 & -200 & 0 & 0 \\
0 & 10 & 24 & 0 & -10 & 24 \\
0 & 24 & 80 & 0 & -24 & 40 \\
-200 & 0 & 0 & 200 & 0 & 0 \\
0 & -10 & -24 & 0 & 10 & -24 \\
0 & 24 & 40 & 0 & -24 & 80
\end{bmatrix}
\begin{Bmatrix}
0 \\ 0 \\ 1.56 \\ 0 \\ 0 \\ 0
\end{Bmatrix}
10^{-6}
$$

$$
=
\begin{Bmatrix}
0 \\ 4.37 \\ 6.25 \\ 0 \\ 3.63 \\ -4.38
\end{Bmatrix}
$$

$$\{\overline{F}\}^{(2)} = \left\{ \begin{array}{c} 0 \\ 15 \\ 12.5 \\ 0 \\ 15 \\ -12.5 \end{array} \right\} + 10^4 \left[\begin{array}{cccccc} 200 & 0 & 0 & -200 & 0 & 0 \\ 0 & 10 & 24 & 0 & -10 & 24 \\ 0 & 24 & 80 & 0 & -24 & 40 \\ -200 & 0 & 0 & 200 & 0 & 0 \\ 0 & -10 & -24 & 0 & 10 & -24 \\ 0 & 24 & 40 & 0 & -24 & 80 \end{array} \right] \left\{ \begin{array}{c} 0 \\ 0 \\ 0 \\ 0 \\ 0 \\ 1.56 \end{array} \right\} 10^{-6}$$

$$= \left\{ \begin{array}{c} 0 \\ 15.37 \\ 13.12 \\ 0 \\ 14.63 \\ -11.25 \end{array} \right\}$$

（7）绘制内力图。

由求得的杆端弯矩和剪力可绘制 M、Q 图如图 4-18（a）、（b）所示。

由于忽略轴向变形时，单元刚度矩阵中与轴力对应的元素全为零，所以用矩阵位移法求得的轴力为零。图 4-18（c）中所示 N 图系由剪力图按平衡条件求出的。

经与图 4-16 相比较，可知轴向变形的影响不大。

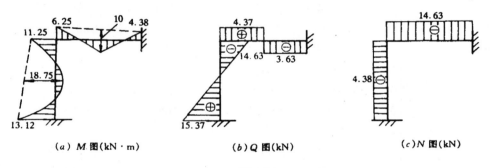

（a）M 图（kN·m）　　　（b）Q 图（kN）　　　（c）N 图（kN）

图 4-18

例 4-8　计算图 4-19（a）所示刚架，作内力图。略去轴向变形的影响，各杆 $EI = 1 \times 10^6 \text{kN} \cdot \text{m}^2$。

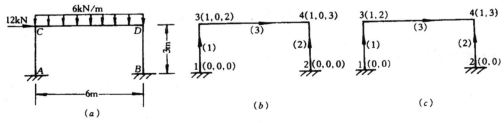

图 4-19

解一： 按一般单元将单元刚度矩阵写为六阶形式

（1）单元、结点及结点位移编码如图 4-19（b）所示。

结点 1 和 3 为固定支座，3 个方向位移分量都为零，编码均为（0，0，0），结点 3 和 4 的竖向位移分量为零，编码亦为 0；而水平位移分量相同，编为同码 1；转角位移不同，分别编为 2 和 3。

（2）求单元刚度矩阵 $[k]^{(e)}$，确定定位向量 $\{\lambda\}^{(e)}$。

先计算各单元有关常数如下：

柱：$\dfrac{2EI}{l}=666.667\times10^3$，　$\dfrac{4EI}{l}=1333.333\times10^3$

$\dfrac{6EI}{l^2}=666.667\times10^3$，　$\dfrac{12EI}{l^3}=444.444\times10^3$

梁：$\dfrac{2EI}{l}=333.333\times10^3$，　$\dfrac{4EI}{l}=666.667\times10^3$

$\dfrac{6EI}{l^2}=166.667\times10^3$，　$\dfrac{12EI}{l^3}=55.556\times10^3$

单元（1）和单元（2）杆长相等、截面相同，所以单元刚度矩阵 $[\bar{k}]^{(e)}$ 也相等，即

$$[\bar{k}]^{(1)}=[\bar{k}]^{(2)}=\begin{bmatrix} 0 & 0 & 0 & 0 & 0 & 0 \\ 0 & 444.444 & 666.667 & 0 & -444.444 & 666.667 \\ 0 & 666.667 & 1333.333 & 0 & -666.667 & 666.667 \\ 0 & 0 & 0 & 0 & 0 & 0 \\ 0 & -444.444 & -666.667 & 0 & 444.444 & -666.667 \\ 0 & 666.667 & 666.667 & 0 & -666.667 & 1333.333 \end{bmatrix}10^3$$

单元（2）

$$[\bar{k}]^{(2)}=10^3\begin{bmatrix} 0 & 0 & 0 & 0 & 0 & 0 \\ 0 & 55.556 & 166.667 & 0 & -55.556 & 166.667 \\ 0 & 166.667 & 666.667 & 0 & -166.667 & 333.333 \\ 0 & 0 & 0 & 0 & 0 & 0 \\ 0 & -55.556 & -166.667 & 0 & 55.556 & -166.667 \\ 0 & 166.667 & 333.333 & 0 & -166.667 & 666.667 \end{bmatrix}$$

各单元在结构坐标下的单元刚度矩阵 $[k]^{(e)}$：

单元（1）和单元（2）

$$\alpha_1=90°,\{\lambda\}^{(1)}=\begin{bmatrix} 0 & 0 & 0 & 1 & 0 & 2 \end{bmatrix}^T$$

$$\alpha_2=90°,\{\lambda\}^{(2)}=\begin{bmatrix} 0 & 0 & 0 & 1 & 0 & 3 \end{bmatrix}^T$$

坐标变换矩阵 $[T]$ 为

$$[T]=\begin{bmatrix} 0 & 1 & 0 & 0 & 0 & 0 \\ -1 & 0 & 0 & 0 & 0 & 0 \\ 0 & 0 & 1 & 0 & 0 & 0 \\ 0 & 0 & 0 & 0 & 1 & 0 \\ 0 & 0 & 0 & -1 & 0 & 0 \\ 0 & 0 & 0 & 0 & 0 & 1 \end{bmatrix}$$

$$\begin{array}{cccccc} 0 & 0 & 0 & 1 & 0 & 3 \end{array} \quad \{\lambda\}^{(2)}$$
$$\begin{array}{cccccc} 0 & 0 & 0 & 1 & 0 & 2 \end{array} \quad \{\lambda\}^{(1)}$$

$$[k]^{(1)}=[k]^{(2)}=[T]^T[k]^{(2)}[T]=10^3 \begin{bmatrix} 444.444 & 0 & -666.667 & -444.444 & 0 & -666.667 \\ 0 & 0 & 0 & 0 & 0 & 0 \\ -666.667 & 0 & 1333.333 & 666.667 & 0 & 666.667 \\ -444.444 & 0 & 666.667 & 444.444 & 0 & 666.667 \\ 0 & 0 & 0 & 0 & 0 & 0 \\ -666.667 & 0 & 666.667 & 666.667 & 0 & 1333.333 \end{bmatrix}$$

单元 (3)

$$\alpha_3 = 0, \{\lambda\}^{(3)} = \begin{bmatrix} 1 & 0 & 2 & 1 & 0 & 3 \end{bmatrix}^T$$

$$[k]^{(3)} = [\bar{k}]^{(3)}$$

(3) 求结构刚度矩阵 $[K]$。

由单元定位向量 $\{\lambda\}^{(e)}$，依次将 $[k]^{(e)}$ 中相关元素经"对号入座、同号迭加"后形成 $[K]$

$$[K] = 10^3 \begin{bmatrix} (k_{11}^{(1)}+k_{11}^{(2)}) & k_{12}^{(1)} & k_{13}^{(2)} \\ k_{21}^{(1)} & (k_{22}^{(1)}+k_{22}^{(3)}) & k_{23}^{(3)} \\ k_{31}^{(2)} & k_{32}^{(3)} & (k_{33}^{(2)}+k_{33}^{(3)}) \end{bmatrix}$$

$$\begin{array}{cccc} & 1 & 2 & 3 \quad 总码 \\ = 10^3 & \begin{bmatrix} 888.888 & 666.667 & 666.667 \\ 666.667 & 2000 & 333.333 \\ 666.667 & 333.333 & 2000 \end{bmatrix} & \begin{array}{c} 1 \\ 2 \\ 3 \end{array} \end{array}$$

(4) 计算结构结点荷载向量 $\{P\}$。

直接结点荷载向量

$$\{P_D\} = \begin{bmatrix} 1 & 2 & 0 & 0 \end{bmatrix}^T$$

等效结点荷载向量

先计算单元在杆件坐标的固端力向量 $\{\bar{F}_0\}^{(e)}$。

在单元 (1) 和单元 (2) 上无非结点荷载作用，所以其固端力均为零，即

$$\{\bar{F}_0\}^{(1)} = \{\bar{F}_0\}^{(2)} = \{0\}$$

单元 (3) 受均布荷载作用，查表 3-2 得：

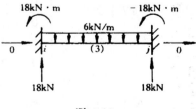

图 4-20

$$\{\overline{F}_0\}^{(3)} = \begin{Bmatrix} \overline{N}_i \\ \overline{Q}_i \\ \overline{M}_i \\ \overline{N}_j \\ \overline{Q}_j \\ \overline{M}_j \end{Bmatrix} = \begin{Bmatrix} 0 \\ 18 \\ 18 \\ 0 \\ 18 \\ -18 \end{Bmatrix}$$

单元在结构坐标的固端力向量

$\alpha_3 = 0$，$\{F_0\}^{(3)} = \{\overline{F}_0\}^{(3)}$

按单元定位向量 $\{\lambda\}^{(e)}$，由 $\{F_0\}^{(e)}$ 集成等效结点荷载向量 $\{P_E\}$ 为

$$\{P_E\} = -\begin{Bmatrix} 0 & + & 0 & + & 0 \\ 0 & + & 0 & + & 18 \\ 0 & + & 0 & + & -18 \end{Bmatrix} = \begin{Bmatrix} 0 \\ -18 \\ 18 \end{Bmatrix}$$

由式（3-2）得

$$\{P\} = \{P_D\} + \{P_E\} = \begin{Bmatrix} 12 \\ 0 \\ 0 \end{Bmatrix} + \begin{Bmatrix} 0 \\ -18 \\ 18 \end{Bmatrix} = \begin{Bmatrix} 12 \\ -18 \\ 18 \end{Bmatrix}$$

（5）解方程求结构结点位移向量 $\{\Delta\}$。

$$\{\Delta\} = \begin{Bmatrix} \Delta_1 \\ \Delta_2 \\ \Delta_3 \end{Bmatrix} = 10^3 \begin{bmatrix} 888.888 & 666.667 & 666.667 \\ 666.667 & 2000 & 333.333 \\ 666.667 & 333.333 & 2000 \end{bmatrix}^{-1} \begin{Bmatrix} 12 \\ -18 \\ 18 \end{Bmatrix} = \begin{Bmatrix} 23.63 \\ -17.55 \\ 4.05 \end{Bmatrix} 10^{-6}$$

（6）求单元杆端内力 $[\overline{F}]^{(e)}$。

单元（1）：先求 $\{\delta\}^{(1)}$，然后求 $\{\overline{F}\}^{(1)}$

$$\{\overline{\delta}\}^{(1)} = [T]\{\delta\}^{(1)} = \begin{bmatrix} 0 & 1 & 0 & 0 & 0 & 0 \\ -1 & 0 & 0 & 0 & 0 & 0 \\ 0 & 0 & 1 & 0 & 0 & 0 \\ 0 & 0 & 0 & 0 & 1 & 0 \\ 0 & 0 & 0 & -1 & 0 & 0 \\ 0 & 0 & 0 & 0 & 0 & 1 \end{bmatrix} \begin{Bmatrix} 0 \\ 0 \\ 0 \\ 23.63 \\ 0 \\ -17.55 \end{Bmatrix} 10^{-6} = \begin{Bmatrix} 0 \\ 0 \\ 0 \\ 0 \\ -23.63 \\ -17.55 \end{Bmatrix} 10^{-6}$$

$$\{\overline{F}\}^{(1)} = \begin{Bmatrix} \overline{N}_i \\ \overline{Q}_i \\ \overline{M}_i \\ \overline{N}_j \\ \overline{Q}_j \\ \overline{M}_j \end{Bmatrix} = \begin{Bmatrix} 0 \\ 0 \\ 0 \\ 0 \\ 0 \\ 0 \end{Bmatrix} + 10^3 \begin{bmatrix} 0 & 0 & 0 & 0 & 0 & 0 \\ 0 & 444.444 & 666.667 & 0 & -444.444 & 666.667 \\ 0 & 666.667 & 1333.333 & 0 & -666.667 & 666.667 \\ 0 & 0 & 0 & 0 & 0 & 0 \\ 0 & -444.444 & -666.667 & 0 & 444.444 & -666.667 \\ 0 & 666.667 & 666.667 & 0 & -666.667 & 1333.333 \end{bmatrix} \times$$

$$\begin{Bmatrix} 0 \\ 0 \\ 0 \\ 0 \\ -23.63 \\ -17.55 \end{Bmatrix} 10^{-6} = \begin{Bmatrix} 0 \\ 0 \\ 0 \\ 0 \\ 0 \\ 0 \end{Bmatrix} + \begin{Bmatrix} 0 \\ -1.20 \\ +4.05 \\ 0 \\ -1.20 \\ -7.65 \end{Bmatrix} = \begin{Bmatrix} 0 \\ -1.2 \\ 4.05 \\ 0 \\ -1.20 \\ -7.65 \end{Bmatrix}$$

单元（2）：先求 $\{\delta\}^{(2)}$，然后求 $\{\overline{F}\}^{(2)}$

$$\{\bar\delta\}^{(2)} = [T]\{\delta\}^{(2)} = \begin{bmatrix} 0 & 1 & 0 & 0 & 0 & 0 \\ -1 & 0 & 0 & 0 & 0 & 0 \\ 0 & 0 & 1 & 0 & 0 & 0 \\ 0 & 0 & 0 & 0 & 1 & 0 \\ 0 & 0 & 0 & -1 & 0 & 0 \\ 0 & 0 & 0 & 0 & 0 & 1 \end{bmatrix} \begin{Bmatrix} 0 \\ 0 \\ 0 \\ 23.63 \\ 0 \\ 4.05 \end{Bmatrix} 10^{-6} = \begin{Bmatrix} 0 \\ 0 \\ 0 \\ 0 \\ -23.63 \\ 4.05 \end{Bmatrix} 10^{-6}$$

$$\{\overline{F}\}^{(2)} = \begin{Bmatrix} \overline{N}_i \\ \overline{Q}_i \\ \overline{M}_i \\ \overline{N}_j \\ \overline{Q}_j \\ \overline{M}_j \end{Bmatrix} = \begin{Bmatrix} 0 \\ 0 \\ 0 \\ 0 \\ 0 \\ 0 \end{Bmatrix} + 10^3 \begin{bmatrix} 0 & 0 & 0 & 0 & 0 & 0 \\ 0 & 444.444 & 666.667 & 0 & -444.444 & 666.667 \\ 0 & 666.667 & 1333.333 & 0 & -666.667 & 666.667 \\ 0 & 0 & 0 & 0 & 0 & 0 \\ 0 & -444.444 & -666.667 & 0 & 444.444 & -666.667 \\ 0 & 666.667 & 666.667 & 0 & -666.667 & 1333.333 \end{bmatrix} \times$$

$$\begin{Bmatrix} 0 \\ 0 \\ 0 \\ 0 \\ -23.63 \\ 4.05 \end{Bmatrix} 10^{-6} = \begin{Bmatrix} 0 \\ 0 \\ 0 \\ 0 \\ 0 \\ 0 \end{Bmatrix} + \begin{Bmatrix} 0 \\ 13.20 \\ 18.45 \\ 0 \\ -13.20 \\ 21.15 \end{Bmatrix} = \begin{Bmatrix} 0 \\ 13.20 \\ 18.45 \\ 0 \\ -13.20 \\ 21.15 \end{Bmatrix}$$

单元（3）：$\{\bar\delta\}^{(3)} = \{\delta\}^{(3)}$

$$\{\overline{F}\}^{(3)} = \begin{Bmatrix} \overline{N}_i \\ \overline{Q}_i \\ \overline{M}_i \\ \overline{N}_j \\ \overline{Q}_j \\ \overline{M}_j \end{Bmatrix} = \begin{Bmatrix} 0 \\ 18 \\ 18 \\ 0 \\ 18 \\ -18 \end{Bmatrix} + 10^3 \begin{bmatrix} 0 & 0 & 0 & 0 & 0 & 0 \\ 0 & 55.556 & 166.667 & 0 & -55.556 & 166.667 \\ 0 & 166.667 & 666.667 & 0 & -166.667 & 333.333 \\ 0 & 0 & 0 & 0 & 0 & 0 \\ 0 & -55.556 & -166.667 & 0 & 55.556 & -166.667 \\ 0 & 166.667 & 333.333 & 0 & -166.667 & 666.667 \end{bmatrix} \times$$

$$\begin{Bmatrix} 23.63 \\ 0 \\ -17.55 \\ 23.63 \\ 0 \\ 4.05 \end{Bmatrix} 10^{-6} = \begin{Bmatrix} 0 \\ 18 \\ 18 \\ 0 \\ 18 \\ -18 \end{Bmatrix} + \begin{Bmatrix} 0 \\ -2.25 \\ -10.35 \\ 0 \\ 2.25 \\ -3.15 \end{Bmatrix} = \begin{Bmatrix} 0 \\ 15.75 \\ 7.65 \\ 0 \\ 20.25 \\ -21.15 \end{Bmatrix}$$

（7）绘制内力图。

由以上各单元杆端内力 $\{\overline{F}\}^{(e)}$ 可绘出 M、Q 图如图 4-21 (a)、(b) 所示。由 Q 图按结点平衡条件求出杆端轴力，N 图如图 4-21 (c) 所示。

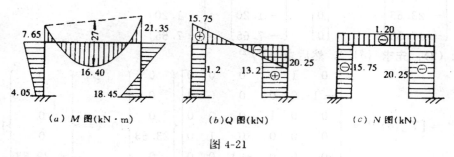

(a) M 图(kN·m)　　　　(b) Q 图(kN)　　　　(c) N 图(kN)

图 4-21

解二：

因忽略轴向变形的影响，手算时为简化计算，可将单元刚度矩阵按梁结构写为四阶形式。计算如下：

（1）单元、结点及结点位移编码见图 4-19 (c)。

（2）求单元刚度矩阵 $[k]^{(e)}$。

单元（1）和单元（2）

$$\alpha_1 = \alpha_2 = 90°, \{\lambda\}^{(1)} = [0 \quad 0 \quad 1 \quad 2]^T$$
$$\{\lambda\}^{(2)} = [0 \quad 0 \quad 1 \quad 3]^T$$

对竖直杆单元（1）、（2）可由 $\{\lambda\}^{(e)}$ 直接写出结构坐标下的单元刚度矩阵，即

$$
[k]^{(1)} = [k]^{(2)} = 10^3
\begin{matrix}
 & 0 & 0 & 1 & 3 & \{\lambda\}^{(2)} \\
 & 0 & 0 & 1 & 2 & \{\lambda\}^{(1)} \\
\begin{bmatrix}
444.444 & -666.667 & -444.444 & -666.667 \\
-666.667 & 1333.333 & 666.667 & 666.667 \\
-444.444 & 666.667 & 444.444 & 666.667 \\
-666.667 & 666.667 & 666.667 & 1333.333
\end{bmatrix}
& \begin{matrix} 0 & 0 \\ 0 & 0 \\ 1 & 1 \\ 2 & 3 \end{matrix}
\end{matrix}
$$

单元（3）

$$\alpha_3 = 0, \{\lambda\}^{(3)} = [0 \quad 2 \quad 0 \quad 3]^T$$

$$
[k]^{(3)} = 10^3
\begin{matrix}
0 & 2 & 0 & 3 & \{\lambda\}^{(3)} \\
\begin{bmatrix}
55.556 & 166.667 & -55.556 & 166.667 \\
166.667 & 666.667 & -166.667 & 333.333 \\
-55.556 & -166.667 & 55.556 & -166.667 \\
166.667 & 333.333 & -166.667 & 666.667
\end{bmatrix}
& \begin{matrix} 0 \\ 2 \\ 0 \\ 3 \end{matrix}
\end{matrix}
$$

（3）求结构刚度矩阵 $[K]$。结果同解一。

（4）求结构结点荷载向量 $\{P\}$。结果同解一。

单元固端力向量 $\{F_0\}^{(e)}$ 的四阶形式为

$$\{F_0\}^{(1)} = \begin{Bmatrix} Q_i \\ M_i \\ Q_j \\ M_j \end{Bmatrix} = \begin{Bmatrix} 0 \\ 0 \\ 0 \\ 0 \end{Bmatrix}, \quad \{F_0\}^{(2)} = \begin{Bmatrix} Q_i \\ M_i \\ Q_j \\ M_j \end{Bmatrix} = \begin{Bmatrix} 0 \\ 0 \\ 0 \\ 0 \end{Bmatrix}, \quad \{F_0\}^{(3)} = \begin{Bmatrix} Q_i \\ M_i \\ Q_j \\ M_j \end{Bmatrix} = \begin{Bmatrix} 18 \\ 18 \\ 18 \\ -18 \end{Bmatrix}$$

结构刚度法方程及求得结构结点位移向量 $\{\Delta\}$ 均与解一相同。不再详述。

（5）求单元杆端内力。

为简化计算，直接求结构坐标下的 $\{F\}^{(e)}$。

$$\{F\}^{(1)} = \begin{Bmatrix} Q_i \\ M_i \\ Q_j \\ M_j \end{Bmatrix} = \begin{Bmatrix} 0 \\ 0 \\ 0 \\ 0 \end{Bmatrix} + 10^3 \begin{bmatrix} 444.444 & -666.667 & -444.444 & -666.667 \\ -666.667 & 1333.333 & 666.667 & 666.667 \\ -444.444 & 666.667 & 444.444 & 666.667 \\ -666.667 & 666.667 & 666.667 & 1333.333 \end{bmatrix} \times$$

$$\begin{Bmatrix} 0 \\ 0 \\ 23.63 \\ -17.55 \end{Bmatrix} 10^{-6} = \begin{Bmatrix} 0 \\ 0 \\ 0 \\ 0 \end{Bmatrix} + \begin{Bmatrix} 1.20 \\ 4.05 \\ -1.20 \\ -7.65 \end{Bmatrix} = \begin{Bmatrix} 1.20 \\ 4.05 \\ -1.20 \\ -7.65 \end{Bmatrix}$$

$$\{F\}^{(2)} = \begin{Bmatrix} Q_i \\ M_i \\ Q_j \\ M_j \end{Bmatrix} = \begin{Bmatrix} 0 \\ 0 \\ 0 \\ 0 \end{Bmatrix} + 10^3 \begin{bmatrix} 444.444 & -666.667 & -444.444 & -666.667 \\ -666.667 & 1333.333 & 666.667 & 666.667 \\ -444.444 & 666.667 & 444.444 & 666.667 \\ -666.667 & 666.667 & 666.667 & 1333.333 \end{bmatrix} \times$$

$$\begin{Bmatrix} 0 \\ 0 \\ 23.63 \\ 4.05 \end{Bmatrix} 10^{-6} = \begin{Bmatrix} 0 \\ 0 \\ 0 \\ 0 \end{Bmatrix} + \begin{Bmatrix} -13.20 \\ 18.45 \\ 13.20 \\ 21.15 \end{Bmatrix} = \begin{Bmatrix} -13.20 \\ 18.45 \\ 13.20 \\ 21.15 \end{Bmatrix}$$

$$\{F\}^{(3)} = \begin{Bmatrix} Q_i \\ M_i \\ Q_j \\ M_j \end{Bmatrix} = \begin{Bmatrix} 18 \\ 18 \\ 18 \\ -18 \end{Bmatrix} + 10^3 \begin{bmatrix} 55.556 & 166.667 & -55.556 & 166.667 \\ 166.667 & 666.667 & -166.667 & 333.333 \\ -55.556 & -166.667 & 55.556 & -166.667 \\ 166.667 & 333.333 & -166.667 & 666.667 \end{bmatrix} \times$$

$$\begin{Bmatrix} 23.63 \\ -17.55 \\ 23.63 \\ 4.05 \end{Bmatrix} 10^{-6} = \begin{Bmatrix} 18 \\ 18 \\ 18 \\ -18 \end{Bmatrix} + \begin{Bmatrix} -2.25 \\ -10.35 \\ 2.25 \\ -3.15 \end{Bmatrix} = \begin{Bmatrix} 15.75 \\ 7.65 \\ 20.25 \\ -21.15 \end{Bmatrix}$$

比较知以上求得的各单元杆端弯矩、剪力值与解一相同。

例 4-9 求图 4-22a 所示桁架的内力，各杆 $EA = 1 \times 10^5 \mathrm{kN}$，杆长 $l = 10\mathrm{m}$。

解 （1）单元、结点及结点位移编码如图 4-22 (b) 所示。

结点 1、2 为不动铰支座，水平及竖向线位移分量均为零，编码为 (0，0)；结点 3、4 为自由铰结点，沿水平及竖向位移分量都不为零，编码分别为 (1，2) 和 (3，4)。

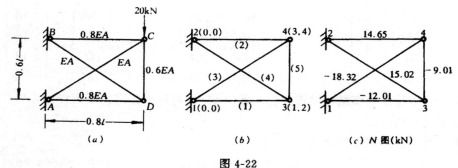

图 4-22

(2) 求各单元刚度矩阵 $[k]^{(e)}$。

单元（1）和单元（2）

$\alpha_1 = \alpha_2 = 0$，$\{\lambda\}^{(1)} = \begin{bmatrix} 0 & 0 & 1 & 2 \end{bmatrix}^T$，$\{\lambda\}^{(2)} = \begin{bmatrix} 0 & 0 & 3 & 4 \end{bmatrix}^T$

$$
[k]^{(1)} = [\bar{k}]^{(1)} = \frac{EA}{l}
\begin{array}{c}
\begin{array}{cccc} 0 & \ 0 & \ 1 & \ 2 \end{array} \quad \{\lambda\}^{(1)} \\
\begin{bmatrix}
1 & 0 & -1 & 0 \\
0 & 0 & 0 & 0 \\
-1 & 0 & 1 & 0 \\
0 & 0 & 0 & 0
\end{bmatrix}
\begin{array}{c} 0 \\ 0 \\ 1 \\ 2 \end{array}
\end{array}
$$

$$
[k]^{(2)} = [\bar{k}]^{(2)} = \frac{EA}{l}
\begin{array}{c}
\begin{array}{cccc} 0 & \ 0 & \ 3 & \ 4 \end{array} \quad \{\lambda\}^{(2)} \\
\begin{bmatrix}
1 & 0 & -1 & 0 \\
0 & 0 & 0 & 0 \\
-1 & 0 & 1 & 0 \\
0 & 0 & 0 & 0
\end{bmatrix}
\begin{array}{c} 0 \\ 0 \\ 3 \\ 4 \end{array}
\end{array}
$$

单元（3）$\alpha_3 > 0$，$\{\lambda\}^{(3)} = \begin{bmatrix} 0 & 0 & 3 & 4 \end{bmatrix}^T$

$\cos\alpha_3 = 0.8$，$\sin\alpha_3 = 0.6$

$$
[T] =
\begin{bmatrix}
\cos\alpha_3 & \sin\alpha_3 & 0 & 0 \\
-\sin\alpha_3 & \cos\alpha_3 & 0 & 0 \\
0 & 0 & \cos\alpha_3 & \sin\alpha_3 \\
0 & 0 & -\sin\alpha_3 & \cos\alpha_3
\end{bmatrix}
=
\begin{bmatrix}
0.8 & 0.6 & 0 & 0 \\
-0.6 & 0.8 & 0 & 0 \\
0 & 0 & 0.8 & 0.6 \\
0 & 0 & -0.6 & 0.8
\end{bmatrix}
$$

$$
[k]^{(3)} = [T]^T [\bar{k}]^{(3)} [T] = \frac{EA}{l}
\begin{array}{c}
\begin{array}{cccc} 0 & \quad 0 & \quad 3 & \quad 4 \end{array} \quad \{\lambda\}^{(3)} \\
\begin{bmatrix}
0.64 & 0.48 & -0.64 & -0.48 \\
0.48 & 0.36 & -0.48 & -0.36 \\
-0.64 & -0.48 & 0.64 & 0.48 \\
-0.48 & -0.36 & 0.48 & 0.36
\end{bmatrix}
\begin{array}{c} 0 \\ 0 \\ 3 \\ 4 \end{array}
\end{array}
$$

单元（4）$\alpha_4 < 0$，$\{\lambda\}^{(4)} = \begin{bmatrix} 0 & 0 & 1 & 2 \end{bmatrix}^T$

$\cos\alpha_4 = 0.8$，$\sin\alpha_4 = -0.6$

84

$$[T] = \begin{bmatrix} \cos\alpha_4 & \sin\alpha_4 & 0 & 0 \\ -\sin\alpha_4 & \cos\alpha_4 & 0 & 0 \\ 0 & 0 & \cos\alpha_4 & \sin\alpha_4 \\ 0 & 0 & -\sin\alpha_4 & \cos\alpha_4 \end{bmatrix} = \frac{EA}{l}\begin{bmatrix} 0.8 & -0.6 & 0 & 0 \\ 0.6 & 0.8 & 0 & 0 \\ 0 & 0 & 0.8 & -0.6 \\ 0 & 0 & 0.6 & 0.8 \end{bmatrix}$$

$$[k]^{(4)} = [T]^T[\bar{k}]^{(4)}[T] = \frac{EA}{l}\begin{array}{c}\begin{array}{cccc} 0 & 0 & 1 & 2 \end{array}\quad \{\lambda\}^{(4)} \\ \begin{bmatrix} 0.64 & -0.48 & -0.64 & 0.48 \\ -0.48 & 0.36 & 0.48 & -0.36 \\ -0.64 & 0.48 & 0.64 & -0.48 \\ 0.48 & -0.36 & -0.48 & 0.36 \end{bmatrix}\begin{array}{c} 0 \\ 0 \\ 1 \\ 2 \end{array}\end{array}$$

单元 (5) $\alpha_5 = 90°$

$$\{\lambda\}^{(5)} = \begin{bmatrix} 1 & 2 & 3 & 4 \end{bmatrix}^T$$

$$\cos\alpha_5 = 0, \sin\alpha_5 = 1$$

$$[T] = \begin{bmatrix} \cos\alpha_5 & \sin\alpha_5 & 0 & 0 \\ -\sin\alpha_5 & \cos\alpha_5 & 0 & 0 \\ 0 & 0 & \cos\alpha_5 & \sin\alpha_5 \\ 0 & 0 & -\sin\alpha_5 & \cos\alpha_5 \end{bmatrix} = \begin{bmatrix} 0 & 1 & 0 & 0 \\ -1 & 0 & 0 & 0 \\ 0 & 0 & 0 & 1 \\ 0 & 0 & -1 & 0 \end{bmatrix}$$

$$[k]^{(5)} = [T]^T[\bar{k}]^{(5)}[T] = \frac{EA}{l}\begin{array}{c}\begin{array}{cccc} 1 & 2 & 3 & 4 \end{array}\quad \{\lambda\}^{(5)} \\ \begin{bmatrix} 0 & 0 & 0 & 0 \\ 0 & 1 & 0 & -1 \\ 0 & 0 & 0 & 0 \\ 0 & -1 & 0 & 1 \end{bmatrix}\begin{array}{c} 1 \\ 2 \\ 3 \\ 4 \end{array}\end{array}$$

(3) 求结构刚度矩阵 $[K]$

$$[K] = \frac{EA}{l}\begin{array}{c}\qquad\qquad\qquad\qquad\qquad 总码 \\ \begin{bmatrix} 1.64 & -0.48 & 0 & 0 \\ -0.48 & 1.36 & 0 & -1 \\ 0 & 0 & 1.64 & 0.48 \\ 0 & -1 & 0.48 & 1.36 \end{bmatrix}\begin{array}{c} 1 \\ 2 \\ 3 \\ 4 \end{array}\end{array}$$

(4) 求结构结点荷载向量 $[P]$

因桁架仅受结点荷载作用。故等效结点荷载向量 $\{P_E\} = \{0\}$。直接结点荷载向量为

$$\{P_D\} = \begin{bmatrix} 0 & 0 & 0 & -20 \end{bmatrix}^T$$

结构结点荷载向量为

$$\{P\} = \{P_D\} + \{P_E\} = \begin{bmatrix} 0 & 0 & 0 & -2 & 0 \end{bmatrix}^T$$

(5) 解方程，求结构结点位移向量 $\{\Delta\}$

$$\{\Delta\} = \begin{Bmatrix} \Delta_1 \\ \Delta_2 \\ \Delta_3 \\ \Delta_4 \end{Bmatrix} = \frac{EA}{l} \begin{bmatrix} 1.64 & -0.48 & 0 & 0 \\ -0.48 & 1.36 & 0 & -1 \\ 0 & 0 & 1.64 & 0.48 \\ 0 & -1 & 0.48 & 1.36 \end{bmatrix}^{-1} \begin{Bmatrix} 0 \\ 0 \\ 0 \\ -20 \end{Bmatrix} = \frac{l}{EA} \begin{Bmatrix} -12.01 \\ -41.05 \\ 14.65 \\ -50.06 \end{Bmatrix}$$

（6）求单元杆端内力 $\{\overline{F}\}^{(e)}$。

单元（1）：

$$\{\overline{F}\}^{(1)} = \{\overline{F}_0\}^{(1)} + [\overline{k}]^{(1)}\{\overline{\delta}\}^{(1)}$$

$$= \begin{Bmatrix} \overline{N}_i \\ 0 \\ \overline{N}_j \\ 0 \end{Bmatrix} = \begin{Bmatrix} 0 \\ 0 \\ 0 \\ 0 \end{Bmatrix} + \frac{EA}{l}\begin{bmatrix} 1 & 0 & -1 & 0 \\ 0 & 0 & 0 & 0 \\ -1 & 0 & 1 & 0 \\ 0 & 0 & 0 & 0 \end{bmatrix}\begin{Bmatrix} 0 \\ 0 \\ -12.01 \\ -41.05 \end{Bmatrix}\frac{l}{EA} = \begin{Bmatrix} 12.01 \\ 0 \\ -12.01 \\ 0 \end{Bmatrix}$$

单元（2）：

$$\{\overline{F}\}^{(2)} = \{\overline{F}_0\}^{(2)} + [\overline{k}]^{(2)}\{\overline{\delta}\}^{(2)}$$

$$= \begin{Bmatrix} \overline{N}_i \\ 0 \\ \overline{N}_j \\ 0 \end{Bmatrix} = \begin{Bmatrix} 0 \\ 0 \\ 0 \\ 0 \end{Bmatrix} + \frac{EA}{l}\begin{bmatrix} 1 & 0 & -1 & 0 \\ 0 & 0 & 0 & 0 \\ -1 & 0 & 1 & 0 \\ 0 & 0 & 0 & 0 \end{bmatrix}\begin{Bmatrix} 0 \\ 0 \\ -14.65 \\ -50.06 \end{Bmatrix}\frac{l}{EA} = \begin{Bmatrix} 14.65 \\ 0 \\ -14.65 \\ 0 \end{Bmatrix}$$

单元（3）：先求 $\{\overline{\delta}\}^{(3)}$，然后求 $\{\overline{F}\}^{(3)}$

$$\{\overline{\delta}\}^{(3)} = [T]^{(3)}\{\delta\}^{(3)} = \begin{bmatrix} 0.8 & 0.6 & 0 & 0 \\ -0.6 & 0.8 & 0 & 0 \\ 0 & 0 & 0.8 & 0.6 \\ 0 & 0 & -0.6 & 0.8 \end{bmatrix}\begin{Bmatrix} 0 \\ 0 \\ 14.65 \\ -50.06 \end{Bmatrix}\frac{l}{EA}$$

$$= \begin{Bmatrix} 0 \\ 0 \\ -18.32 \\ -48.83 \end{Bmatrix}\frac{l}{EA}$$

$$\{\overline{F}\}^{(3)} = \{\overline{F}_0\}^{(3)} + [\overline{k}]^{(3)}\{\overline{\delta}\}^{(3)}$$

$$= \begin{Bmatrix} \overline{N}_i \\ 0 \\ \overline{N}_j \\ 0 \end{Bmatrix} + \begin{Bmatrix} 0 \\ 0 \\ 0 \\ 0 \end{Bmatrix} + \frac{EA}{l}\begin{bmatrix} 1 & 0 & -1 & 0 \\ 0 & 0 & 0 & 0 \\ -1 & 0 & 1 & 0 \\ 0 & 0 & 0 & 0 \end{bmatrix}\begin{Bmatrix} 0 \\ 0 \\ -18.32 \\ -48.83 \end{Bmatrix}\frac{l}{EA} = \begin{Bmatrix} 18.32 \\ 0 \\ -18.32 \\ 0 \end{Bmatrix}$$

单元（4）：先求 $\{\overline{\delta}\}^{(4)}$，然后求 $\{\overline{F}\}^{(4)}$

$$\{\overline{\delta}\}^{(4)} = [T]^{(4)}\{\delta\}^{(4)} = \begin{bmatrix} 0.8 & -0.6 & 0 & 0 \\ 0.6 & 0.8 & 0 & 0 \\ 0 & 0 & 0.8 & -0.6 \\ 0 & 0 & 0.6 & 0.8 \end{bmatrix}\begin{Bmatrix} 0 \\ 0 \\ -12.01 \\ -41.05 \end{Bmatrix}\frac{l}{EA} = \begin{Bmatrix} 0 \\ 0 \\ 15.02 \\ -40.05 \end{Bmatrix}\frac{l}{EA}$$

$$\{\overline{F}\}^{(4)} = \{F_0\}^{(4)} + [\overline{k}]^{(4)}\{\delta\}^{(4)}$$

$$= \begin{Bmatrix} \overline{N}_i \\ 0 \\ \overline{N}_j \\ 0 \end{Bmatrix} + \begin{Bmatrix} 0 \\ 0 \\ 0 \\ 0 \end{Bmatrix} + \frac{EA}{l}\begin{bmatrix} 1 & 0 & -1 & 0 \\ 0 & 0 & 0 & 0 \\ -1 & 0 & 1 & 0 \\ 0 & 0 & 0 & 0 \end{bmatrix}\begin{Bmatrix} 0 \\ 0 \\ 15.02 \\ -40.05 \end{Bmatrix}\frac{l}{EA} = \begin{Bmatrix} -15.02 \\ 0 \\ 15.02 \\ 0 \end{Bmatrix}$$

单元（5）：先求 $\{\delta\}^{(5)}$，然后求 $\{\overline{F}\}^{(5)}$

$$\{\overline{\delta}\}^{(5)} = [T]^{(5)}\{\delta\}^{(5)} = \begin{bmatrix} 0 & 1 & 0 & 0 \\ -1 & 0 & 0 & 0 \\ 0 & 0 & 0 & 1 \\ 0 & 0 & -1 & 0 \end{bmatrix}\begin{Bmatrix} -12.01 \\ -41.05 \\ 14.65 \\ -50.06 \end{Bmatrix}\frac{l}{EA} = \begin{Bmatrix} -41.05 \\ 12.01 \\ -50.06 \\ -14.65 \end{Bmatrix}\frac{l}{EA}$$

$$\{\overline{F}\}^{(5)} = \{\overline{F}_0\}^{(5)} + [\overline{k}]^{(5)}\{\overline{\delta}\}^{(5)}$$

$$= \begin{Bmatrix} \overline{N}_i \\ 0 \\ \overline{N}_j \\ 0 \end{Bmatrix} + \begin{Bmatrix} 0 \\ 0 \\ 0 \\ 0 \end{Bmatrix} + \frac{EA}{l}\begin{bmatrix} 1 & 0 & -1 & 0 \\ 0 & 0 & 0 & 0 \\ -1 & 0 & 1 & 0 \\ 0 & 0 & 0 & 0 \end{bmatrix}\begin{Bmatrix} -41.05 \\ 12.01 \\ -50.06 \\ -14.65 \end{Bmatrix}\frac{l}{EA} = \begin{Bmatrix} 9.01 \\ 0 \\ -9.01 \\ 0 \end{Bmatrix}$$

因桁架每根杆的轴力 $N=$ 常数，故常不画内力图，只把各杆轴力值注在各杆旁边，并用正号和负号表示拉力和压力，见图 4-22（c）所示。

例 4-10 求图 4-23（a）所示组合结构的内力。已知横梁的 EA、EI 等于常数，且 $EA = 2EI/m^2$，拉杆 $E_1A_1 = \dfrac{EI}{20}/m^2$。

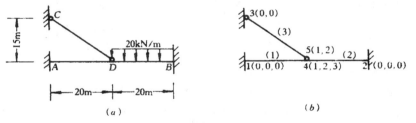

图 4-23

解：（1）单元、结点及结点位移编码如图 4-23b 所示。

横梁固定支座结点 1 和 2，三个位移分量都为零，编码为 $(0, 0, 0)$。拉杆铰支座 3，两个线位移分量为零，编码为 $(0, 0)$，单元（1）和（2）间的刚结点 4，有三个独立的位移分量，编码为 $(1, 2, 3)$。拉杆与横梁间的连接点 5，两个线位移分量与刚结点 4 相同，故编为同码 $(1, 2)$。

（2）求各单元刚度矩阵 $[k]^{(e)}$。

单元（1）和单元（2）

$\alpha_1 = \alpha_2 = 0$，

$\{\lambda\}^{(1)} = \begin{bmatrix} 0 & 0 & 0 & 1 & 2 & 3 \end{bmatrix}^T$，$\{\lambda\}^{(2)} = \begin{bmatrix} 1 & 2 & 3 & 0 & 0 & 0 \end{bmatrix}^T$。

$$[k]^{(1)} = [\overline{k}]^{(1)} = [k]^{(2)} = [\overline{k}]^{(2)}$$

$$
= \frac{EI}{20}
\begin{array}{cccccc}
1 & 2 & 3 & 0 & 0 & 0 \quad \{\lambda\}^{(2)} \\
0 & 0 & 0 & 1 & 2 & 3 \quad \{\lambda\}^{(1)}
\end{array}
\begin{bmatrix}
2 & 0 & 0 & -2 & 0 & 0 \\
0 & 0.03 & 0.3 & 0 & -0.03 & 0.3 \\
0 & 0.3 & 4 & 0 & -0.3 & 2 \\
-2 & 0 & 0 & 2 & 0 & 0 \\
0 & -0.03 & -0.3 & 0 & 0.03 & -0.3 \\
0 & 0.3 & 2 & 0 & -0.3 & 4
\end{bmatrix}
\begin{array}{c}
0 \quad 1 \\
0 \quad 2 \\
0 \quad 3 \\
1 \quad 0 \\
2 \quad 0 \\
3 \quad 0
\end{array}
$$

单元（3）

$\alpha_3 < 0$，$\cos\alpha_3 = 0.8$，$\sin\alpha_3 = -0.6$

$$\{\lambda\}^{(3)} = [0\ 0\ 1\ 2]^T$$

$$
[T] =
\begin{bmatrix}
\cos\alpha_3 & \sin\alpha_3 & 0 & 0 \\
-\sin\alpha_3 & \cos\alpha_3 & 0 & 0 \\
0 & 0 & \cos\alpha_3 & \sin\alpha_3 \\
0 & 0 & -\sin\alpha_3 & \cos\alpha_3
\end{bmatrix}
=
\begin{bmatrix}
0.8 & -0.6 & 0 & 0 \\
0.6 & 0.8 & 0 & 0 \\
0 & 0 & 0.8 & -0.6 \\
0 & 0 & 0.6 & 0.8
\end{bmatrix}
$$

$$[k]^{(3)} = [T]^T[\bar{k}]^{(3)}[T]$$

$$
=
\begin{bmatrix}
0.8 & 0.6 & 0 & 0 \\
-0.6 & 0.8 & 0 & 0 \\
0 & 0 & 0.8 & 0.6 \\
0 & 0 & -0.6 & 0.8
\end{bmatrix}
\begin{bmatrix}
0.04 & 0 & -0.04 & 0 \\
0 & 0 & 0 & 0 \\
-0.04 & 0 & 0.04 & 0 \\
0 & 0 & 0 & 0
\end{bmatrix}
\times
$$

$$
\begin{bmatrix}
0.8 & -0.6 & 0 & 0 \\
0.6 & 0.8 & 0 & 0 \\
0 & 0 & 0.8 & -0.6 \\
0 & 0 & 0.6 & 0.8
\end{bmatrix}
E_1 A_1
$$

$$
= E_1 A_1
\begin{array}{cccc}
0 & 0 & 1 & 2 \quad \{\lambda\}^{(3)}
\end{array}
\begin{bmatrix}
0.0256 & -0.0192 & -0.0256 & 0.0192 \\
-0.0192 & 0.0144 & 0.0192 & -0.0144 \\
-0.0256 & 0.0192 & 0.0256 & -0.0192 \\
0.0192 & -0.0144 & -0.0192 & 0.0144
\end{bmatrix}
\begin{array}{c}
0 \\
0 \\
1 \\
2
\end{array}
$$

（3）求结构刚度矩阵 $[K]$。

由各定位向量 $\{\lambda\}^{(e)}$，依次将 $[k]^{(e)}$ 中相关元素在 $[K]$ 中定位、累加，最后形成 $[K]$ 为

$$[K] = \begin{bmatrix} (k_{11}^① + k_{11}^② + k_{11}^③) & k_{12}^③ & 0 \\ k_{21}^③ & (k_{22}^① + k_{22}^② + k_{22}^③) & (k_{23}^① + k_{23}^②) \\ 0 & (k_{32}^① + k_{32}^②) & (k_{33}^① + k_{33}^②) \end{bmatrix}$$

$$= \frac{EI}{20} \begin{bmatrix} (2 + 2 + 0.0256) & -0.0192 & 0 \\ -0.0192 & (0.03 + 0.03 + 0.0144) & (-0.03 + 0.03) \\ 0 & (-0.03 + 0.03) & (4 + 4) \end{bmatrix}$$

$$= \frac{EI}{20} \begin{matrix} 1 \quad\quad 2 \quad\quad 3 \quad 总码 \\ \begin{bmatrix} 4.0256 & -0.0192 & 0 \\ -0.0192 & 0.0744 & 0 \\ 0 & 0 & 8 \end{bmatrix} \begin{matrix} 1 \\ 2 \\ 3 \end{matrix} \end{matrix}$$

（4）求结构结点荷载向量 $\{P\}$。

因结构上无直接结点荷载作用，所以向量 $\{P_D\}$ 为零，即

$$\{P_D\} = \begin{bmatrix} 0 & 0 & 0 \end{bmatrix}^T$$

求等效结点荷载向量 $\{P_E\}$。

只有单元（2）上有非结点荷载作用，其固端力向量为

$$\{\overline{F}_0\}^{(2)} = \{F_0\}^{(2)} = \begin{Bmatrix} \overline{N}_i \\ \overline{Q}_i \\ \overline{M}_i \\ \overline{N}_j \\ \overline{Q}_j \\ \overline{M}_j \end{Bmatrix} = \begin{Bmatrix} 0 \\ 200 \\ \dfrac{2000}{3} \\ 0 \\ 200 \\ -\dfrac{2000}{3} \end{Bmatrix} \begin{matrix} \{\lambda\}^{(2)} \\ 1 \\ 2 \\ 3 \\ 0 \\ 0 \\ 0 \end{matrix}$$

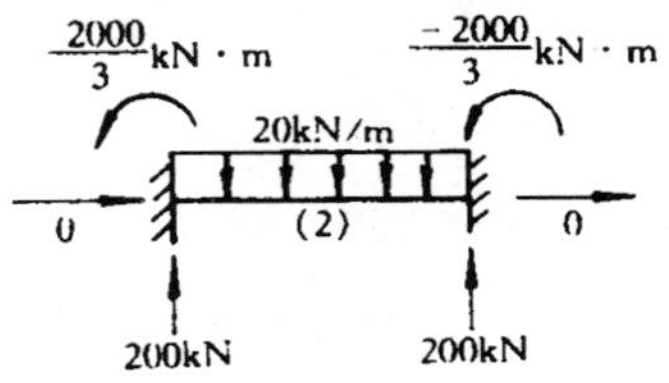

图 4-24

由定位向量 $\{\lambda\}^{(2)}$ 得

$$\{P_E\} = -\begin{bmatrix} 0 & 200 & \dfrac{2000}{3} \end{bmatrix}^T = \begin{bmatrix} 0 & -200 & \dfrac{-2000}{3} \end{bmatrix}^T$$

$$\{P\} = \{P_D\} + \{P_E\} = \begin{Bmatrix} 0 \\ 0 \\ 0 \end{Bmatrix} + \begin{Bmatrix} 0 \\ -200 \\ \dfrac{-2000}{3} \end{Bmatrix} = \begin{Bmatrix} 0 \\ -200 \\ \dfrac{-2000}{3} \end{Bmatrix}$$

（5）解方程求结构结点位移向量 $\{\Delta\}$。

$$\{\Delta\} = \begin{Bmatrix} \Delta_1 \\ \Delta_2 \\ \Delta_3 \end{Bmatrix} = \frac{EI}{20} \begin{bmatrix} 4.0256 & -0.0192 & 0 \\ -0.0192 & 0.0744 & 0 \\ 0 & 0 & 8 \end{bmatrix}^{-1} \begin{Bmatrix} 0 \\ -200 \\ -\dfrac{2000}{3} \end{Bmatrix} = \begin{Bmatrix} -12.8370 \\ -2691.4850 \\ -83.3333 \end{Bmatrix}$$

（6）求各单元杆端内力。

$$
\{\overline{F}\}^{(1)} = \left\{\begin{array}{c} \overline{N}_i \\ \overline{Q}_i \\ \overline{M}_i \\ \overline{N}_j \\ \overline{Q}_j \\ \overline{M}_j \end{array}\right\} = \frac{EI}{20} \begin{bmatrix} 2 & 0 & 0 & -2 & 0 & 0 \\ 0 & 0.03 & 0.3 & 0 & -0.03 & 0.3 \\ 0 & 0.3 & 4 & 0 & -0.3 & 2 \\ -2 & 0 & 0 & 2 & 0 & 0 \\ 0 & -0.03 & -0.3 & 0 & 0.03 & -0.3 \\ 0 & 0.3 & 2 & 0 & -0.3 & 4 \end{bmatrix} \left\{\begin{array}{c} 0 \\ 0 \\ 0 \\ -12.8370 \\ -2691.4850 \\ -83.3333 \end{array}\right\}
$$

$$
= \left\{\begin{array}{c} 25.67 \\ 55.74 \\ 640.78 \\ -25.67 \\ -55.74 \\ 474.11 \end{array}\right\}
$$

$$
\{\overline{F}\}^{(2)} = \left\{\begin{array}{c} \overline{N}_i \\ \overline{Q}_i \\ \overline{M}_i \\ \overline{N}_j \\ \overline{Q}_j \\ \overline{M}_j \end{array}\right\} = \left\{\begin{array}{c} 0 \\ 200 \\ -\dfrac{2000}{3} \\ 0 \\ 200 \\ -\dfrac{2000}{3} \end{array}\right\} + \frac{EI}{20} \begin{bmatrix} 2 & 0 & 0 & -2 & 0 & 0 \\ 0 & 0.03 & 0.3 & 0 & -0.03 & 0.3 \\ 0 & 0.3 & 4 & 0 & -0.3 & 2 \\ -2 & 0 & 0 & 2 & 0 & 0 \\ 0 & -0.03 & -0.3 & 0 & 0.03 & -0.3 \\ 0 & 0.3 & 2 & 0 & -0.3 & 4 \end{bmatrix} \times
$$

$$
\left\{\begin{array}{c} -12.8370 \\ -2691.4850 \\ -83.3333 \\ 0 \\ 0 \\ 0 \end{array}\right\} = \left\{\begin{array}{c} -25.67 \\ 94.26 \\ -474.11 \\ 25.67 \\ 305.74 \\ -1640.78 \end{array}\right\}
$$

$$
\{\overline{\delta}\}^{(3)} = [T]\{\delta\}^{(3)} = \begin{bmatrix} 0.8 & -0.6 & 0 & 0 \\ 0.6 & 0.8 & 0 & 0 \\ 0 & 0 & 0.8 & -0.6 \\ 0 & 0 & 0.6 & 0.8 \end{bmatrix} \left\{\begin{array}{c} 0 \\ 0 \\ -12.8370 \\ -2691.485 \end{array}\right\} = \left\{\begin{array}{c} 0 \\ 0 \\ 1604.62 \\ -2160.89 \end{array}\right\}
$$

$$
\{\overline{F}\}^{(3)} = \left\{\begin{array}{c} \overline{N}_i \\ 0 \\ \overline{N}_j \\ 0 \end{array}\right\} = \frac{EI}{20} \begin{bmatrix} 0.04 & 0 & -0.04 & 0 \\ 0 & 0 & 0 & 0 \\ -0.04 & 0 & 0.04 & 0 \\ 0 & 0 & 0 & 0 \end{bmatrix} \left\{\begin{array}{c} 0 \\ 0 \\ 1604.62 \\ -2160.89 \end{array}\right\} = \left\{\begin{array}{c} -64.18 \\ 0 \\ 64.18 \\ 0 \end{array}\right\}
$$

（7）绘制内力图。

由求得的各杆端内力 $\{\overline{F}\}^{(e)}$，可作出内力图如图 4-25 所示。

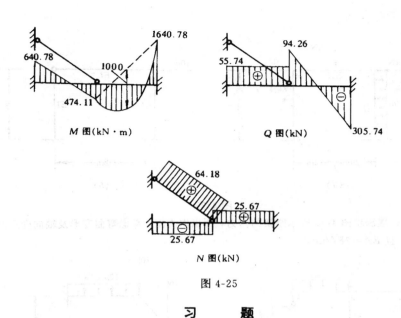

图 4-25

习　题

4-1　试用先处理法计算图 4-26 所示连续梁的杆端弯矩，并绘 M 图。$E=2\times10^4\mathrm{kN/cm^2}$，$I=3\times10^5\mathrm{cm^4}$，$l=4\mathrm{m}$，$M=20\mathrm{kN\cdot m}$。

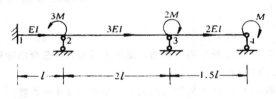

图 4-26

4-2　试用先处理法计算图 4-27 所示连续梁，并作弯矩图。各杆 $EI=$ 常数。

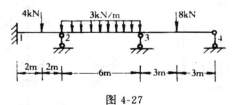

图 4-27

4-3　试用先处理法计算图 4-28 所示连续梁，并作弯矩图、剪力图。各杆 $EI=$ 常数。

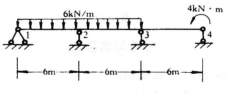

图 4-28

4-4　试用直接刚度法计算图 4-29 所示刚架内力，作出 M、Q 图。略去轴向变形的影响。

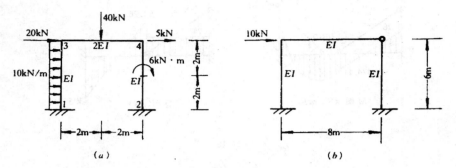

图 4-29

4-5 试用先处理法求图 4-30 所示刚架的内力，画出内力图，考虑弯曲变形及轴向变形的影响。各杆 EA、EI 为常数，且 $EA=2EI/m^2$。

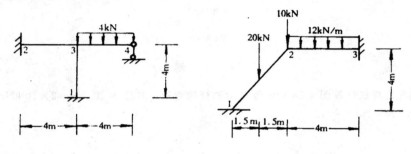

图 4-30　　　　　　　图 4-31

4-6 试用先处理法计算图 4-31 所示刚架内力，画出内力图，考虑弯曲变形及轴向变形的影响。各杆 $EA=1\times10^6kN$，$EI=1\times10^5kN\cdot m^2$。

4-7 试用先处理法计算图 4-32 所示桁架的内力。已知各杆 $EA=$ 常数。

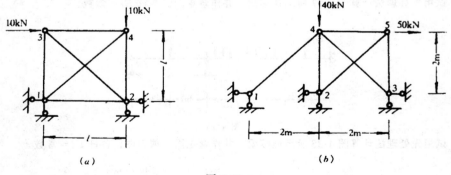

图 4-32

部分习题答案

4-1　$M_{12}=-15.165kN\cdot m$，$M_{21}=-30.330kN\cdot m$。

4-2　$M_{21}=6.45kN\cdot m$，$M_{34}=-9.64kN\cdot m$。

4-3　$M_{23}=-25.47kN\cdot m$，$M_{34}=-6.18kN\cdot m$。
　　　$Q_{12}=13.76kN$，$Q_{23}=21.22kN$。

4-4　(a) $M_{13}=-60.13\text{kN}\cdot\text{m}$，$M_{24}=-52.33\text{kN}\cdot\text{m}$。

$Q_{31}=0.98\text{kN}$，$Q_{42}=24.02\text{kN}$。

(b) $M_{13}=-26.49\text{kN}\cdot\text{m}$，$M_{31}=-14.03\text{kN}\cdot\text{m}$。

4-5　$M_{23}=-3.40\text{kN}\cdot\text{m}$，$M_{32}=-1.29\text{kN}\cdot\text{m}$，$M_{31}=3.36\text{kN}\cdot\text{m}$。

$Q_{34}=8.52\text{kN}$，$Q_{13}=-1.15\text{kN}$。

4-6　$M_{12}=-14.13\text{kN}\cdot\text{m}$，$M_{21}=1.33\text{kN}\cdot\text{m}$。

$Q_{13}=8.56\text{kN}$，$Q_{23}=16.80\text{kN}$。

4-7　(a) $N_{13}=6.73\text{kN}$（拉），$N_{34}=-9.52\text{kN}$（压），$N_{24}=-3.27\text{kN}$（压）。

(b) $N_{14}=4.98\text{kN}$（拉），$N_{25}=13.67\text{kN}$（拉），$N_{34}=-16.70\text{kN}$（压）。

5 矩阵位移法的几个问题

5.1 缩减未知量的方法

用矩阵位移法分析结构、求解高阶代数联立方程组时，常因计算机容量不够而发生困难。为此，可用缩减未知量的方法将一个高阶方程组分为几个较低阶的方程组分别计算，这样降低方程组的阶数后，便于用小计算机分析大型复杂结构。这种方法在结构分析中已被广为采用。

5.1.1 缩减未知量的计算公式

设某结构的未知结点位移向量为 $\{\Delta\}$，欲缩减掉的未知结点位移向量为 $\{\Delta_b\}$，需保留的结点位移向量为 $\{\Delta_c\}$，则可将结构的结点位移向量以分块形式表示为

$$\{\Delta\} = \begin{Bmatrix} \Delta_b \\ \Delta_c \end{Bmatrix} \tag{5-1}$$

结构的结点荷载向量 $\{P\}$ 也可对应表示为

$$\{P\} = \begin{Bmatrix} P_b \\ P_c \end{Bmatrix} \tag{5-2}$$

结构的刚度法方程

$$[K]\{\Delta\} = \{P\} \tag{5-3}$$

也可以相应的分块形式表示为

$$\begin{bmatrix} K_{bb} & K_{bc} \\ K_{cb} & K_{cc} \end{bmatrix} \begin{Bmatrix} \Delta_b \\ \Delta_c \end{Bmatrix} = \begin{Bmatrix} P_b \\ P_c \end{Bmatrix} \tag{5-4}$$

将式（5-4）按分块矩阵展开为

$$[K_{bb}]\{\Delta_b\} + [K_{bc}]\{\Delta_c\} = \{P_b\} \tag{5-5}$$

$$[K_{cb}]\{\Delta_b\} + [K_{cc}]\{\Delta_c\} = \{P_c\} \tag{5-6}$$

由式（5-5）解出

$$\{\Delta_b\} = -[K_{bb}]^{-1}[K_{bc}]\{\Delta_c\} + [K_{bb}]^{-1}\{P_b\} \tag{5-7}$$

将式（5-7）代入式（5-6）消去 $\{\Delta_b\}$ 后得

$$-[K_{cb}][K_{bb}]^{-1}[K_{bc}]\{\Delta_c\} + [K_{cc}]\{\Delta_c\} = \{P_c\} - [K_{cb}][K_{bb}]^{-1}\{P_b\}$$

令

$$[K_{cc}^s] = [K_{cc}] - [K_{cb}][K_{bb}]^{-1}[K_{bc}] \tag{5-8}$$

$$[P_c^s] = [P_c] - [K_{cb}][K_{bb}]^{-1}\{P_b\} \tag{5-9}$$

则方程式（5-4）被缩减为

$$[K_{cc}^s]\{\Delta_c\} = [P_c^s] \tag{5-10}$$

式中　$[K_{cc}^s]$ ——缩减刚度矩阵；

$[P_c^s]$ ——缩减结点荷载向量；

$\{\Delta_c\}$ ——经缩减后的结点位移向量。

94

$[P'_c]$ 亦表示结点位移 $\{\Delta_b\}$ 处于自由状态后，结点荷载 $\{P_b\}$ 传给与结点位移 $\{\Delta_c\}$ 相应约束上的等效荷载：$-[K_{cb}][K_{bb}]^{-1}\{P_b\}$ 与 $\{P_c\}$ 的总和，相当于综合结点荷载。

由以上分析可知，求解原结构结点位移向量 $\{\Delta\}$ 的步骤如下：

(1) 由式 (5-8) 计算 $[K'_{cc}]$；

(2) 由式 (5-9) 计算 $[P'_c]$；

(3) 由式 (5-10) 计算 $\{\Delta_c\}$；

(4) 将求得的 $\{\Delta_c\}$ 代入式 (5-7) 得 $\{\Delta_b\}$。

上述将方程式 (5-4) 的求解过程改变为分别计算 $\{\Delta_c\}$ 和 $\{\Delta_b\}$ 的过程，形式上似乎增加了计算工作量，但后者系在降低了矩阵阶数的情况下进行的，可有效的减少计算机的存贮量，给用微机解题实际计算带来极大的方便。所以在结构分析中，常有缩减自由度的需要。

5.1.2 算例

例 5-1 用缩减未知量的方法求图 5-1 (a) 所示刚架的侧移刚度 $[K]^H$（使刚架柱顶结

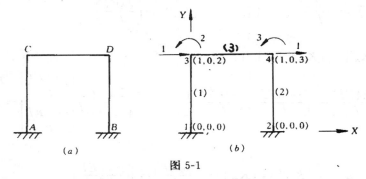

图 5-1

点 3、4 发生单位水平位移时，需施加的外力），已知各杆长度为 l，EI 为常数，不计各杆轴向变形的影响。

解：(1) 单元、结点及结点位移编码如图 5-1 (b) 所示。

(2) 计算各单元在结构坐标下的单元刚度矩阵。

$$[k]^{(1)} = [k]^{(2)} = \frac{2EI}{l}
\begin{array}{c}
\begin{array}{cccc} 0 & 0 & 1 & 3 \end{array} \quad \{\lambda\}^{(2)} \\
\begin{array}{cccc} 0 & 0 & 1 & 2 \end{array} \quad \{\lambda\}^{(1)} \\
\begin{bmatrix}
\dfrac{6}{l^2} & \dfrac{3}{l} & \dfrac{-6}{l^2} & \dfrac{3}{l} \\[2mm]
\dfrac{3}{l} & 2 & \dfrac{3}{l} & 1 \\[2mm]
\dfrac{-6}{l^2} & \dfrac{3}{l} & \dfrac{6}{l^2} & \dfrac{3}{l} \\[2mm]
\dfrac{3}{l} & 1 & \dfrac{3}{l} & 2
\end{bmatrix}
\begin{array}{cc} 0 & 0 \\ 0 & 0 \\ 1 & 1 \\ 2 & 3 \end{array}
\end{array}$$

$$\begin{array}{cc} & 2 \quad 3 \quad \{\lambda\}^{(3)}\end{array}$$
$$[k]^{(3)} = \frac{2EI}{l}\begin{bmatrix} 2 & 1 \\ 1 & 2 \end{bmatrix}\begin{matrix} 2 \\ 3 \end{matrix}$$

（3）按先转角位移后水平位移顺序集成结构刚度矩阵并分块

$$[K] = \begin{bmatrix} K_{bb} & \vdots & K_{bc} \\ \cdots & \cdots & \cdots \\ K_{cb} & \vdots & K_{cc} \end{bmatrix} = \frac{2EI}{l}\begin{bmatrix} 4 & 1 & \vdots & -\dfrac{3}{l} \\ 1 & 4 & \vdots & -\dfrac{3}{l} \\ \cdots & \cdots & \cdots & \cdots \\ -\dfrac{3}{l} & -\dfrac{3}{l} & \vdots & \dfrac{12}{l^2} \end{bmatrix}$$

其中

$$[K_{bb}] = \frac{2EI}{l}\begin{bmatrix} 4 & 1 \\ 1 & 4 \end{bmatrix}, \qquad [K_{bc}] = \frac{2EI}{l^2}\begin{bmatrix} -3 \\ -3 \end{bmatrix}$$

$$[K_{cb}] = \frac{-6EI}{l^2}\begin{bmatrix} 1 & 1 \end{bmatrix}, \qquad [K_{cc}] = \begin{bmatrix} \dfrac{24EI}{l^3} \end{bmatrix}$$

由式（5-8）得

$$[K_{cc}^{s}] = [K_{cc}] - [K_{cb}][K_{bb}]^{-1}[K_{bc}]$$

$$= \begin{bmatrix} \dfrac{24EI}{l^3} \end{bmatrix} - \begin{bmatrix} -\dfrac{6EI}{l^2} & -\dfrac{6EI}{l^2} \end{bmatrix}\begin{bmatrix} 4 & -1 \\ -1 & 4 \end{bmatrix}\frac{l}{30EI}\begin{bmatrix} -\dfrac{6EI}{l^2} \\ -\dfrac{6EI}{l^2} \end{bmatrix} = \begin{bmatrix} \dfrac{84EI}{5l^3} \end{bmatrix}$$

即

$$[K]^{H} = [K_{cc}^{s}] = \begin{bmatrix} \dfrac{84EI}{5l^3} \end{bmatrix} = \begin{bmatrix} \dfrac{16.8EI}{l^3} \end{bmatrix}$$

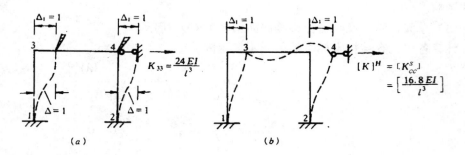

图 5-2

由图 5-2（a）知，缩减自由度前的结点 3、4 因有限制转动的约束，故 $K_{33} = \dfrac{24EI}{l^3}$，经缩减后，结点 3、4 的转角，处于无约束的自由状态，与 K_{33} 相对应的侧移刚度 $[K]^{H} = \begin{bmatrix} \dfrac{16.8EI}{l^3} \end{bmatrix}$，如图 5-2（b）所示。两者显然不同。

例 5-2 求图 5-3（a）所示刚架的侧移刚度矩阵 $[K]^{H}$。各杆长度为 l，EI 等于常数。

解：（1）刚架的侧移刚度矩阵（见图 5-3（b）、（c））为

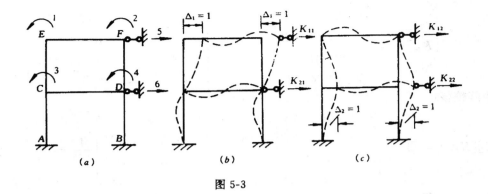

图 5-3

$$[K]^H = \begin{bmatrix} K_{11} & K_{12} \\ K_{21} & K_{22} \end{bmatrix}$$

现按先转角位移，后侧向位移的编码顺序（图 5-3（a）），直接形成结构的刚度矩阵为$\left(\text{设}\dfrac{EI}{l}=1\right)$:

$$[K] = \begin{bmatrix} 8 & 2 & 2 & 0 & \dfrac{6}{l} & -\dfrac{6}{l} \\[2mm] 2 & 8 & 0 & 2 & \dfrac{6}{l} & -\dfrac{6}{l} \\[2mm] 2 & 0 & 12 & 2 & \dfrac{6}{l} & 0 \\[2mm] 0 & 2 & 2 & 12 & \dfrac{6}{l} & 0 \\[2mm] \hline \dfrac{6}{l} & \dfrac{6}{l} & \dfrac{6}{l} & \dfrac{6}{l} & \dfrac{24}{l^2} & -\dfrac{24}{l^2} \\[2mm] -\dfrac{6}{l} & -\dfrac{6}{l} & 0 & 0 & -\dfrac{24}{l^2} & \dfrac{48}{l^2} \end{bmatrix} \tag{5-11}$$

式（5-11）的各分块矩阵是

$$[K_{bb}] = \begin{bmatrix} 8 & 2 & 2 & 0 \\ 2 & 8 & 0 & 2 \\ 2 & 0 & 12 & 2 \\ 0 & 2 & 2 & 12 \end{bmatrix}, \qquad [K_{bc}] = \begin{bmatrix} \dfrac{6}{l} & -\dfrac{6}{l} \\[2mm] \dfrac{6}{l} & -\dfrac{6}{l} \\[2mm] \dfrac{6}{l} & 0 \\[2mm] \dfrac{6}{l} & 0 \end{bmatrix}$$

$$[K_{cb}] = \begin{bmatrix} \dfrac{6}{l} & \dfrac{6}{l} & \dfrac{6}{l} & \dfrac{6}{l} \\[2mm] -\dfrac{6}{l} & -\dfrac{6}{l} & 0 & 0 \end{bmatrix}, \qquad [K_{cc}] = \begin{bmatrix} \dfrac{24}{l^2} & -\dfrac{24}{l^2} \\[2mm] -\dfrac{24}{l^2} & \dfrac{48}{l^2} \end{bmatrix}$$

$$[K_{bb}]^{-1} = \begin{bmatrix} 8 & 2 & 2 & 0 \\ 2 & 8 & 0 & 2 \\ 2 & 0 & 12 & 2 \\ 0 & 2 & 2 & 12 \end{bmatrix}^{-1} = \frac{1}{476} \begin{bmatrix} 67 & -18 & -12 & 5 \\ -18 & 67 & 5 & -12 \\ -12 & 5 & 43 & -8 \\ 5 & -12 & -8 & 43 \end{bmatrix}$$

逆矩阵校核:

$$[K][K]^{-1} = [I] \quad \begin{bmatrix} 8 & 2 & 2 & 0 \\ 2 & 8 & 0 & 2 \\ 2 & 0 & 12 & 2 \\ 0 & 2 & 2 & 12 \end{bmatrix} \begin{bmatrix} 67 & -18 & -12 & 5 \\ -18 & 67 & 5 & -12 \\ -12 & 5 & 43 & -8 \\ 5 & -12 & -8 & 43 \end{bmatrix} \frac{1}{476} = \begin{bmatrix} 1 & 0 & 0 & 0 \\ 0 & 1 & 0 & 0 \\ 0 & 0 & 1 & 0 \\ 0 & 0 & 0 & 1 \end{bmatrix}$$

由式（5-9）得

$$[K_{cc}^s] = [K_{cc}] - [K_{cb}][K_{bb}]^{-1}[K_{bc}]$$

$$= \frac{1}{l^2}\begin{bmatrix} 24 & -24 \\ -24 & 48 \end{bmatrix} - \frac{1}{l}\begin{bmatrix} 6 & 6 & 6 & 6 \\ -6 & -6 & 0 & 0 \end{bmatrix} \begin{bmatrix} 67 & -18 & -12 & 5 \\ -18 & 67 & 5 & 12 \\ -12 & 5 & 43 & -8 \\ 5 & 12 & -8 & 43 \end{bmatrix} \begin{bmatrix} 6 & -6 \\ 6 & -6 \\ 6 & 0 \\ 6 & 0 \end{bmatrix} \frac{1}{476l}$$

$$= \frac{1}{l^2}\begin{bmatrix} 24 & -24 \\ -24 & 48 \end{bmatrix} - \frac{1}{l^2}\begin{bmatrix} 10.59 & -6.35 \\ -6.35 & 7.41 \end{bmatrix} = \frac{1}{l^2}\begin{bmatrix} 13.41 & -17.65 \\ -17.65 & 40.59 \end{bmatrix}$$

即

$$[K]^H = [K_{cc}^s] = \frac{1}{l^2}\begin{bmatrix} 13.41 & -17.65 \\ -17.65 & 40.59 \end{bmatrix}$$

由图 5-4 (a)、(b) 知缩减自由度前的结点 C、D、E、F 均有限制转动的约束，经缩减后结点 C、D、E、F 的转角，处于无约束的自由状态，与 $[K_{cc}]$ 相对应的 $[K]^H$ 如图 5-3 (b)、(c) 所示。比较可知两者明显不同。

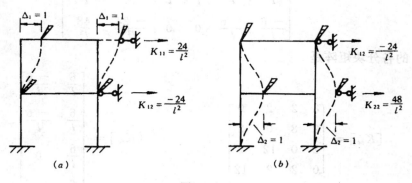

图 5-4

例 5-3 用缩减未知量的方法求图 5-5 (a) 所示刚架在荷载作用下的结点位移向量 $\{\Delta\}_{6\times1}$，考虑弯曲变形和轴向变形的影响，各柱 $EA = 0.5\text{kN}$，$EI = \frac{1}{24}\text{kN} \cdot \text{m}^2$，梁的 $EA = 0.63\text{kN}$，$EI = \frac{1}{12}\text{kN} \cdot \text{m}^2$。已知结构的刚度法方程为：

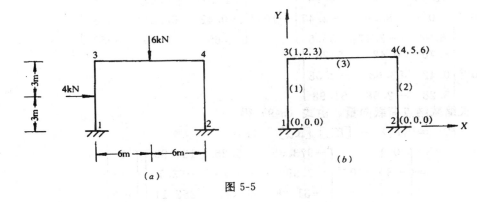

图 5-5

$$10^{-3}\begin{bmatrix} 54.8 & 0 & 6.94 & -52.5 & 0 & 0 \\ 0 & 83.9 & 3.47 & 0 & -0.58 & 3.47 \\ 6.94 & 3.47 & 55.5 & 0 & -3.47 & 13.89 \\ -52.5 & 0 & 0 & 54.8 & 0 & 6.94 \\ 0 & -0.58 & -3.47 & 0 & 83.9 & -3.47 \\ 0 & 3.47 & 13.89 & 6.94 & -3.47 & 55.5 \end{bmatrix} \begin{Bmatrix} \Delta_1 \\ \Delta_2 \\ \Delta_3 \\ \Delta_4 \\ \Delta_5 \\ \Delta_6 \end{Bmatrix} = \begin{Bmatrix} 2 \\ -3 \\ -6 \\ 0 \\ -3 \\ 9 \end{Bmatrix}$$

解：(1) 单元、结点及结点位移编码如图 5-5 (b)。

(2) 由式（5-4）并按结点 3 和 4 分块后可写出各分块矩阵如下：

$$[K_{bb}] = 10^{-3} \begin{bmatrix} 54.8 & 0 & 6.94 \\ 0 & 83.9 & 3.47 \\ 6.94 & 3.47 & 55.5 \end{bmatrix}, \qquad \{\Delta_b\} = \begin{Bmatrix} \Delta_1 \\ \Delta_2 \\ \Delta_3 \end{Bmatrix}$$

$$[K_{bc}] = 10^{-3} \begin{bmatrix} -52.5 & 0 & 0 \\ 0 & -0.58 & 3.47 \\ 0 & -3.47 & 13.89 \end{bmatrix}, \qquad \{\Delta_c\} = \begin{Bmatrix} \Delta_4 \\ \Delta_5 \\ \Delta_6 \end{Bmatrix}$$

$$[K_{cb}] = 10^{-3} \begin{bmatrix} -52.5 & 0 & 0 \\ 0 & -0.58 & -3.47 \\ 0 & 3.47 & 13.89 \end{bmatrix}, \qquad \{P_b\} = \begin{Bmatrix} 2 \\ -3 \\ -6 \end{Bmatrix}$$

$$[K_{cc}] = 10^{-3} \begin{bmatrix} 54.8 & 0 & 6.94 \\ 0 & 83.9 & -3.47 \\ 6.94 & -3.47 & 55.5 \end{bmatrix}, \qquad \{P_c\} = \begin{Bmatrix} 0 \\ -3 \\ 9 \end{Bmatrix}$$

(3) 求 $[K_{bb}]$ 的逆矩阵。

$$[K_{bb}]^{-1} = \begin{bmatrix} 18.54 & 0.10 & -2.32 \\ 0.10 & 11.95 & -0.76 \\ -2.32 & -0.76 & 18.34 \end{bmatrix}$$

(4) 求缩减刚度矩阵。由式（5-8）得

$$[K_{cc}^s] = [K_{cc}] - [K_{cb}][K_{bb}]^{-1}[K_{bc}]$$

$$= 10^{-3} \begin{bmatrix} 54.80 & 0 & 6.94 \\ 0 & 83.9 & -3.47 \\ 6.94 & -3.47 & 55.5 \end{bmatrix} - 10^{-3} \begin{bmatrix} 51.10 & -0.42 & 1.68 \\ -0.42 & 0.22 & -0.89 \\ 1.68 & -0.89 & 3.50 \end{bmatrix}$$

$$= 10^{-3} \begin{bmatrix} 3.70 & 0.42 & 5.28 \\ 0.42 & 83.68 & -2.58 \\ 5.28 & -2.58 & 51.98 \end{bmatrix}$$

（5）求缩减结点荷载向量。由式（5-9）得

$$\{P_c^s\} = \{P_c\} - [K_{cb}][K_{bb}]^{-1}\{P_b\}$$

$$= \begin{Bmatrix} 0 \\ -3 \\ 9 \end{Bmatrix} - 10^{-3} \begin{bmatrix} -973.35 & -5.25 & 121.80 \\ 7.99 & -4.29 & -63.19 \\ -31.88 & 30.91 & 252.11 \end{bmatrix} \begin{Bmatrix} 2 \\ -3 \\ -6 \end{Bmatrix}$$

$$= \begin{Bmatrix} 0 \\ -3 \\ 9 \end{Bmatrix} - \begin{Bmatrix} -2.66 \\ 0.41 \\ -1.67 \end{Bmatrix} = \begin{Bmatrix} 2.66 \\ -3.41 \\ 10.67 \end{Bmatrix}$$

（6）由式（5-10）得

$$\{\Delta_c\} = [K_{cc}^s]^{-1}\{P_c^s\}$$

$$= \begin{bmatrix} 316.39 & -2.59 & -32.31 \\ -2.59 & 11.93 & 0.87 \\ -32.31 & 0.87 & 22.57 \end{bmatrix} \begin{Bmatrix} 2.66 \\ -3.47 \\ 10.67 \end{Bmatrix} = \begin{Bmatrix} 505.84 \\ -39.00 \\ 151.86 \end{Bmatrix}$$

（7）将求得的向量 $\{\Delta_c\}$ 代入式（5-7）得

$$\{\Delta_b\} = -[K_{bb}]^{-1}[K_{bc}]\{\Delta_c\} + [K_{bb}]^{-1}\{P_b\}$$

$$= \begin{Bmatrix} 496.97 \\ 5.61 \\ -98.45 \end{Bmatrix} + \begin{Bmatrix} 50.70 \\ -39.00 \\ -112.40 \end{Bmatrix} = \begin{Bmatrix} 547.67 \\ -33.39 \\ -210.85 \end{Bmatrix}$$

结构的结点位移向量为

$$\{\Delta\} = \begin{Bmatrix} \Delta_b \\ \hdashline \Delta_c \end{Bmatrix} = \begin{Bmatrix} \Delta_1 \\ \Delta_2 \\ \Delta_3 \\ \hdashline \Delta_4 \\ \Delta_5 \\ \Delta_6 \end{Bmatrix} = \begin{Bmatrix} 547.67 \\ -33.39 \\ -210.85 \\ \hdashline 505.84 \\ -39.00 \\ 151.86 \end{Bmatrix}$$

5.2 子结构的应用

用矩阵位移法分析大型复杂结构时，结点位移未知量的数目随之增加，因计算机的内存容量有限常发生存贮上的困难，使计算难以进行。为解决这一矛盾，除了采用不同形式的结构刚度矩阵存贮和方程组求解方法外，也可用子结构法。

5.2.1 子结构的概念

子结构是单元概念的推广和扩大，它是将若干个基本单元组合在一起，形成一个新的结构单元，称这个新结构单元为原结构的子结构（广义单元）。

子结构法就是把一个大型复杂结构划分为若干个较简单的子结构，这些子结构在它们

的公共边界结点上互相连接着。计算时先对各子结构进行分析，确定其刚度特性，然后把全部子结构组合起来，进行整体分析，确定整体结构的刚度特性。在整体分析中不必考虑各子结构内部的未知量，只需考虑结构边界及相邻结构公共边界上的未知量。这样一来，实际计算时可减少未知量的数目，以便用小型计算机分析大的结构。称这种结构分析方法为子结构法。

图 5-6（a）所示刚架，按矩阵位移法求解时，共有 18 个结点位移未知量。若将原刚架

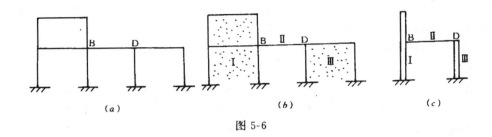

图 5-6

划分为图 5-6（b）所示的三个子结构 Ⅰ、Ⅱ、Ⅲ，则原结构可看成是由上述三个子结构组成的组合体图 5-6（c），该组合体仅有 6 个结点位移未知量。各子结构间相互连接的结点 B、D（图 5-6（c））称为边界公共结点。因此，可将子结构看成是在边界公共结点处互相连接起来的广义单元，而广义单元本身又由若干个杆单元组成。

5.2.2 子结构公共结点的刚度矩阵

现取图 5-6（b）中任意子结构 Ⅰ 分析如下：

按子结构内部结点及界面上公共结点分类后，写出分块形式的平衡方程：

$$\begin{bmatrix} K_{bb}^{\mathrm{I}} & \vdots & K_{bc}^{\mathrm{I}} \\ \cdots & & \cdots \\ K_{cb}^{\mathrm{I}} & \vdots & K_{cc}^{\mathrm{I}} \end{bmatrix} \begin{Bmatrix} \Delta_b^{\mathrm{I}} \\ \Delta_c^{\mathrm{I}} \end{Bmatrix} = \begin{Bmatrix} P_b^{\mathrm{I}} \\ P_c^{\mathrm{I}} \end{Bmatrix} \tag{5-12}$$

式中　上脚标 Ⅰ 表示子结构 Ⅰ；

下脚标 b 表示子结构 Ⅰ 的内部结点；

下脚标 c 表示子结构 Ⅰ 的界面上公共结点。

由于方程式（5-12）的形式与方程式（5-4）相同，故可按前述方法消去子结构内部结点后，由式（5-10）得

$$[K_{cc}^{s}]^{\mathrm{I}} \{\Delta_c\}^{\mathrm{I}} = \{P_c^{s}\}^{\mathrm{I}} \tag{5-13}$$

其中　$[K_{cc}^{s}]^{\mathrm{I}}$——子结构 Ⅰ 的缩减刚度矩阵；

$\{P_c^{s}\}^{\mathrm{I}}$——子结构 Ⅰ 的缩减结点荷载向量。

由式（5-8）和（5-9）得

$$[K_{cc}^{s}]^{\mathrm{I}} = [K_{cc}]^{\mathrm{I}} - [K_{cb}]^{\mathrm{I}} ([K_{bb}]^{\mathrm{I}})^{-1} [K_{bc}]^{\mathrm{I}} \tag{5-14}$$

$$\{P_c^{s}\}^{\mathrm{I}} = \{P_c\}^{\mathrm{I}} - [K_{cb}]^{\mathrm{I}} ([K_{bb}]^{\mathrm{I}})^{-1} \{P_b\}^{\mathrm{I}} \tag{5-15}$$

将式（5-15）代入式（5-13）成为

$$[K_{cc}^{s}]^{\mathrm{I}} \{\Delta_c\}^{\mathrm{I}} = \{P_c\}^{\mathrm{I}} - [K_{cb}]^{\mathrm{I}} ([K_{bb}]^{\mathrm{I}})^{-1} \{P_b\}^{\mathrm{I}} \tag{5-16}$$

令　　　$$\{R_c\}^{\mathrm{I}} = [K_{cb}]^{\mathrm{I}} ([K_{bb}]^{\mathrm{I}})^{-1} \{P_b\}^{\mathrm{I}} \tag{5-17}$$

则 $$[K'_{cc}]^{\mathrm{I}}\{\Delta_c\}^{\mathrm{I}} = \{P_c\}^{\mathrm{I}} - \{R_c\}^{\mathrm{I}} \qquad (5-18)$$

子结构 I 的缩减刚度矩阵 $[K'_{cc}]^{\mathrm{I}}$ 把公共界面上的未知结点位移 $\{\Delta_c\}^{\mathrm{I}}$ 与作用在公共结点上的结点力 $\{P_c\}^{\mathrm{I}}$ 和等效结点力 $-\{R_c\}$ 联系起来。

同理可求出其余各子结构的缩减刚度矩阵，然后按一般形成结构刚度矩阵的方法，集成所有子结构（组合体）的公共结点刚度矩阵。

5.2.3 子结构公共结点的结点荷载

公共结点荷载由两部分组成，一是公共结点上的结点荷载向量 $\{P_c\}^{\mathrm{I}}$；一是与子结构内部结点荷载向量 $\{P_b\}^{\mathrm{I}}$ 对应的公共结点的等效结点荷载 $-\{R_c\}^{\mathrm{I}}$，如式（5-17）所示。

确定等效结点荷载的步骤是：

（1）固定子结构 I 的公共结点，计算子结构 I 在内部结点荷载作用下产生的公共结点约束力 $\{R_c\}^{\mathrm{I}}$。

（2）放松子结构 I 的公共结点，使其达到平衡状态。其过程相当于将约束力 $\{R_c\}^{\mathrm{I}}$ 反作用在公共结点上。称 $-\{R_c\}^{\mathrm{I}}$ 为由子结构内部结点荷载向量 $\{P_b\}^{\mathrm{I}}$ 作用引起的公共结点的等效结点荷载向量。

将作用于公共结点上的荷载向量 $\{P_c\}^{\mathrm{I}}$ 与公共结点的等效结点荷载向量 $-\{R_c\}^{\mathrm{I}}$ 相加，即得到公共结点荷载。

5.2.4 组合体的刚度方程与结点位移

当求出了公共结点的刚度矩阵和公共结点的结点荷载后，即形成了组合体结构的刚度方程为：

$$[K'_{cc}]\{\Delta_c\} = \{P_c\} - \{R_c\} \qquad (5-19)$$

解方程（5-19）得公共结点的位移向量

$$\{\Delta_c\} = [K^s_{cc}]^{-1}(\{P_c\} - \{R_c\}) \qquad (5-20)$$

5.2.5 子结构内部的结点位移与各杆端内力

求出公共结点位移后，便可进而求出各子结构内部结点的位移，子结构 I 的内部结点位移向量为：

$$\{\Delta_b\}^{\mathrm{I}} = -([K_{bb}]^{\mathrm{I}})^{-1}[K_{bc}]^{\mathrm{I}}\{\Delta_c\}^{\mathrm{I}} + ([K_{bb}]^{\mathrm{I}})^{-1}\{P_b\}^{\mathrm{I}} \qquad (5-21)$$

求出全部结点位移后，即可由子结构各单元刚度矩阵计算其杆端内力。

由以上讨论可知、子结构法与一般矩阵位移法都是将整体结构划分为有限个单元，在单元分析的基础上，进行结构的整体分析。求出结点位移和杆端内力。两者不同之处在于一般矩阵位移法的单元通常为一根杆件，而子结构法的单元为广义单元（若干杆单元的组合体）即它们的单元类型不同，然而处理方法却是一致的。

例 5-4 试用子结构法求图 5-7(a) 所示刚架的内力。作出内力图。已知 $EI_1 = 24$，$EA_1 = 240$，$EI_2 = 8$，$EA_2 = 80$，$EI_3 = 27$，$EA_3 = 27$，$EA_4 = 135$。

解：（1）划分子结构

取两侧刚架作为子结构 I 和 II，杆 47 视为子结构 III，并对 I、II 进行单元、结点及结点位移编码，如图 5-7 (b)、(d) 所示。

（2）分析子结构 I

其中结点 3 是内部结点，结点 4 是公共结点。由子结构 I 的各单元刚度矩阵 $[k]^{(e)}$ 可形成子结构 I 的整体刚度矩阵，进而得到整体刚度方程

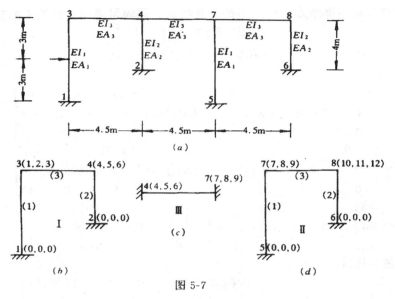

图 5-7

$$\begin{bmatrix} K_{bb}^{\mathrm{I}} & K_{bc}^{\mathrm{I}} \\ K_{cb}^{\mathrm{I}} & K_{cc}^{\mathrm{I}} \end{bmatrix} \begin{Bmatrix} \Delta_b^{\mathrm{I}} \\ \Delta_c^{\mathrm{I}} \end{Bmatrix} = \begin{Bmatrix} P_b^{\mathrm{I}} \\ P_c^{\mathrm{I}} \end{Bmatrix} \tag{5-22}$$

其中：

$$[K_{bb}]^{\mathrm{I}} = \begin{bmatrix} 61.33 & 0 & 4 \\ 0 & 43.56 & 8 \\ 4 & 8 & 40 \end{bmatrix}, \qquad [K_{bc}]^{\mathrm{I}} = \begin{bmatrix} -60 & 0 & 0 \\ 0 & -3.56 & 8 \\ 0 & -8 & 12 \end{bmatrix}$$

$$[K_{cb}]^{\mathrm{I}} = \begin{bmatrix} -60 & 0 & 0 \\ 0 & -3.56 & -8 \\ 0 & 8 & 12 \end{bmatrix}, \qquad [K_{cc}]^{\mathrm{I}} = \begin{bmatrix} 61.5 & 0 & 3.0 \\ 0 & 23.56 & -8 \\ 3 & -8 & 32 \end{bmatrix}$$

$$\{\Delta_b\}^{\mathrm{I}} = \begin{Bmatrix} \Delta_1 \\ \Delta_2 \\ \Delta_3 \end{Bmatrix}, \ \{\Delta_c\}^{\mathrm{I}} = \begin{Bmatrix} \Delta_4 \\ \Delta_5 \\ \Delta_6 \end{Bmatrix}, \ \{P_b\}^{\mathrm{I}} = \begin{Bmatrix} 5 \\ 0 \\ 7.5 \end{Bmatrix}, \ \{P_c\}^{\mathrm{I}} = \begin{Bmatrix} 0 \\ 0 \\ 0 \end{Bmatrix}$$

$[K_{bb}]^{\mathrm{I}}$ 的逆矩阵为

$$([K_{bb}]^{\mathrm{I}})^{-1} = \begin{bmatrix} 0.01642 & 0.000313 & -0.001704 \\ 0.000313 & 0.02384 & -0.004799 \\ -0.001704 & -0.004799 & 0.02613 \end{bmatrix}$$

子结构 I 的缩减刚度矩阵为

$$[K_{cc}']^{\mathrm{I}} = [K_{cc}]^{\mathrm{I}} - [K_{cb}]^{\mathrm{I}}([K_{bb}]^{\mathrm{I}})^{-1}[K_{bc}]^{\mathrm{I}}$$

$$= \begin{bmatrix} 2.401 & -0.751 & 1.923 \\ -0.751 & 21.859 & -5.323 \\ 1.923 & -5.325 & 27.634 \end{bmatrix} \begin{matrix} 4 \\ 5 \\ 6 \end{matrix}$$

（3）分析子结构 Ⅱ

其中结点 8 是内部结点，结点 7 是公共结点。同理可得到子结构 Ⅱ 的整体刚度方程

$$\begin{bmatrix} K_{bb}^{\text{II}} & K_{bc}^{\text{II}} \\ K_{cb}^{\text{II}} & K_{cc}^{\text{II}} \end{bmatrix} \begin{Bmatrix} \Delta_b^{\text{II}} \\ \Delta_c^{\text{II}} \end{Bmatrix} = \begin{Bmatrix} P_b^{\text{II}} \\ P_c^{\text{II}} \end{Bmatrix} \tag{5-23}$$

其中

$$[K_{bb}]^{\text{II}} = \begin{bmatrix} 61.5 & 0 & 3 \\ 0 & 23.56 & -8 \\ 3 & -8 & 32 \end{bmatrix}, \qquad [K_{bc}]^{\text{II}} = \begin{bmatrix} -60 & 0 & 0 \\ 0 & -3.56 & -8 \\ 0 & 8 & 12 \end{bmatrix}$$

$$[K_{cb}]^{\text{II}} = \begin{bmatrix} -60 & 0 & 0 \\ 0 & -3.56 & 8 \\ 0 & -8 & 12 \end{bmatrix}, \qquad [K_{cc}]^{\text{II}} = \begin{bmatrix} 61.33 & 0 & 4 \\ 0 & 43.56 & 8 \\ 4 & 8 & 40 \end{bmatrix}$$

$$\{\Delta_b\}^{\text{II}} = \begin{Bmatrix} \Delta_{10} \\ \Delta_{11} \\ \Delta_{12} \end{Bmatrix}, \quad \{\Delta_c\}^{\text{II}} = \begin{Bmatrix} \Delta_7 \\ \Delta_8 \\ \Delta_9 \end{Bmatrix}, \quad \{P_b\}^{\text{II}} = \begin{Bmatrix} 0 \\ 0 \\ 0 \end{Bmatrix}, \quad \{P_c\}^{\text{II}} = \begin{Bmatrix} 0 \\ 0 \\ 0 \end{Bmatrix}$$

$[K_{bb}]^{\text{II}}$ 的逆矩阵为

$$([K_{bb}]^{\text{II}})^{-1} = \begin{bmatrix} 0.01634 & -0.00057 & -0.00167 \\ -0.00057 & 0.04640 & 0.01165 \\ -0.00167 & 0.01165 & 0.03432 \end{bmatrix}$$

子结构 Ⅱ 的缩减刚度矩阵为

$$[K_{cc}^s]^{\text{II}} = [K_{cc}]^{\text{II}} - [K_{cb}]^{\text{II}}([K_{bb}]^{\text{II}})^{-1}[K_{bc}]^{\text{II}}$$

$$= \begin{bmatrix} 2.4998 & 0.6821 & 3.0675 \\ 0.6821 & 41.4393 & 4.6275 \\ 3.0675 & 4.6275 & 34.3259 \end{bmatrix} \begin{matrix} 7 \\ 8 \\ 9 \end{matrix}$$

（4）子结构 Ⅲ

因子结构 Ⅲ 为一般杆单元，其单元刚度矩阵 $[K]^{\text{III}}$ 和结点荷载向量 $\{P\}^{\text{III}}$ 分别为

$$[K]^{\text{III}} = \begin{bmatrix} 30 & 0 & 0 & -30 & 0 & 0 \\ 0 & 3.556 & 8 & 0 & -3.556 & 8 \\ 0 & 8 & 24 & 0 & -8 & 12 \\ -30 & 0 & 0 & 30 & 0 & 0 \\ 0 & -3.556 & -8 & 0 & 3.556 & -8 \\ 0 & 8 & 12 & 0 & -8 & 24 \end{bmatrix} \begin{matrix} 4 \\ 5 \\ 6 \\ 7 \\ 8 \\ 9 \end{matrix} \qquad \{P\}^{\text{III}} = \begin{Bmatrix} 0 \\ 0 \\ 0 \\ 0 \\ 0 \\ 0 \end{Bmatrix} \begin{matrix} 4 \\ 5 \\ 6 \\ 7 \\ 8 \\ 9 \end{matrix}$$

（5）建立公共结点的结点荷载向量

由式（5-15）得

$$\{P_c^s\}^{\text{I}} = \{P_c\}^{\text{I}} - [K_{cb}]^{\text{I}}([K_{bb}]^{\text{I}})^{-1}\{P_b\}^{\text{I}}$$

$$= \begin{Bmatrix} 0 \\ 0 \\ 0 \end{Bmatrix} - \begin{bmatrix} -60 & 0 & 0 \\ 0 & -3.56 & -8 \\ 0 & 8 & 12 \end{bmatrix} \begin{bmatrix} 0.016420 & 0.000313 & -0.001704 \\ 0.000313 & 0.023840 & -0.004799 \\ -0.001704 & -0.004799 & 0.026130 \end{bmatrix} \begin{Bmatrix} 5 \\ 0 \\ 7.5 \end{Bmatrix}$$

$$= -\begin{bmatrix} -0.98520 & -0.01878 & 0.10224 \\ 0.01252 & -0.08103 & -0.1920 \\ -0.01794 & 0.13313 & 0.27517 \end{bmatrix} \begin{Bmatrix} 5 \\ 0 \\ 7.5 \end{Bmatrix} = \begin{Bmatrix} +4.159 \\ +1.377 \\ -1.974 \end{Bmatrix} \begin{matrix} 4 \\ 5 \\ 6 \end{matrix}$$

$$\{P_c^t\}^{II} = \begin{Bmatrix} 0 \\ 0 \\ 0 \end{Bmatrix} - \begin{bmatrix} -60 & 0 & 0 \\ 0 & -3.56 & 8 \\ 0 & -8 & 12 \end{bmatrix} \begin{bmatrix} 0.01634 & -0.00057 & -0.00167 \\ -0.00057 & 0.04640 & 0.01165 \\ -0.00167 & 0.01165 & 0.03432 \end{bmatrix} \begin{Bmatrix} 0 \\ 0 \\ 0 \end{Bmatrix}$$

$$= \begin{Bmatrix} 0 \\ 0 \\ 0 \end{Bmatrix} \begin{matrix} 7 \\ 8 \\ 9 \end{matrix}$$

结构的公共结点荷载向量

$$\{P_c^t\} = \begin{bmatrix} 4.159 & 1.377 & -1.974 & 0 & 0 & 0 \end{bmatrix}^T$$

（6）建立公共结点平衡方程

将各子结构公共结点的缩减刚度矩阵，按对号入座，同号叠加的方法直接集成子结构组合体的刚度矩阵，并由式（5-19）得

$$\begin{bmatrix} 32.401 & -0.751 & 1.923 & -30 & 0 & 0 \\ -0.751 & 25.415 & 2.677 & 0 & -3.556 & 8 \\ 1.923 & 2.667 & 51.634 & 0 & -8 & 12 \\ -30 & 0 & 0 & 32.499 & 0.682 & 3.067 \\ 0 & -3.556 & -8 & 0.682 & 44.995 & -3.373 \\ 0 & 8 & 12 & 3.067 & -3.373 & 58.326 \end{bmatrix} \begin{Bmatrix} \Delta_4 \\ \Delta_5 \\ \Delta_6 \\ \Delta_7 \\ \Delta_8 \\ \Delta_9 \end{Bmatrix} = \begin{Bmatrix} 4.159 \\ 1.377 \\ -1.974 \\ 0 \\ 0 \\ 0 \end{Bmatrix}$$

（7）解方程得

$$\{\Delta_c\} = \begin{bmatrix} \Delta_4 & \Delta_5 & \Delta_6 & \Delta_7 & \Delta_8 & \Delta_9 \end{bmatrix}^T$$

$$= \begin{bmatrix} 0.925 & 0.046 & -0.066 & 0.857 & 0.002 & -0.038 \end{bmatrix}^T$$

（8）计算各子结构内部结点位移向量

子结构 I：

已知

$$\{\Delta_c\}^I = \begin{Bmatrix} 0.925 \\ 0.046 \\ -0.066 \end{Bmatrix}, \quad 由式（5-21）得$$

$$\{\Delta_b\}^I = -([K_{bb}]^I)^{-1}[K_{bc}]^I \{\Delta_c\}^I + ([K_{bb}]^I)^{-1} \{P_b\}^I = \begin{Bmatrix} 0.978 \\ -0.006 \\ 0.120 \end{Bmatrix}$$

子结构 II：

已知

$$\{\Delta_c\}^{II} = \begin{Bmatrix} 0.857 \\ 0.002 \\ -0.038 \end{Bmatrix}, \quad 由式（5-21）得$$

$$\{\Delta_b\}^{II} = -([K_{bb}]^{II})^{-1}[K_{bc}]^{II} \{\Delta_c\}^{II} + ([K_{bb}]^{II})^{-1} \{P_b\}^{II}$$

$$= \begin{Bmatrix} 0.840 \\ -0.038 \\ -0.075 \end{Bmatrix}$$

（9）计算各杆内力、绘制内力图

当求出各杆端位移后，即可按常规方法求出各杆端内力（计算过程略），进而作出内力图如图 5-8 (a)、(b)、(c) 所示。

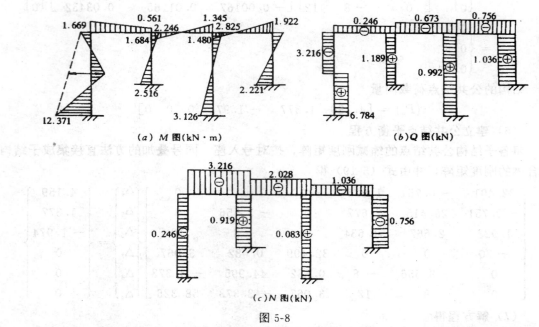

(a) M 图(kN·m)

(b) Q 图(kN)

(c) N 图(kN)

图 5-8

通过本例的分析可以看出，应用子结构可以使方程组降阶，即可把一个高阶方程组降为若干个较低阶的方程组分别求解。求子结构的公共结点刚度矩阵和结点荷载向量以及子结构内部的结点位移的计算公式均与子结构本身的整体刚度矩阵有关。各种不同类型子结构的计算公式统一，方法相同。便于编制通用的计算机程序。

5.3 弹性支座及斜支座的处理

5.3.1 弹性支座

当结构上有弹性支座约束时，可将其弹性约束看成是沿约束方向的一个弹簧。弹性约束可分为弹性线位移约束（图 5-9 (a)、(b)）和弹性角位移约束（图 5-9 (c)）两类。在外力作用下，弹性支座将发生弹性变形。由弹性支座变形引起的支座结点位移，不仅与受力大小有关，而且与弹簧本身的刚度有关。有弹性支座约束的结构，一般有两种分析方法。

A 将弹性支座约束视为结构中的一个单元

弹性支座的弹簧刚度即为该单元的刚度。图 5-10 (a) 所示平面刚架结构，各杆 EI 相同，长为 l，弹簧刚度为 k，不计轴向变形影响，试计算结构刚度矩阵 [K]。

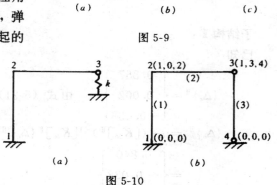

图 5-9

图 5-10

106

将结点 3 的弹簧支座视为单元(3)，结构的单元及结点位移编码如图 5-10 (b) 所示。单元 (3) 的刚度 $EA/l=k$。现写出图 5-10 (b) 中与非零结点位移对应的各单元刚度矩阵为

$$[k]^{(1)} = \begin{bmatrix} \dfrac{12EI}{l^3} & \dfrac{6EI}{l^2} \\[3mm] \dfrac{6EI}{l^2} & \dfrac{4EI}{l} \end{bmatrix} \begin{matrix} 1 \\[3mm] 2 \end{matrix}$$

$$\begin{matrix} 1 & \quad 2 & \quad \{\lambda\}^{(1)} \end{matrix}$$

$$\begin{matrix} 0 & \quad 2 & \quad 3 & \quad 4 & \quad \{\lambda\}^{(2)} \end{matrix}$$

$$[k]^{(2)} = \begin{bmatrix} \dfrac{12EI}{l^3} & \dfrac{6EI}{l^2} & -\dfrac{12EI}{l^3} & \dfrac{6EI}{l^2} \\[3mm] \dfrac{6EI}{l^2} & \dfrac{4EI}{l} & -\dfrac{6EI}{l^2} & \dfrac{4EI}{l} \\[3mm] -\dfrac{12EI}{l^3} & -\dfrac{6EI}{l^2} & \dfrac{12EI}{l^3} & -\dfrac{6EI}{l^2} \\[3mm] \dfrac{6EI}{l^2} & \dfrac{2EI}{l} & -\dfrac{6EI}{l^2} & \dfrac{4EI}{l} \end{bmatrix} \begin{matrix} 0 \\[3mm] 2 \\[3mm] 3 \\[3mm] 4 \end{matrix}$$

$$\begin{matrix} 3 & \{\lambda\}^{(3)} \end{matrix}$$
$$[k]^{(3)} = [k] \quad 3$$

将上述各单元刚度系数按"对号入座，同号叠加"的方法，即可形成图 5-10 (a) 所示有弹性支座刚架的结构刚度矩阵为

$$\begin{matrix} 1 & \quad 2 & \quad 3 & \quad 4 & \quad 总码 \end{matrix}$$

$$[K] = \begin{bmatrix} \dfrac{12EI}{l^3} & \dfrac{6EI}{l^2} & 0 & 0 \\[3mm] \dfrac{6EI}{l^2} & \dfrac{8EI}{l} & -\dfrac{6EI}{l^2} & \dfrac{2EI}{l} \\[3mm] 0 & -\dfrac{6EI}{l^2} & \left(\dfrac{12EI}{l^3}+k\right) & -\dfrac{6EI}{l^2} \\[3mm] 0 & \dfrac{2EI}{l} & -\dfrac{6EI}{l^2} & \dfrac{4EI}{l} \end{bmatrix} \begin{matrix} 1 \\[3mm] 2 \\[3mm] 3 \\[3mm] 4 \end{matrix}$$

其余计算同一般矩阵位移法。

B 直接修改刚度矩阵的方法

在矩阵位移法中，弹性支座仅对结构刚度矩阵 $[K]$ 中的主系数（位于主对角线上的系数）有影响，而对刚度法方程的其他项无影响。故亦可对弹性支座作如下的处理。

（1）去掉弹性支座，允许结构沿弹性约束方向自由发生位移，求出无弹性约束时的结构刚度矩阵。

（2）修改上述结构刚度矩阵，在与弹性支座结点位移码对应的主系数上，加上弹性支座的弹簧刚度，就形成了有弹性支座结构的结构刚度矩阵。

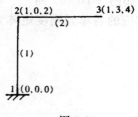

图 5-11

其余刚度系数及结构的荷载向量均不作修改。

现用直接修改刚度矩阵的方法对图 5-10（a）所示刚架的结构刚度矩阵 [K] 重新计算如下：

（1）去掉弹性支座，求出无弹性约束时的结构刚度矩阵，并对其统一编码如图 5-11 所示。

单元（1）、（2）在结构坐标下的单元刚度矩阵 [k]$^{(e)}$ 均同前。

按常规方法形成的结构刚度矩阵为

$$
[K] = \begin{bmatrix}
\dfrac{12EI}{l^3} & \dfrac{6EI}{l^2} & 0 & 0 \\[2mm]
\dfrac{6EI}{l^2} & \dfrac{8EI}{l} & -\dfrac{6EI}{l^2} & \dfrac{2EI}{l} \\[2mm]
0 & -\dfrac{6EI}{l^2} & \dfrac{12EI}{l^3} & -\dfrac{6EI}{l^2} \\[2mm]
0 & \dfrac{2EI}{l} & -\dfrac{6EI}{l^2} & \dfrac{4EI}{l}
\end{bmatrix}
\begin{matrix} 1 \\ 2 \\ 3 \\ 4 \end{matrix}
$$

$$
\begin{matrix} 1 & 2 & 3 & 4 & \text{总码} \end{matrix}
$$

（2）修改上述结构刚度矩阵 [K]。在与弹性支座约束对应的结点位移 3 的主系数 k_{33} 上加上该弹簧的刚度 k 后，即得所求刚度矩阵为

$$
\begin{matrix} 1 & 2 & 3 & 4 & \text{总码} \end{matrix}
$$

$$
[K] = \begin{bmatrix}
\dfrac{12EI}{l^3} & \dfrac{6EI}{l^2} & 0 & 0 \\[2mm]
\dfrac{6EI}{l^2} & \dfrac{8EI}{l} & -\dfrac{6EI}{l^2} & \dfrac{2EI}{l} \\[2mm]
0 & -\dfrac{6EI}{l^2} & \left(\dfrac{12EI}{l^3}+k\right) & -\dfrac{6EI}{l^2} \\[2mm]
0 & \dfrac{2EI}{l} & -\dfrac{6EI}{l^2} & \dfrac{4EI}{l}
\end{bmatrix}
\begin{matrix} 1 \\ 2 \\ 3 \\ 4 \end{matrix}
$$

图 5-12（a）所示连续梁，结点 3 为弹性转动约束，弹性转动刚度为 k。试形成结构刚度矩阵。

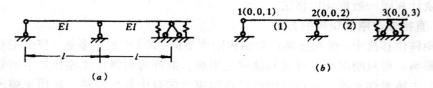

图 5-12

（1）先形成无弹性约束时的结构刚度矩阵 [K]

$$[k]^{(1)} = \begin{bmatrix} \dfrac{4EI}{l} & \dfrac{2EI}{l} \\ \dfrac{2EI}{l} & \dfrac{4EI}{l} \end{bmatrix} \begin{matrix} 1 \\ 2 \end{matrix} , \qquad [k]^{(2)} = \begin{bmatrix} \dfrac{4EI}{l} & \dfrac{2EI}{l} \\ \dfrac{2EI}{l} & \dfrac{4EI}{l} \end{bmatrix} \begin{matrix} 2 \\ 3 \end{matrix}$$

（列标号）$1 \quad 2 \quad \{\lambda\}^{(1)}$ ， $2 \quad 3 \quad \{\lambda\}^{(2)}$

$$\overset{\displaystyle 1 \qquad 2 \qquad 3 \qquad 总码}{[K] = \begin{bmatrix} \dfrac{4EI}{l} & \dfrac{2EI}{l} & 0 \\ \dfrac{2EI}{l} & \dfrac{8EI}{l} & \dfrac{2EI}{l} \\ 0 & \dfrac{2EI}{l} & \dfrac{4EI}{l} \end{bmatrix}} \begin{matrix} 1 \\ 2 \\ 3 \end{matrix}$$

（2）修改刚度矩阵 $[K]$，经修改后 $[K]$ 成为

$$[K] = \begin{bmatrix} \dfrac{4EI}{l} & \dfrac{2EI}{l} & 0 \\ \dfrac{2EI}{l} & \dfrac{8EI}{l} & \dfrac{2EI}{l} \\ 0 & \dfrac{2EI}{l} & \left(\dfrac{4EI}{l} + k\right) \end{bmatrix}$$

上述对弹性支座的两种处理方法其效果是相同的，电算时，采用第一种方法，则不需对计算源程序进行修改；而用第二种方法，则需对计算源程序作适当修改。

5.3.2 斜支座的处理

在桁架结构中，除了常见的与结构坐标系 X、Y 轴方向平行的支座外，有时还会遇到支承方向与 X、Y 轴均不平行的斜支座，如图 5-13（a）所示的右端铰支座就是斜支座。通常情况，在斜支座结点上，沿斜支座约束方向不产生结点位移。斜支座与基础连接的下部结点沿 X、Y 方向位移为零，而斜支座与结构连接的上部结点沿 X、Y 方向有非零的结点位移。所以对斜支座可作如下的处理。

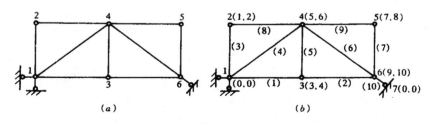

图 5-13

（1）把斜支座视为结构的一个单元，该单元的拉压刚度为无限大。

（2）斜支座的上部结点（图 5-13（a）中编码为 6）为可动结点；下部结点（编码为 7）为不动的支座结点。

经上述处理后，原结构（图5-13（a））的单元、结点及结点位移编码如图5-13（b）所示。计算时斜支座单元的拉压刚度 EA 可取一个大数（视计算机容量和计算精度适当选取）。这种对斜支座的处理方法，规律简单，对各种类型的平面结构均适用。也不需对计算源程序进行修改。

5.4 支座位移、温度改变时的计算

超静定结构由于有多余联系，在受到支座位移或温度改变作用时，一般将使结构产生支座反力和内力，这是超静定结构的特性之一。用矩阵位移法求解时，基本未知量、刚度法方程以及解题步骤都与荷载作用时一样，所不同的只是单元固端力一项，即把由荷载作用产生的单元固端力改换为由广义荷载（支座位移、温度改变）作用产生的单元固端力。以下通过例题分别介绍具体计算方法。

5.4.1 支座位移时的计算

例5-4 求图5-14（a）所示连续梁支座 C 下沉 Δ_c 时的内力。已知各杆长度为 l、i 相同。

解：结构统一编码如图5-14（b）所示。

（1）建立刚度法方程

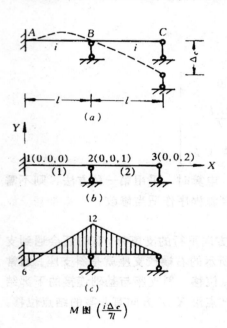

图 5-14

$$[k]^{(1)} = \begin{matrix} & 0 & 1 & \{\lambda\}^{(1)} \\ & \begin{bmatrix} 4i & 2i \\ 2i & 4i \end{bmatrix} & \begin{matrix} 0 \\ 1 \end{matrix} \end{matrix}$$

$$[k]^{(2)} = \begin{matrix} & 1 & 2 & \{\lambda\}^{(2)} \\ & \begin{bmatrix} 4i & 2i \\ 2i & 4i \end{bmatrix} & \begin{matrix} 1 \\ 2 \end{matrix} \end{matrix}$$

$$[K] = \begin{matrix} & 1 & 2 & 总码 \\ & \begin{bmatrix} 8i & 2i \\ 2i & 4i \end{bmatrix} & \begin{matrix} 1 \\ 2 \end{matrix} \end{matrix}$$

$$\{F_0\}^{(1)} = \begin{Bmatrix} 0 \\ 0 \end{Bmatrix}$$

$$\{F_0\}^{(2)} = \begin{Bmatrix} -\dfrac{6i}{l} \\ -\dfrac{6i}{l} \end{Bmatrix} (-\Delta_c) = \begin{Bmatrix} \dfrac{6i}{l}\Delta_c \\ \dfrac{6i}{l}\Delta_c \end{Bmatrix}, \quad \{P\} = -\begin{Bmatrix} \dfrac{6i\Delta_c}{l} \\ \dfrac{6i\Delta_c}{l} \end{Bmatrix}$$

$$\begin{bmatrix} 8i & 2i \\ 2i & 4i \end{bmatrix} \begin{Bmatrix} \Delta_1 \\ \Delta_2 \end{Bmatrix} = \begin{Bmatrix} -\dfrac{6i\Delta_c}{l} \\ -\dfrac{6i\Delta_c}{l} \end{Bmatrix} \tag{5-24}$$

（2）解方程式（5-24）得

110

$$\begin{Bmatrix} \Delta_1 \\ \Delta_2 \end{Bmatrix} = \begin{bmatrix} 8i & 2i \\ 2i & 4i \end{bmatrix}^{-1} \begin{Bmatrix} -\dfrac{6i\Delta_c}{l} \\ -\dfrac{6i\Delta_c}{l} \end{Bmatrix} = \dfrac{1}{14i} \begin{bmatrix} 2 & -1 \\ -1 & 4 \end{bmatrix} \begin{Bmatrix} -\dfrac{6i\Delta_c}{l} \\ -\dfrac{6i\Delta_c}{l} \end{Bmatrix} = \begin{Bmatrix} -\dfrac{3\Delta_c}{7l} \\ -\dfrac{9\Delta_c}{7l} \end{Bmatrix}$$

（3）杆端弯矩和弯矩图

$$\{F\}^{(1)} = \begin{Bmatrix} 0 \\ 0 \end{Bmatrix} + \begin{bmatrix} 4i & 2i \\ 2i & 4i \end{bmatrix} \begin{Bmatrix} 0 \\ -\dfrac{3\Delta_c}{7l} \end{Bmatrix} = \begin{Bmatrix} -\dfrac{6i\Delta_c}{7l} \\ -\dfrac{12i\Delta_c}{7l} \end{Bmatrix}$$

$$\{F\}^{(2)} = \begin{Bmatrix} \dfrac{6i\Delta_c}{l} \\ \dfrac{6i\Delta_c}{l} \end{Bmatrix} + \begin{bmatrix} 4i & 2i \\ 2i & 4i \end{bmatrix} \begin{Bmatrix} -\dfrac{3\Delta_c}{7l} \\ -\dfrac{9\Delta_c}{7l} \end{Bmatrix} = \begin{Bmatrix} \dfrac{12i\Delta_c}{7l} \\ 0 \end{Bmatrix}$$

弯矩图如图 5-14（c）所示。

5.4.2 温度改变时的计算

结构受温度改变作用时的计算与支座位移时的计算基本相同，不同的只是温度改变引起杆件轴向变形的影响不能忽略，因为这种轴向变形会使结点产生已知线位移，使杆单元端部产生垂直于杆轴方向的横向位移从而引起一部分固端弯矩；另外杆件两侧的温差引起的弯曲变形也会产生一部分固端弯矩，这两部分固端弯矩相迭加就形成了总固端弯矩。其余步骤与荷载作用下计算相同。

例 5-5 求图 5-15（a）所示刚架受温度改变作用，求弯矩图。已知各杆 EI＝常数，截面为矩形，高度为 $h=l/10$，线胀系数为 α。

解：设 $i=EI/l$，为减少未知量数目，视杆单元（2）、（3）为一端固定、一端铰支单元。立柱单元（1）、（2）伸长（或缩短）时因不受约束，故不产生内力。所以结构独立的结点位移为柱顶的水平线位移 Δ_1 和结点 1 的角位移 Δ_2。结构的统一编码如图 5-15（b）所示。

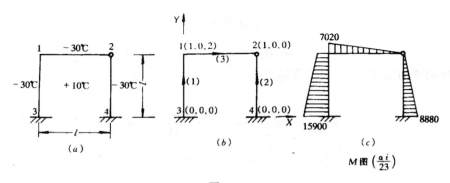

图 5-15

（1）建立刚度法方程

111

$$
[k]^{(1)} = \begin{array}{c} \\ \end{array}
\begin{array}{cccc}
0 & 0 & 1 & 2 \quad \{\lambda\}^{(1)} \\
\end{array}
\left[\begin{array}{cccc}
\dfrac{12i}{l^2} & -\dfrac{6i}{l} & -\dfrac{12i}{l^2} & -\dfrac{6i}{l} \\[2mm]
-\dfrac{6i}{l} & 4i & \dfrac{6i}{l} & 2i \\[2mm]
-\dfrac{12i}{l^2} & \dfrac{6i}{l} & \dfrac{12i}{l^2} & \dfrac{6i}{l} \\[2mm]
-\dfrac{6i}{l} & 2i & \dfrac{6i}{l} & 4i
\end{array}\right]
\begin{array}{c} 0 \\ 0 \\ 1 \\ 2 \end{array}
, \quad
[k]^{(2)} =
\begin{array}{ccc}
0 & 0 & 1 \quad \{\lambda\}^{(2)} \\
\end{array}
\left[\begin{array}{ccc}
\dfrac{3i}{l^2} & -\dfrac{3i}{l} & -\dfrac{3i}{l} \\[2mm]
-\dfrac{3i}{l} & 3i & \dfrac{3i}{l} \\[2mm]
-\dfrac{3i}{l} & \dfrac{3i}{l} & \dfrac{3i}{l^2}
\end{array}\right]
\begin{array}{c} 0 \\ 0 \\ 1 \end{array}
$$

$$
[k]^{(3)} =
\begin{array}{ccc}
0 & 2 & 0 \quad \{\lambda\}^{(3)} \\
\end{array}
\left[\begin{array}{ccc}
\dfrac{3i}{l^2} & \dfrac{3i}{l} & -\dfrac{3i}{l^2} \\[2mm]
\dfrac{3i}{l} & 3i & -\dfrac{3i}{l} \\[2mm]
-\dfrac{3i}{l^2} & -\dfrac{3i}{l} & \dfrac{3i}{l^2}
\end{array}\right]
\begin{array}{c} 0 \\ 2 \\ 0 \end{array}
, \quad
[K] =
\begin{array}{cc}
1 & 2 \quad 总码 \\
\end{array}
\left[\begin{array}{cc}
\dfrac{15i}{l^2} & \dfrac{6i}{l} \\[2mm]
\dfrac{6i}{l} & 7i
\end{array}\right]
\begin{array}{c} 1 \\ 2 \end{array}
$$

单元固端力

$$t_0 = \frac{t_1 + t_2}{2} = \frac{-30 + 10}{2} = -10°; \quad \Delta t_1 = 10 - (-30) = 40°;$$

$$\Delta t_2 = -30 - 10 = -40°;$$

$$\Delta t_3 = 10 - (-30) = 40°$$

①轴线处平均温度改变量 t_0 引起的固端弯矩

各杆两端相对线位移

$$\Delta_{13} = t_0 \alpha l = -10\alpha l$$

$$\Delta_{24} = 0, \quad \Delta_{12} = 0$$

固端弯矩

$$\left.\begin{array}{l}
M_{13} = M_{31} = \dfrac{6i}{l}\Delta_{13} = 60\alpha i \\[3mm]
M_{21} = M_{24} = 0
\end{array}\right\} \tag{5-25}$$

②杆件两侧温度差 Δt 引起的固端弯矩

$$\left.\begin{array}{l}
M_{13} = -M_{31} = \dfrac{-EI\alpha\Delta t_1}{h} = \dfrac{-EI\alpha \cdot 40}{l/10} = -400\alpha i \\[3mm]
M_{12} = \dfrac{3EI\alpha\Delta t_3}{2h} = \dfrac{3EI\alpha \cdot 40}{2l/10} = 600\alpha i \\[3mm]
M_{42} = \dfrac{3EI\alpha\Delta t_2}{2h} = \dfrac{3EI\alpha \cdot (-40)}{2l/10} = -600\alpha i
\end{array}\right\} \tag{5-26}$$

式 5-25、5-26 对应迭加得总固端弯矩为

$$\left.\begin{aligned}
M_{13} &= 60\alpha i - 400\alpha i = -340\alpha i \\
M_{31} &= 60\alpha i + 400\alpha i = 460\alpha i \\
M_{12} &= 600\alpha i \\
M_{42} &= -600\alpha i
\end{aligned}\right\} \quad (5\text{-}27)$$

由总固端弯矩值（式 5-27）可求得固端剪力分别为：

$$\left.\begin{aligned}
Q_{13} = -Q_{31} &= \frac{460\alpha i - 340\alpha i}{l} = \frac{120\alpha i}{l} \\
Q_{24} = -Q_{42} &= \frac{-600\alpha i}{l} \\
Q_{12} = Q_{21} &= \frac{600\alpha i}{l}
\end{aligned}\right\} \quad (5\text{-}28)$$

由式 5-27、5-28 中有关固端力，可求得结构结点荷载向量为

$$\{P\} = -\left\{\begin{array}{c} \dfrac{120\alpha i}{l} - \dfrac{600\alpha i}{l} + 0 \\[2mm] -340\alpha i + 0 + 600\alpha i \end{array}\right\} = \left\{\begin{array}{c} \dfrac{480\alpha i}{l} \\[2mm] -260\alpha i \end{array}\right\}$$

结构的刚度方程为

$$\begin{bmatrix} \dfrac{15i}{l^2} & \dfrac{6i}{l} \\[3mm] \dfrac{6i}{l} & 7i \end{bmatrix} \left\{\begin{array}{c} \Delta_1 \\[2mm] \Delta_2 \end{array}\right\} = \left\{\begin{array}{c} \dfrac{480\alpha i}{l} \\[2mm] -260\alpha i \end{array}\right\} \quad (5\text{-}29)$$

（2）由解方程式（5-29）得

$$\left\{\begin{array}{c} \Delta_1 \\[2mm] \Delta_2 \end{array}\right\} = \begin{bmatrix} \dfrac{15i}{l^2} & \dfrac{6i}{l} \\[3mm] \dfrac{6i}{l} & 7i \end{bmatrix}^{-1} \left\{\begin{array}{c} \dfrac{480\alpha i}{l} \\[2mm] -260\alpha i \end{array}\right\} = \frac{l^2}{69i^2}\begin{bmatrix} 7i & \dfrac{-6i}{l} \\[3mm] \dfrac{-6i}{l} & \dfrac{15i}{l^2} \end{bmatrix} \left\{\begin{array}{c} \dfrac{480\alpha i}{l} \\[2mm] -260\alpha i \end{array}\right\} = \left\{\begin{array}{c} \dfrac{1640\alpha l}{23} \\[2mm] \dfrac{-2260\alpha}{23} \end{array}\right\}$$

（3）单元杆端内力

$$\{F\}^{(1)} = \left\{\begin{array}{c} \dfrac{-120\alpha i}{l} \\[2mm] 460\alpha i \\[2mm] \dfrac{120\alpha i}{l} \\[2mm] -340\alpha i \end{array}\right\} + \begin{bmatrix} \dfrac{12i}{l^2} & \dfrac{-6i}{l} & \dfrac{-12i}{l^2} & \dfrac{-6i}{l} \\[3mm] \dfrac{-6i}{l} & 4i & \dfrac{6i}{l} & 2i \\[3mm] \dfrac{-12i}{l^2} & \dfrac{6i}{l} & \dfrac{12i}{l^2} & \dfrac{6i}{l} \\[3mm] \dfrac{-6i}{l} & 2i & \dfrac{6i}{l} & 4i \end{bmatrix} \left\{\begin{array}{c} 0 \\[2mm] 0 \\[2mm] \dfrac{1640\alpha l}{23} \\[2mm] \dfrac{-2260\alpha}{23} \end{array}\right\}$$

$$= \left\{\begin{array}{c} \dfrac{-120\alpha i}{l} \\[2mm] 460\alpha i \\[2mm] \dfrac{120\alpha i}{l} \\[2mm] -340\alpha i \end{array}\right\} + \left\{\begin{array}{c} \dfrac{-226.08\alpha i}{l} \\[2mm] \dfrac{5320\alpha i}{23} \\[2mm] \dfrac{266.08\alpha i}{l} \\[2mm] \dfrac{800\alpha i}{23} \end{array}\right\} = \left\{\begin{array}{c} \dfrac{-386.08\alpha i}{l} \\[2mm] \dfrac{15900\alpha i}{23} \\[2mm] \dfrac{386.08\alpha i}{l} \\[2mm] \dfrac{-7020\alpha i}{23} \end{array}\right\}$$

$$\{F\}^{(2)} = \left\{ \begin{array}{c} \dfrac{600\alpha i}{l} \\[2mm] -600\alpha i \\[2mm] -\dfrac{600\alpha i}{l} \end{array} \right\} + \left[\begin{array}{ccc} \dfrac{3i}{l^2} & -\dfrac{3i}{l} & -\dfrac{3i}{l} \\[2mm] -\dfrac{3i}{l} & 3i & \dfrac{3i}{l} \\[2mm] -\dfrac{3i}{l} & \dfrac{3i}{l} & \dfrac{3i}{l^2} \end{array} \right] \left\{ \begin{array}{c} 0 \\[2mm] 0 \\[2mm] \dfrac{1640\alpha l}{23} \end{array} \right\}$$

$$= \left\{ \begin{array}{c} \dfrac{600\alpha i}{l} \\[2mm] -600\alpha i \\[2mm] -\dfrac{600\alpha i}{l} \end{array} \right\} + \left\{ \begin{array}{c} \dfrac{-4920\alpha i}{23l} \\[2mm] \dfrac{4920\alpha i}{23} \\[2mm] \dfrac{4920\alpha i}{23l} \end{array} \right\} = \left\{ \begin{array}{c} \dfrac{8880\alpha i}{23l} \\[2mm] -\dfrac{8880\alpha i}{23} \\[2mm] -\dfrac{8880\alpha i}{23l} \end{array} \right\}$$

$$\{F\}^{(3)} = \left\{ \begin{array}{c} \dfrac{600\alpha i}{l} \\[2mm] 600\alpha i \\[2mm] -\dfrac{600\alpha i}{l} \end{array} \right\} + \left[\begin{array}{ccc} \dfrac{3i}{l^2} & \dfrac{3i}{l} & -\dfrac{3i}{l} \\[2mm] \dfrac{3i}{l} & 3i & -\dfrac{3i}{l} \\[2mm] -\dfrac{3i}{l} & -\dfrac{3i}{l} & \dfrac{3i}{l^2} \end{array} \right] \left\{ \begin{array}{c} 0 \\[2mm] -\dfrac{2260\alpha i}{23} \\[2mm] 0 \end{array} \right\}$$

$$= \left\{ \begin{array}{c} \dfrac{600\alpha i}{l} \\[2mm] 600\alpha i \\[2mm] -\dfrac{600\alpha i}{l} \end{array} \right\} + \left\{ \begin{array}{c} \dfrac{-6780\alpha i}{23l} \\[2mm] \dfrac{-6780\alpha i}{23} \\[2mm] \dfrac{6780\alpha i}{23l} \end{array} \right\} = \left\{ \begin{array}{c} \dfrac{7020\alpha i}{23l} \\[2mm] \dfrac{7020\alpha i}{23} \\[2mm] -\dfrac{7020\alpha i}{23l} \end{array} \right\}$$

据此可绘出弯矩图如图 5-15 (c) 所示。

习　　题

5-1　用缩减未知量的方法求图 5-16 所示各刚架结构的侧移刚度矩阵 $[K]^H$，只考虑弯曲变形的影响。除注明者外已知各杆长度为 l、EI 二常数。

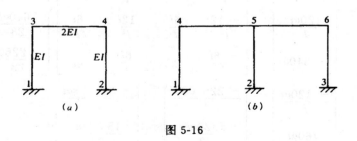

图 5-16

5-2　用缩减未知量的方法求图 5-17 所示结构的结点位移向量 $\{\Delta\}_{4\times1}$，已知 $EI=2\times10^4 \mathrm{kN \cdot m^2}$，$l=6\mathrm{m}$ 只考虑弯曲变形的影响。

5-3　试用子结构法求图 5-18 所示刚架结构在荷载作用下的内力，作出弯矩、剪力图。已知 $EI=2\times10^6 \mathrm{kN \cdot m^2}$，$l=4\mathrm{m}$。只考虑弯曲变形的影响。

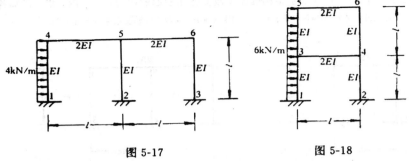

图 5-17   图 5-18

5-4 试求图 5-19 所示结构在弹性支座约束下的结构刚度矩阵 $[K]$。已知各杆长度为 l、EI 二常数。

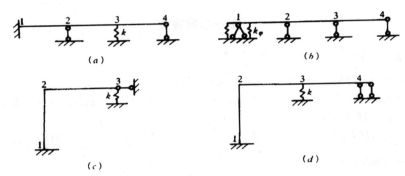

(a) (b)

(c) (d)

图 5-19

5-5 按先处理法求图 5-20 所示刚架的内力，已知各杆 $EI=2.1 \times 10^5 \text{kN} \cdot \text{m}^2$（不计轴向变形影响）。

5-6 按先处理法求图 5-21 所示桁架结构的内力。已知各杆 $EA=2 \times 10^6 \text{kN}$。

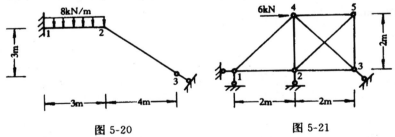

图 5-20   图 5-21

*5-7 图 5-22 所示连续梁，受支座位移作用，试用先处理法计算其内力，画出 M、Q 图，已知各杆 $EI=17500 \text{kN} \cdot \text{m}^2$，$\Delta=0.03\text{m}$，$l=6\text{m}$。

*5-8 图 5-23 所示连续梁，受支座位移作用，试用先处理法计算其内力，画出 M、Q 图，已知各杆长度 $l=6\text{m}$，$EI=18000 \text{kN} \cdot \text{m}^2$，$\Delta_1=0.01\text{m}$，$\Delta_2=0.04\text{m}$。

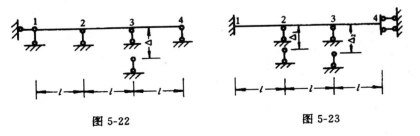

图 5-22   图 5-23

*5-9 试用先处理法计算图 5-24 所示结构因温度改变作用引起的内力，画出内力图。已知各杆截面为矩形、高度 $h=0.6m$，$EA=2\times10^5kN$，$EI=2\times10^4kN\cdot m^2$，材料线胀系数 $\alpha=1\times10^{-5}$。

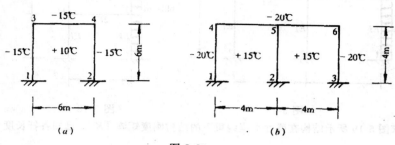

图 5-24

部分习题答案

5-1　a. $[K]^H=\dfrac{20EI}{l^3}$，b. $[K]^H=\dfrac{288EI}{11l^3}$

5-2　$\{\Delta\}=[43.88\quad-0.28\quad-2.81\quad-4.78]^T 10^{-4}$

5-3　$M_{13}=-49.97kN\cdot m$，$M_{34}=37.81kN\cdot m$，$M_{24}=-42.54kN\cdot m$，$Q_{13}=18.21kN$，$Q_{34}=-18.76$ kN，$Q_{24}=18.21kN$

5-4　a. $K_{22}=\dfrac{24EI}{l^3}+k$，b. $K_{44}=\dfrac{4EI}{l}+k_\varphi$，c. $K_{22}=\dfrac{12EI}{l^3}+k$，d. $K_{33}=\dfrac{24EI}{l^3}+k$

5-5　$M_{12}=-9kN\cdot m$

5-6　$N_{14}=4.84kN$（拉），$N_{45}=-0.67kN$（压），$N_{25}=0.95kN$（拉）

*5-7　$M_{21}=35.0kN\cdot m$，$M_{32}=-52.5kN\cdot m$。

*5-8　$M_{12}=-6.67kN\cdot m$，$M_{23}=-16.67kN\cdot m$。

*5-9　a. $M_{13}=-8.49kN\cdot m$，$M_{34}=-8.25kN\cdot m$。　b. $M_{14}=-13.25kN\cdot m$，$M_{25}=0.00$，$M_{45}=-9.09kN\cdot m$。

6　结构分析程序设计

6.1　程序设计概述

随着电子计算机（以下简称计算机）的日益普及和广泛应用，在结构分析中越来越多的人要求学会使用计算机，并掌握结构分析程序设计的基本原理和方法。

6.1.1　计算机算题的一般过程

为了提高计算效率和保证足够的计算精度，需选择适当的计算方法；将所研究的问题用数学语言描述出来；将数学语言编制成计算机所能识别的机器语言（源程序）；将机器语言翻译成一条条的指令；计算机按指令进行工作，得出结果，并翻译成人们所能接受的普通语言输出来。以上前三步是由人来完成的，而后两步则由计算机来完成。因此要编写一个好的通用的结构分析程序，编写人员除熟练掌握结构分析的矩阵方法之外，还必须熟悉有关矩阵代数的基本运算方法，熟悉程序所选用的算法语言（本章中选用 FORTRAN 语言），另外还要具有一定的数值计算的基础知识，如线性代数方程组的求解方法等。本书的程序设计均以适于使用计算机的矩阵位移法为例。

6.1.2　编写源程序的一般步骤

（1）确定结构分析的计算方法；

（2）列出结构分析中所需使用的有关计算公式；

（3）按结构分析过程、使用计算公式的顺序编制出程序设计的总框图；

（4）对程序中所涉及到的各种物理量、矩阵运算式、要求设计出变量，数组，数组名称，对输入的原始数据要求设计出输入信息；

（5）按总框图的顺序以所使用算法语言的形式编写成一个完整的计算程序；

（6）将源程序输入计算机，进行调试、编辑、改错。再输入结构的有关数据进行运算。对计算结果进行分析，直到结果正确为止。

6.2　程序的框图

6.2.1　列出有关的计算公式

编写一个程序时，首先要明确该程序要解决的问题是什么？用什么理论和方法来解决。如要编写一个用矩阵位移法计算平面刚架的通用程序，在编写前，首先要按矩阵位移法分析平面刚架的过程，顺序列出相关的计算公式（详见第 1～3 章）。例如

刚度方程：$[K]\{\Delta\} = \{P\}$

结点位移：$\{\Delta\} = [K]^{-1}\{P\}$

单元杆端力：$\{\overline{F}\}^{(e)} = \{\overline{F}_0\}^{(e)} + [\overline{k}]^{(e)}\{\delta\}^{(e)}$ 等。

6.2.2　框图设计

程序框图是按计算顺序由各种框格连接成的一个图形（或称计算流程图）。框图又分为粗框图和细框图两种，粗框图画得比较简单，只根据公式中大的步骤表示出程序执行的先后顺序；细框图画得比较详细，把程序执行过程中的每个细节都在框图中表示出来。为以

后调试修改程序提供方便。

在程序的框图中，用箭头把表示各种功能（或表示各种操作）的框格连接起来以表示其计算顺序。常用的框格形式及符号如图 6-1 所示。

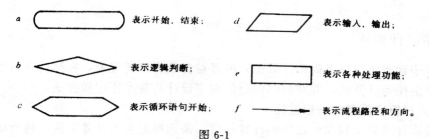

a 　表示开始，结束；　　　d 　表示输入，输出；

b 　表示逻辑判断；　　　e 　表示各种处理功能；

c 　表示循环语句开始；　　f 　表示流程路径和方向。

图 6-1

图 6-2 是表示编制平面刚架源程序的程序框图。当计算机开始运行时，首先输入原始数

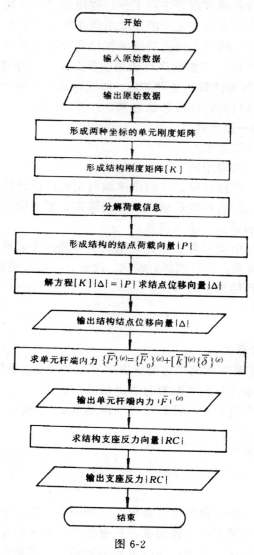

开始

输入原始数据

输出原始数据

形成两种坐标的单元刚度矩阵

形成结构刚度矩阵 $[K]$

分解荷载信息

形成结构的结点荷载向量 $\{P\}$

解方程 $[K]\{\Delta\} = \{P\}$ 求结点位移向量 $\{\Delta\}$

输出结构结点位移向量 $\{\Delta\}$

求单元杆端内力 $\{\overline{F}\}^{(e)} = \{\overline{F}_0\}^{(e)} + [\overline{k}]^{(e)}\{\overline{\delta}\}^{(e)}$

输出单元杆端内力 $\{\overline{F}\}^{(e)}$

求结构支座反力向量 $\{RC\}$

输出支座反力 $\{RC\}$

结束

图 6-2

118

据，如该刚架的单元总数、结点总数、支座结点总数、单元刚度以及外荷载等，然后将这些原始数据输出来，以核对是否有错，接着形成单元刚度矩阵 $[\bar{k}]^{(e)}$ 和 $[k]^{(e)}$。再由各单元刚度矩阵中的相关元素，经对号、叠加形成结构刚度矩阵 $[K]$。然后根据结点荷载和由非结点荷载产生的单元固端力形成结构的结点荷载向量 $\{P\}$，解刚度法方程求出结构的结点位移值 $\{\Delta\}$ 并输出。最后求单元的杆端内力和结构支座反力，程序结束。这样一个编写平面刚架源程序的框图就完成了。阅读框图，编写该程序的步骤就一目了然了。

6.3 变量、数组及公用区的程序设计

6.3.1 变量、数组的说明语句

开始编写程序时，首先要根据给定公式中所涉及到的简单变量和下标变量，拟定出变量名称和数组名称。如结构的单元总数、结点总数、支座结点总数等，这些单一的量在程序中都用简单变量来表示，而在公式中用到的群量：$[k]^{(e)}$、$[K]$、$[\bar{F}_0]^{(e)}$、$\{P\}$、$\{\bar{F}\}^{(e)}$ 等，对这些下标变量在程序中都用数组来表示。例如在本章的平面刚架通用程序中，以 MI 表示单元总数，以 $\{FO\}$ 一维数组表示单元杆端力，以 $[KM]$ 二维数组表示单元刚度矩阵等。数组在程序中要进行说明，数组说明用 DIMENSION 语句表示，如 DIMENSION KM（6，6）说明 KM 是一个 6×6 的二维数组。数组说明语句放在一个程序段中所有可执行语句的前面。在程序段中的一切数组必须用常数说明其下界。

6.3.2 公用区的应用

程序中的变量、数组还允许在公用区中说明。例如，在平面刚架程序中，有公用块语句 COMMON MI、MJ、PI、PJ、PN，说明 MI、MJ、PI、PJ、PN 是无名公用区中的简单变量。另如 COMMON/CC3/R（40，3），CM（6）说明 R 是公用区 $CC3$ 中 40×3 的二维数组，CM 则是同一公用区中 $1 \sim 6$ 的一维数组。凡是在公用区中说明的数组，其括号内的下标必须是整常数。

6.3.3 变量、数组类型

在程序中设计简单变量和数组的名字时，按 FORTRAN 语言的"$I-N$ 规则"规定：凡是以字母 I、J、K、L、M、N 开头的简单变量和数组都属于整型简单变量和数组。不需再加任何类型说明，计算机即可自动识别。凡不符合上述规定的简单变量和数组则需在程序段开始时分别对其进行类型说明。例如 $[K]$ 是存放结构刚度矩阵元素的一维数组，这些元素都是带小数点的实数，按规定必须对 $[K]$ 数组进行类型说明。即用实型数组说明语句 REAL K，并放在程序段的开头。

6.4 结构自由度分析程序设计

结构自由度，是指结点独立的未知位移的数目。这是在建立结构的刚度法方程时首先要确定的问题，为了对所有结点的未知位移，顺序地由 $1 \sim n$ 编码，必须引入支座约束。引入支座约束的方法有先处理和后处理两种，前者占内存少、节省机时，后者概念清楚、占内存多、占机时长。在实际工程计算中多采用先处理法，下面介绍先处理法中结构自由度指示矩阵的形成过程。

各种结构都有支座约束，如链杆约束、铰支座、固定支座、定向支座等。为了使单元刚度矩阵的形式统一，故铰支座的角位移、线位移都计入结构的自由度中去。当忽略结构

的轴向变形影响时,又可减少结构的自由度数目。所以一个平面刚架的自由度总数等于3倍的该刚架的结点总数(含支座结点数)减去支座约束的数目,再减去因忽略轴向变形影响所减少的自由度数目。由结构的自由度总数即可得到结构刚度法方程的阶数。在形成可动结点的刚度矩阵时,还需知道每个结点某一未知位移方向所对应的自由度编码,即方程的序号。为此可由如下的自由度指示矩阵来确定。

6.4.1 自由度指示矩阵

A 自由度指示矩阵的概念

自由度指示矩阵是指该矩阵某行、某列的元素指示结构某结点、某方向有无位移的信息,无位移时,则该行该列的元素为零;有位移时则该行该列元素不为零,并表明与该非零位移对应的方程序号是多少。

设某平面刚架共有 MJ 个结点,其中支座结点有 RJ 个,每个结点有3个位移,现以 $R(MJ,3)$ 表示自由度指示矩阵,试分析该矩阵如何形成:

首先建立结点位移约束信息矩阵,仍用 $R(MJ,3)$ 表示,该矩阵中每行的3个元素依次表示一个结点沿水平、竖向及转角方向的约束信息,并规定:有约束(即无位移)者,信息为"0";无约束(有独立位移)者信息为"1";若无约束,但仅有非独立位移者,则信息为相关结点的结点码(且该结点的结点码应大于1)。据此在对结构结点进行编码时,第一个结点应为支座结点,然后编其他结点。这样形成的结点位移约束信息矩阵 R 中的元素,有0、1或大于1的整数三种类型。与图6-3所示刚架编码对应的 R 矩阵为

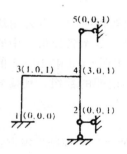

图 6-3

$$[R] = \begin{bmatrix} 0 & 0 & 0 \\ 0 & 0 & 1 \\ 1 & 0 & 1 \\ 3 & 0 & 1 \\ 0 & 0 & 1 \end{bmatrix}$$

及次,将上面建立的 R 矩阵内的元素,按行的顺序(每行内按由左向右的顺序)一个接一个地连续进行累加,其中当某元素大于1时,则把该元素换为与其数值相同的行中同列的元素。经累加后的 R 中每一个元素,即为该结点(R 矩阵中的行码即为结点的编码)、该方向(R 矩阵中的列码即为该结点位移方向的编码)的位移自由度编码。当累加到最后一行第3列,如无约束,则这个元素即表示该结点该方向的自由度编码,也表示本结构的自由度总数。

B 框图与程序设计

本段程序框图设计如图6-4所示。

写出与框图6-4相应的程序段为

```
N=0
MAX=0
DO 150 I=1,MJ                        结点循环
DO 150 J=1,3
    J1=R(I,J)                        分别取出 I 结点 3 个约束信息
    IF(J1·EQ·0) GO TO 150            信息为"0"则跳过去不编码
```

120

```
        IF(J1·EQ·1) TH EN              信息为"1"则独立编码
            N=N+1
            R(I,J)=N
        ELSE
            I1=R(J1,J)                 信息大于1,表示位移不独立,编为
            R(I,J)=I1                  相关结点,同方向的位移码
        END IF
        WRITE( * ,140) I,J,R(I,J)
140         FORMAT(1X,'R(',I3,',',I3,')  输出约束信息
        =',I3)
150     CONTINUE
        WRITE( * ,160)N
160     FORMAT (1X,'N=',I3)            输出结点位移未知量总数 N
```

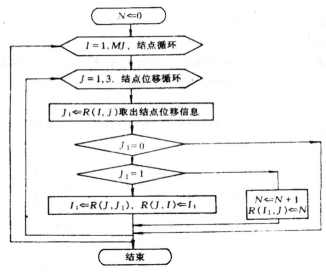

图 6-4

经过以上程序段的执行，则 R 矩阵中任一个元素都表示该结点、该方向的位移自由度的序号，也是结构刚度法方程中的方程编码。若 R 矩阵中该结点、该方向的元素为零，则表示该结点、该方向有约束，不建立方程。当执行完这段程序后，就形成了自由度指示矩阵 R 为如下的形式：

$$[R] = \begin{bmatrix} 0 & 0 & 0 \\ 0 & 0 & 1 \\ 2 & 0 & 3 \\ 2 & 0 & 4 \\ 0 & 0 & 5 \end{bmatrix}$$

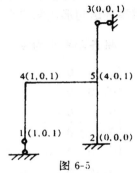

图 6-5

6.4.2 算例

现以图 6-5 所示平面刚架为例，具体说明 R 矩阵的形成过

程。设各杆 $EI=$ 常数，略去轴向变形的影响。该刚架有 5 个结点，其中 3 个支座结点，所以 $MJ=5$，$RJ=3$，各结点位移约束信息、结点编码如图 6-5 所示。则结点位移指示矩阵 R 的形成、变化过程如下：

$$[R]=\begin{bmatrix} 1 & 0 & 1 \\ 0 & 0 & 0 \\ 0 & 0 & 1 \\ 1 & 0 & 1 \\ 4 & 0 & 1 \end{bmatrix} \Rightarrow [R]=\begin{bmatrix} 1 & 0 & 2 \\ 0 & 0 & 0 \\ 0 & 0 & 3 \\ 4 & 0 & 5 \\ 4 & 0 & 6 \end{bmatrix}$$

R 矩阵中最后一个元素为 6，表明图 6-5 所示平面刚架共有 6 个独立结点位移。矩阵中任一个元素（如 $R(4,3)=5$）的意义是，刚架第 4 个结点、第 3 个位移方向的角位移自由度在总自由度中的编码是 5。又如 $R(1,2)=0$，即表示刚架第 1 个结点、第 2 个位移方向的竖向线位移为零，所以自由度编码亦为零，故不建立方程，也无方程序号数。

6.5 变换矩阵及单元刚度矩阵的程序设计

6.5.1 变换矩阵的程序设计

A 形成变换矩阵的方法

从第 2 章中知道，杆系结构有杆件坐标下的单元刚度矩阵 $[\bar{k}]^{(e)}$ 和结构坐标下的单元刚度矩阵 $[k]^{(e)}$，由 2-28 式知，这两种单元刚度矩阵之间的关系为

$$[k]^{(e)}=[T]^T[\bar{k}]^{(e)}[T]$$

式中 $[T]$ 表示单元（e）的杆端力（或杆端位移）由结构坐标系向杆件坐标系变换的变换矩阵，可分块写成

$$[T]=\begin{bmatrix} [\lambda] & [0] \\ [0] & [\lambda] \end{bmatrix}，其中[0]=\begin{bmatrix} 0 & 0 & 0 \\ 0 & 0 & 0 \\ 0 & 0 & 0 \end{bmatrix}$$

$$[\lambda]=\begin{bmatrix} C_x & C_y & 0 \\ -C_y & C_x & 0 \\ 0 & 0 & 1 \end{bmatrix}=\begin{bmatrix} \cos\alpha & \sin\alpha & 0 \\ -\sin\alpha & \cos\alpha & 0 \\ 0 & 0 & 1 \end{bmatrix}$$

程序设计时，可分为以下两步：

（1）因矩阵 $[T]$ 中有较多的元素值恒为零，故可将矩阵中所有元素先充为零。

（2）将子块 $[\lambda]$ 中的非零元素值一一对应充入。当形成了第一个子块 $[\lambda]$ 的各元素后，再用循环语句形成第二个子块的各元素。$[T]$ 矩阵的形成变换过程如下：

将各元素充为零　　　输入第一子块 $[\lambda]$ 的　　　循环形成第二子块 $[\lambda]$ 的
　　　　　　　　　　　非零元素值　　　　　　　　元素值

$$\begin{bmatrix} 0 & 0 & 0 & 0 & 0 & 0 \\ 0 & 0 & 0 & 0 & 0 & 0 \\ 0 & 0 & 0 & 0 & 0 & 0 \\ 0 & 0 & 0 & 0 & 0 & 0 \\ 0 & 0 & 0 & 0 & 0 & 0 \\ 0 & 0 & 0 & 0 & 0 & 0 \end{bmatrix} \Rightarrow \begin{bmatrix} \times & \times & 0 & 0 & 0 & 0 \\ \times & \times & 0 & 0 & 0 & 0 \\ 0 & 0 & \times & 0 & 0 & 0 \\ 0 & 0 & 0 & 0 & 0 & 0 \\ 0 & 0 & 0 & 0 & 0 & 0 \\ 0 & 0 & 0 & 0 & 0 & 0 \end{bmatrix} \Rightarrow \begin{bmatrix} \times & \times & 0 & 0 & 0 & 0 \\ \times & \times & 0 & 0 & 0 & 0 \\ 0 & 0 & \times & 0 & 0 & 0 \\ 0 & 0 & 0 & \times & \times & 0 \\ 0 & 0 & 0 & \times & \times & 0 \\ 0 & 0 & 0 & 0 & 0 & \times \end{bmatrix}$$

式中"×"号表示非零元素。

B　框图与程序设计

按上述方法，建立变换矩阵［T］的程序框图如图 6-6 所示。

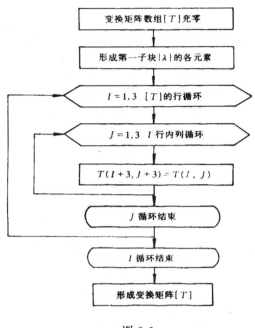

图 6-6

按框图 6-6 写出的程序段为：

```
        DO 10 IS＝1,6
        DO 20 IT＝1,6
        C (IS,IT)＝0.0                      矩阵各元素充零
20      CONTINUE
10      CONTINUE
        C (1,1)＝CO                         输入第一子块[λ]的非零元素值
        C (1,2)＝SI
        C (2,1)＝-SI
        C (2,2)＝CO
        C (3,3)＝1.0
        DO 30 IS＝1,3
          DO 40 IT＝1,3
          C (IS＋3, IT＋3)＝C (IS,IT)        循环形成第 2 子块[λ]的元素值
40      CONTINUE
30      CONTINUE
        END
```

6.5.2　单元刚度矩阵的程序设计

A　程序设计方法

123

计算单元刚度矩阵时，可先求杆件坐标的单元刚度矩阵 $[\bar{k}]^{(e)}$，然后再由式 2-28 求结构坐标的单元刚度矩阵，因矩阵是对称的，即副系数具有互等关系。我们可只形成含对角线上主元素在内的上三角区元素（或下三角区元素），另一半副元素再用一个循环语句来形成。

B 框图与程序设计

按上述分析可设计出求 $[\bar{k}]^{(e)}$ 的程序框图如图 6-7 所示。

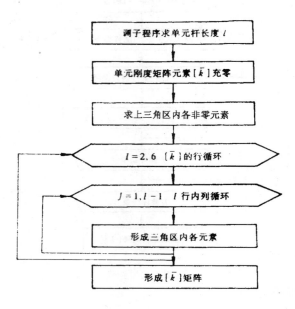

图 6-7

写出与框图 6-7 相应的程序段为

B1＝EA（M）/AL	计算 EA/l
B2＝EI（M）/AL	EI/l
B3＝6.0 * B2/AL	$6EI/l^2$
B4＝2.0 * B3/AL	$12EI/l^3$

  DO 10 IS＝1，6

   DO 20 IT＝1，6

    KM（IS，IT）＝0.0　　　　　矩阵 $[\bar{k}]^{(e)}$ 元素充零

20 CONTINUE

10 CONTINUE

  KM（1，1）＝B1　　　　　形成上三角区元素（含主元素）

  KM（1，4）＝−B1

  KM（2，2）＝B4

  KM（2，3）＝B3

  KM（2，5）＝−B4

  KM（2，6）＝B3

```
            KM (3, 3) = 4.0 * B2
            KM (3, 5) = -B3
            KM (3, 6) = 2.0 * B2
            KM (4, 4) = B1
            KM (5, 5) = B4
            KM (5, 6) = -B3
            KM (6, 6) = 4.0 * B2
            DO 30 IS = 2, 6
                DO 40 IT = 1, IS-1        形成下三角区副元素
                    KM (IS, IT) = KM (IT, IS)
40          CONTINUE
30          CONTINUE
            END
```

6.6　结构刚度矩阵一维变带宽存贮方法的程序设计

当结构自由结点的自由度总数为 n 时，则相应的结构刚度矩阵为 n 阶的方阵。由上节可知，结构自由度指示矩阵 R 形成后，便确定了该方阵的阶数。其中各元素可由结构坐标下的各单元刚度矩阵 $[k]^{(e)}$ 中的相关元素集成。存贮方阵中的元素，一般有全矩阵存贮法、上三角矩阵存贮法、等带宽半带存贮法和一维变带宽半带存贮法等，其中一维变带宽半带存贮法最节省内存，因而应用最多。现介绍一维变带宽半带存贮。

6.6.1　带宽与半带宽

结构的结点位移数比较多时，结构刚度矩阵 $[K]$ 的阶数随之增高，因而所占内存就多。为了尽可能少占计算机内存，可以利用 $[K]$ 的对称性和稀疏性，采用一维变带宽半带存贮方法来存贮矩阵 $[K]$ 中的元素。

根据矩阵 $[K]$ 的对称性（$K_{ij}=K_{ji}$），在存贮其元素时，只存副元素的一半和主元素就可以了。设只存贮矩阵的下三角元素（含主元素），并将它们展成一维数组来存贮，这样就可以进一步节省内存容量。

对于杆件结构来说，如交于每一结点的杆件数不超过 4 根。若结构有 100 个自由结点，和其中某一结点相邻的结点只有 4 个左右，那么还有 90 多个自由结点与该结点没有关系。这就是说在矩阵 $[K]$ 中只有少量的非零元素，而大量的是零元素。如果能合理的进行结点编码，则非零元素往往分布在 $[K]$ 矩阵主对角线两侧且靠近主元素的附近。此时 $[K]$ 中的非零元素呈带状分布如图 6-8 所示。把每行的第一个非零元素的位置用虚线相连，把每行最后一个非零元素的位置也用虚线相连（图 6-8），称这相连的虚线为带缘。位于带缘外（简称带外）的元素全是零元素，位于带缘内（简称带内）的元素

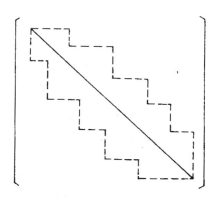

图 6-8

称为非零元素（可能含有少量零元素）。将每行在带内的元素个数（包括非零元素和零元素）称为**带宽**。将每行第一个非零元素到该行主元素之间的元素个数（含其间的零元素）称为**半带宽**。将每行的半带宽求出来，经比较取出最大的称为最大半带宽。

6.6.2 变带宽一维存贮

由于矩阵 $[K]$ 中含有大量的零元素，且非零元素仅分布在有限的带内，称这种元素分布的特性为稀疏性。我们利用对称性，只存贮下三角元素及主元素，虽然可减少近一半的存贮量，但这中间仍含有许多零元素，为进一步减少内存，每行半带宽外的零元素就不必存贮，而只存半带内的元素即可。为此可用一个一维数组，并按行的顺序（每行内按由左向右的顺序）存贮 $[K]$ 矩阵中半带内的元素。这样就将 $[K]$ 矩阵中要存贮的元素从上到下、从左到右地排列在一维数组中，这种存贮结构刚度矩阵元素的方法叫**一维变带宽存贮**。在一维数组中，各元素的顺序号叫做对应元素的序号。用这种方法可使矩阵 $[K]$ 的存贮量大大减少，且结构愈复杂、结点位移未知量数目愈多，则节省存贮量也愈多。

用一维变带宽存贮矩阵 $[K]$ 的半带宽内的元素，需先确定出每行半带内的元素个数，而每行半带内的元素个数取决于该行第一个非零元素所在的列码与该行主元素所在列码的差值。图 6-9 为某结构刚度矩阵 $[K]$ 的半带内元素分布图，图中打"×"号的表示非零元

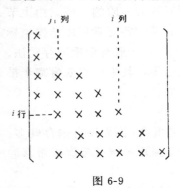

图 6-9

素。其余空白位置均是零元素。如欲求 i 行的半带宽，i 行第一个非零元素在 j_1 列，主元素在 i 列，则 i 行的半带宽为

$$i - j_1 + 1 \qquad (6-1)$$

由于采用下三角存贮，所以 $j_1 \leqslant i$ 时，即在半带内。比 j_1 大的列的元素所在的结点编码，大于（或等于）j_1 的结点编码，而小于（或等于）i 列所在的结点编码。所以要使存贮的元素最少，就要使半带内的元素最少，要使半带内的元素最少，就要使每一个自由结点编码与其相邻的结点编码间的差值越小越好。所以在对结构的结点编码时，应尽量使相邻两个结点码的最大差值小些。对图 6-10（a）所示刚架，按图 6-10（b）所示结点编码时，相邻两结点码的最大差值为 5；若采用图 6-10（c）所示结点编码时，则最大差值为 2。故知图 6-10（c）的编码方案优于图 6-10（b）。

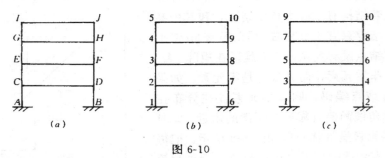

图 6-10

6.6.3 主元素指示矩阵（地址码）

A 确定主元素指示矩阵的步骤

现设 $\langle K \rangle$ 为存贮结构刚度矩阵 $[K]$ 的一维数组，为了将 $[K]$ 中半带内的元素存入

一维数组〔K〕中的相应位置，在程序中还需要建立一个称为主元素指示矩阵的一维数组〔A〕。这个矩阵是由〔K〕中每行的主元素在一维数组〔K〕中的排列序号组成的。利用数组〔A〕就可将〔K〕中半带内的元素方便地存入一维数组〔K〕中的相应位置。主元素指示矩阵〔A〕可按以下步骤来形成。

（1）由结构自由度总数确定矩阵〔A〕的体积，并将〔A〕中各元素充零。

（2）确定结构刚度矩阵〔K〕中各行的半带宽，其大小即为该行所需存贮的元素个数。

（3）从第一行开始，逐行进行累加，即将每一行和该行以上各行的元素个数相加，结果即为该行主元素在一维数组中的序号。

B　形成主元素指示矩阵的方法

对于图 6-11（a）所示平面刚架（考虑弯曲变形和轴向变形影响），形成主元素指示矩阵〔A〕的具体过程是：

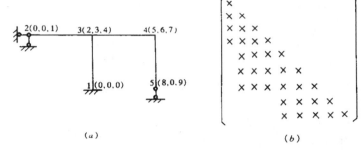

图 6-11

（1）确定各行半带宽

该刚架共有 9 个独立结点位移，其中结点 2 有 1 个自由度，编码为 1；结点 3 有 3 个自由度，编码为 2、3、4；结点 4 有 3 个自由度，编码为 5、6、7；结点 5 有 2 个自由度，编码为 8、9，以上各结点自由度编码可由结点位移约束信息矩阵 R 自动形成。〔K〕中各行半带宽可按下述方法来确定：结点 2 无结点号比它小的相邻结点，所以结点的 1 个自由度编码 1 的半带宽就是 1（第一行的半带宽）。结点 3 与相邻结点比较，比它小的结点码有 1 和 2，但因结点 1 是固定结点，不产生结点位移，而结点 2 的最小自由度编码为 1，故结点 3 的 3 个方向自由度编码 2、3、4 的半带宽分别是

$$2-1+1=2 \quad 第 2 行的半带宽$$
$$3-1+1=3 \quad 第 3 行的半带宽$$
$$4-1+1=4 \quad 第 4 行的半带宽$$

结点 4 与相邻结点比较，比它小的结点码是 3，结点 3 的位移方向的最小自由度编码为 2，故第 5 行的半带宽为 5−2+1=4，第 6 行的半带宽为 6−2+1=5，第 7 行的半带宽为 7−2+1=6。结点 5 与相邻结点比较，比它小的结点码是 4，结点 4 位移方向的最小自由度编码是 5，而结点 5 只有两个方向有位移，编码分别为 8 和 9，所以第 8 行的半带宽是 8−5+1=4，第 9 行的半带宽是 9−5+1=5。

（2）确定主元素地址

根据每行的半带宽，可以表示出矩阵〔K〕中各半带内元素的分布情况。如图 6-11（b）所示。图中打"×"的元素是需存入一维数组〔K〕中的元素。因为存贮时，是将图 6-11（b）中半带内的元素，按行的顺序（在每行内按由左向右的顺序）一行一行地排列在一维数组〔K〕中。所以确定〔K〕中每行内的主元素在一维数组的编码时，只要将该行主元素以上所有必须存贮的元素相加，或是将该行以上（包括该行）所有的半带宽相加，即得该行主元素在一维数组〔K〕中的序号。如图 6-11（b）中第 6 行的主元素在一维数组

$\{K\}$ 中的序号应为：

$$1+2+3+4+4+5=19$$

其余各行主元素的序号可以类推。当各行主元素序号确定后，也就同时形成了主元素指示矩阵 $\{A\}$ 中的各元素值。对图 6-11 (a) 所示刚架，其主元素指示矩阵为

$$\{A\} = A(9) = [1\ 3\ 6\ 10\ 14\ 19\ 25\ 29\ 34]^T$$

现将数组 $\{A\}$ 的建立过程示意如下：

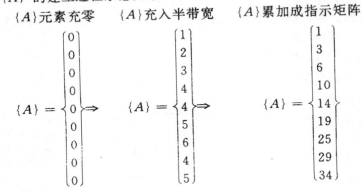

C 框图与程序设计

平面刚架主元素指示矩阵 $\{A\}$ 的程序框图设计如图 6-12 所示。

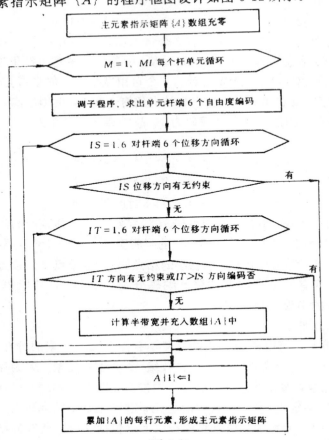

图 6-12

128

写出与框图 6-12 相应的程序段为

```
        DO 170 I=1,N
            A(I)=0                                    主元素指示矩阵充零
170     CONTINUE
        DO 200 M=1,MI                                 单元循环
        CALL DJWB (M,CM)                              调子程求单元杆端位移编码
          DO 190 IS=1,6
              I1=CM(IS)
              IF(I1·GT·0) GOTO 190
              DO 180 IT=1,6
                IW=CM(IT)
                IF(IW·EQ·O·OR·IW·GT·
                I1) GOTO 180
                  IU=I1-IW+1
                  IF(IU·GT·A(I1)) A(I1)=IU            求半带宽
180             CONTINUE
190       CONTINUE
200     CONTINUE
        DO 210 I=2,N
            IF(A(I)·GT·MAX) MAX=A(I)                  求最大半带宽
            A(I)=A(I)+A(I-1)                          求主元素指示矩阵
210     CONTINUE
```

6.6.4 结构刚度矩阵的一维变带宽存贮

A 存贮方法

有了自由度指示矩阵 $[R]$ 和主元素指示矩阵 $\{A\}$，就可方便地建立变带宽一维存贮的结构刚度矩阵 $[K]$。将结构坐标下的单元刚度矩阵元素加到一维变带宽存贮数组中相应位置的过程，可分为二步。首先将结构坐标下的单元刚度矩阵元素按"对号入座、同号叠加"的方法加到方阵 $[K]$ 中的相应位置上；第二步，将方阵 $[K]$ 中的元素存入一维数组 $\{K\}$ 中的相应位置上，现仍以图 6-11 (a) 所示平面刚架为例，具体说明形成一维存贮的结构刚度矩阵的方法。

在结构坐标下的各单元刚度矩阵元素排列如图 6-13 (a) 所示，图中矩阵的上方编码为单元杆端 6 个位移（或力）方向的顺序码，矩阵右方编码为单元杆端 6 个自由度编码，即定位向量。设图 6-13 (b) 为该刚架的结构刚度矩阵，图中的"×"号表示半带内的元素。图 6-13 (c) 为一维变带宽存贮的结构刚度矩阵 $\{K\}$，其元素总数等于图 6-13 (b) 中打"×"的元素总个数。

当程序按单元循环到 e 单元时，先求出 $[k]^{(e)}$ 中的元素，然后根据该单元杆端自由度编码将 $[k]^{(e)}$ 中有关元素存入 $[K]$ 中相应的位置上，再由主元素指示矩阵 $\{A\}$ 将 $[K]$ 中的元素存入一维数组 $\{K\}$ 中的对应位置上。例如 k_{22} 是主元素，求出该单元始端第 2 个位移方向的自由度编码（即 CM（2）），将 k_{22} 元素加到 $[K]$ 矩阵中自由度编码为 CM（2）的

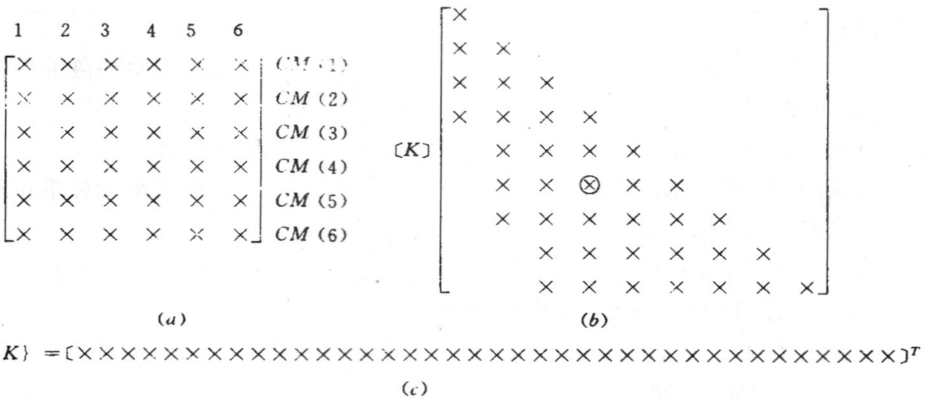

$$\{K\} = [\times]^T$$

(c)

图 6-13

主元素上去。再由主元素指示矩阵 $\{A\}$ 求出该主元素在一维数组 $\{K\}$ 中的序号，并将其按序号存入 $\{K\}$ 的相应位置上。再如 $[k]^{(e)}$ 中的副元素 k_{53}，在方阵 $[K]$ 中的相应编码是 $k\,(CM\,(5),\,CM\,(3))$，如果 $CM\,(3) < CM\,(5)$，则该元素在 $[K]$ 中的下三角位置，如果 $CM\,(5) \neq 0$，$CM\,(3) \neq 0$，则该元素必位于矩阵 $[K]$ 中打"$\times$"的元素内。在矩阵 $[K]$ 中，确定行码为 $CM\,(5)$、列码为 $CM\,(3)$ 的元素在一维数组 $\{K\}$ 中的序号，可先求出该元素所在的行的主元素在一维数组 $\{K\}$ 中的序号 $A\,(CM\,(5))$，然后再按下式确定该元素在一维数组 $\{K\}$ 中的序号

$$A(CM(5)) - CM(5) + CM(3) \tag{6-2}$$

设图 6-11（a）所示平面刚架的结构刚度矩阵如图 6-13（b）所示，它的自由度指示矩阵 $[R]$、主元素指示矩阵 $\{A\}$ 均已求出。现求单元④中的刚度元素 k_{22}、k_{53} 在一维数组 $\{K\}$ 中的位置。由图 6-11（a）知单元④的始端和终端码分别为 3 和 4，对应于始端 y 方向的自由度编码是 3，转角方向的自由度编码是 4，对应于终端 y 方向的自由度编是 6。从图 6-13（a）可以看出 k_{22} 在结构刚度矩阵 $[K]$ 中的位置是 $K\,(CM\,(2),\,CM\,(2)) \Rightarrow K\,(3,\,3)$，即在 $[K]$ 中第 3 行的主元素上。再由主元素指示矩阵 A 可知，第 3 行的主元素在一维数组中的序号为 $A\,(3) = 6$，所以应把单元④的刚度矩阵元素 k_{22} 累加到一维存贮的数组且序号为 6 的位置上。同理，k_{53} 的元素在结构刚度矩阵 $[K]$ 中的位置是 $K\,(CM\,(5),\,CM\,(3)) \Rightarrow K\,(6,\,4)$，即在 $[K]$ 中第 6 行、第 4 列的位置上。由于 $4 < 6$，所以 $K\,(6,\,4)$ 位于 $[K]$ 的下三角区，又因 $4 \neq 0$，$6 \neq 0$，故必在下三角区的半带内，应当存贮。从主元素指示矩阵 A 中找出第 6 行的主元素在一维数组 $\{K\}$ 中的序号是 $A\,(6) = 19$，再参照 6-2 式求出该元素在一维数组中的序号：

$$A(6) - 6 + 4 = 19 - 6 + 4 = 17$$

于是，应把单元（4）的刚度矩阵元素 k_{53} 累加到一维存贮的数组中序号为 17 的位置上。即图 6-13（b）中用符号"$\otimes$"所表示的位置。

以上讨论了如何将单元刚度矩阵 $[k]^{(e)}$ 中的元素存入一维变带宽数组 $\{K\}$ 中的方法。在程序设计中，实际上并不需要建立二维的结构刚度矩阵 $[K]$ 的数组，而是直接利用主元素指示矩阵和单元定位向量把 $[k]^{(e)}$ 中所有元素存入到 $\{K\}$ 中的相应位置上。

B 框图及程序设计

根据以上所述求一维变带宽的结构刚度矩阵的过程，可设计出该程序段的框图如图6-14所示。

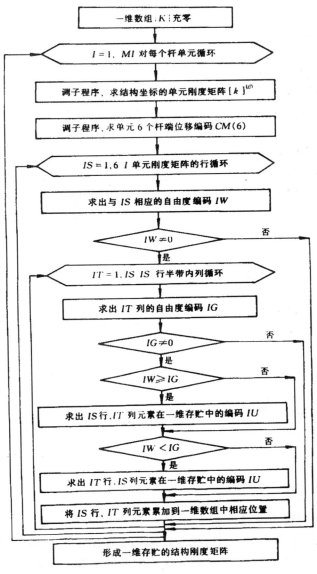

图 6-14

按框图 6-14 写出的程序段为

```
      N1＝A(N)
      DO 240 I＝1,N1
      K(I)＝0.0                          结构刚度矩阵{K}元素充零
240   CONTINUE
      DO 290 M＝1,MI                     单元循环
```

```
                CALL DCS (M,AL,CO,SI)
                CALL DGJ1 (M,AL,KM)              求杆件坐标的单元刚度矩阵
                   IF (SI·EQ·O) GOTO 250
                CALL BH (CO,SI,C)
                CALL DGJ2(C,KM)                  求结构坐标的单元刚度矩阵
250             CALL DJWB (M,CM)                 求单元杆端位移编码
                WRITE ( * ,270)M
270             FORMAT (4X,'KM(I,J)=(',I3,')')
                WRITE( * ,280)((KM (IS,IT),IT= * 1,6),
                IS=1,6)
280             FORMAT (1X,6E12.4)
                DO 300 IS=1,6
                   IF(CM(IS)·EQ·O) GOTO 300      如 IS 行编码为零,则该行元素不
                                                 进入{K}中
                   IW=CM(IS)
                   DO 290 IT=1,IS
                   IF(CM(IT)·EQ·O) GOTO 290      如 IT 列编码为零,则该列元素
                                                 不进行{K}中
                   IG=CM(IT)
                   IF(IW·GE·IG) IU=A(IW)-IW+IG   若为下三角区带内元素,则叠加
                                                 到{K}中。
                   IF(IW·LT·IG) IU=A(IG)-IG+IW
                   K(IU)=K(IU)+KM(IS,IT)
290             CONTINUE
300             CONTINUE
310          CONTINUE
```

6.7 结构结点荷载列阵的程序设计

6.7.1 结构结点荷载的形成方法

在杆系结构中,作用在结构上的荷载可分为结点荷载、杆上荷载、温度荷载、支座位移荷载等,在设计形成结构的结点荷载向量时,是将每种情况单独考虑,然后叠加形成总的结构结点荷载向量。

A 直接作用在结点上的荷载

直接作用在结点上的荷载为沿结构坐标 X、Y 轴及转角方向的集中力和集中力偶,可按结构坐标方向将各结点荷载直接累加到相应的结构结点荷载向量元素中去。

B 非结点荷载引起的等效结点荷载

(1) 作用在单元两端结点之间杆段上的荷载

横向的集中力、分布力、力偶,轴向的集中力、均布力等亦称为非结点荷载,这些荷载均可根据表 3-2 中的载常数公式求出单元在杆件坐标下的固端力,进而变换为结构坐标

下的固端力，再将各单元固端力反作用在相关结点上，改变符号后并叠加，便形成等效结点荷载。如果在一个杆单元上受有几个非结点荷载作用时，先求出每个非结点荷载单独作用产生的固端力，再将各固端力逐一迭加，即求得该单元的总固端力，最后将其转换为等效结点力。

（2）温度改变引起的等效结点荷载

结构受温度改变作用时，仍是先根据表 3-2 中的载常数公式求出变温引起的单元在杆件坐标下的固端力，进而转变为结构坐标下的单元固端力，然后反作用在相关结点上，改变符号后相迭加，便形成等效结点力。

（3）支座位移引起的等效结点荷载

由支座位移引起的结构位移和内力计算，按结构边界约束条件处理方法的不同有两种方法，一种是先处理法，一种是后处理法。先处理法是把支座位移视为广义荷载，再处理成等效结点荷载。在支座位移处不建立平衡方程。后处理法是在结点等效荷载列阵中先不考虑支座位移的影响，而是在有支座位移的方向建立平衡方程。现在我们采用先处理法，根据已知支座结点位移，找出结构中有支座位移的杆单元，由表 3-2 中的形常数公式求出因支座位移引起杆件坐标下的固端力，然后转变为结构坐标下的固端力，再反作用到相关结点上，改变符号后迭加到等效结点荷载中去。

6.7.2 单元固端力数组的程序设计

A 程序设计方法

在结构矩阵分析中，开始建立结构的刚度法方程，求方程的右端项（即结构的结点荷载向量）$\{P\}$ 时，需计算各单元由非结点荷载引起的固端力，且在求单元最后杆端内力时，还要再求一次单元固端力。为了节省机时避免重复计算，可按受有非结点荷载的单元数建立一个存贮各固端力元素的二维数组 $P_{\downarrow}(PI, 7)$，其中下标 7 表示单元的 6 个固端力元素和该单元码，PI 表示有非结点荷载的单元总数。该数组的建立过程如下：

（1）非结点荷载参数

程序中对每个非结点荷载，采用 4 个参数描述，顺序表示：荷载所在单元码；荷载类型码（程序中共设计了六种常用荷载，各类型编码如图 6-15 所示）；荷载作用位置；荷载值。详见第 7 章第 2 节数据文件的建立与输入。

类 型	荷 载	类 型	荷 载
1	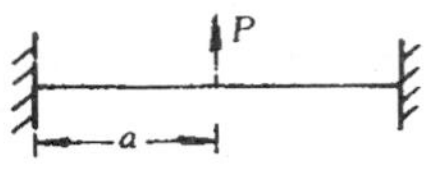	4	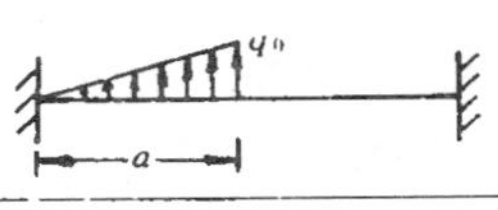
2	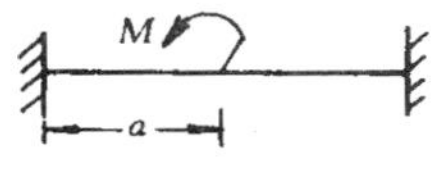	5	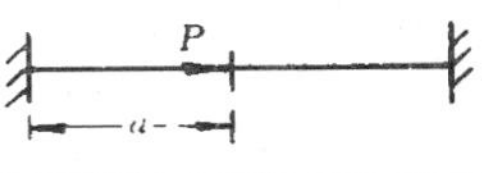
3	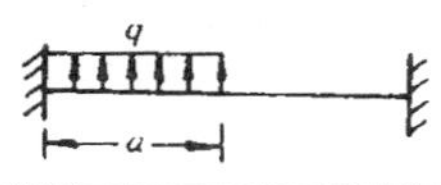	6	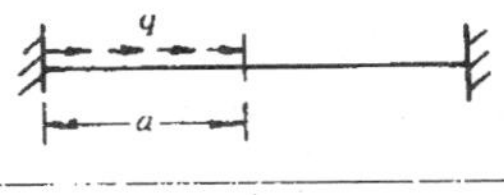

图 6-15

（2）固端力数组

一般情况，结构的单元总数与有非结点荷载作用的单元数二者并不相等，为了有效地利用内存资源，应该根据有非结点荷载的单元数，确定数组的体积，为此需对该数组中的各单元按（1）、（2）、（3）……重新编码，并找出这种新单元编码与原整体结构的统一单元编码之间的对应关系，以便将求得的各单元固端力按"对号入座"的方法充入相应的位置。程序（附后）中系将单元固端力元素由 6 个扩充为 7 个，用第 7 个元素表示该单元的原整体编码。或另建立一个记录有非结点荷载单元码的一维数组亦可。

各非结点荷载引起的固端力，系由计算程序自动完成的，在一个单元上有数个非结点荷载作用时，先分别计算每一个非结点荷载引起的固端力，再对应叠加形成本单元的总固端力。最后将其充入固端力数组中的对应位置。当算完最后一个非结点荷载引起的固端力后，则固端力数组就建立起来了。

（3）控制参数 I_1 和 J_1

I_1 是为了对受非结点荷载作用的单元自动编码而设的参数，J_1 是用来判断当前所计算的单元上还有无别的非结点荷载。开始计算固端力时，先将这两个参数均充为零。现以图 6-16 所示刚架为例，具体说明 I_1 和 J_1 在计算结构固端力数组中的作用，该刚架由 5 个杆单元组成，编码分别为（1）、（2）……（5），其中仅（4）、（5）二个单元上有非结点荷载。所以固端力数组的体积为 $P_4(2, 7)$。计算时，先置 $I_1=0$，$J_1=0$，求第（4）单元上由 P_1 引起的固端力时，分离荷载参数取出 P_1 所在单元码（4），比较 J_1 与单元码相等否？知 $J_1 \neq$（4）（即 $0 \neq 4$），则需对该单元按下式重新编码

$$I_1 \Leftarrow I_1 + 1 = 0 + 1 = 1 \qquad (6-3)$$

即原单元④的新单元编码为 1，同时将原单元码④按 6-4 式充入 J_1 中，即

$$J_1 \Leftarrow ④ = 4 \qquad (6-4)$$

再将 P_1 引起的 6 个固端力元素充入 $P_4(1, 1\sim 6)$ 的位置；将 J_1 充入 $P_4(1, 7)$ 的位置。接着按同样步骤计算第二个非结点荷载引起的固端力，取出 P_2 所在单元码⑤与 J_1 比较，知 $J_1 \neq$ ⑤（即 $4 \neq 5$），则对 P_2 所在单元亦需重新编码，由式 6-3 求得

$$I_1 \Leftarrow I_1 + 1 = 1 + 1 = 2$$

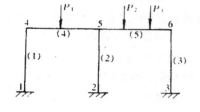

图 6-16

表示原单元⑤的新单元编码为 2，同时将原单元码⑤充入 J_1 中，即 $J_1 \Leftarrow ⑤ = 5$，然后将求得 P_2 引起的 6 个固端力和 J_1 值充入 $P_4(2, 1\sim 7)$ 的位置。重复上述过程求第三个非结点荷载引起的固端力，再取出 P_3 所在单元码⑤与 J_1 比较，知 $J_1=$ ⑤（即 $5=5$），则表示 P_3 与其相邻的前一个荷载 P_2 系同一单元上的两个非结点荷载，故不应再重新编码。于是跳过算式（6-3）、（6-4）的步骤，将求得与 P_3 相应的 6 个固端力对应累加到前 P_2 引起的 6 个固端力上。这样便得到单元②（新编码）上由 P_2 和 P_3 共同作用引起的总固端力，并将其充入数组 $P_4(2, 1\sim 6)$ 的位置。计算完最后一个非结点荷载 P_3 后，该刚架结构的固端力数组就建立起来了。

B　框图及程序设计

求各单元固端力的框图如图 6-17 所示。

按框图 6-17 写出的程序段为

134

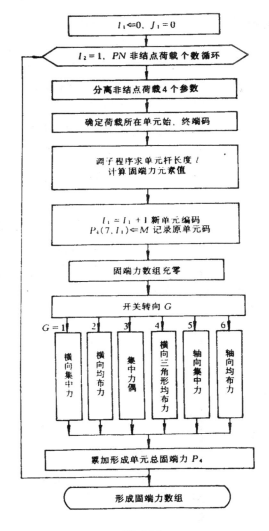

图 6-17

I1＝0
J1＝0   I1、J1 控制参数充零
DO 320 I2＝1，PN   非结点荷载循环
M＝P2(I2,1)
IL＝P2(I2,2)
Q＝P2(I2,3)
S＝P2(I2,4)   分离非结点荷载参数
IU＝MN(M,1)
IV＝MN(M,2)   取出非结点荷载 I2 所在单元始、终
端码

```
          CALL DCS (M,AL,CO,SI)              求单元杆长 L
          Q1=Q/AL
          Q2=Q1*Q1
          L1=AL-Q
          L2=L1/AL
          IF(M·EQ·J1) GOTO 20              如 M＝J1,表示该单元已重新编过
                                           码,跳过去
          I1=I1+1                          如 M≠J1,则需对单元
          J1=M                             重新编码
          P4(I1,7)=M
   20     DO 30 J2=1,6
             FO(J2)=0.0                    单元固端力数组充零
   30     CONTINUE
          GOTO (40,50,60,70,80,90)IL       按荷载类型求固端力
   40     FO(2)=-S*L2*L2*(1.0+2.0*Q1)      计算第一类荷载引起的固端力
          FO(5)=-S*Q2*(1.0+2.0*L2)
          FO(3)=-S*Q*L2*L2
          FO(6)=S*Q2*L1
          GOTO=300
   50     FO (2) =6.0*S*Q1*L2/AL           计算第二类荷载引起的固端力
          FO (5) =-FO (2)
          FO (3) =S*L2*(3.0*Q1-1.0)
          FO (6) =S*Q1*(3.0*L2-1.0)
          GOTO 300
   60     S1=0.5*S*Q                       计算第三类荷载引起的固端力
          FO (2) =-S1*(2.0-2.0*Q2+Q1*Q2)
          FO (5) =-S1*Q2*(2.0-Q1)
          S1=S1*Q/6.0
          FO (6) =S1*(4.0*Q1-3.0*Q2)
          FO (3) =-S1*(6.0-8.0*Q1+3.0*Q2)
          GOTO 300
   70     Q2=0.25*Q*S                      计算第四类荷载引起的固端力
          L1=Q1*Q1
          L2=Q*Q1
          FO (2) =-Q2*(2.0-3.0*L1+1.6*L1*Q1)
          FO (5) =-Q2*L1*(3.0-1.6*Q1)
          S1=Q*Q2/1.5
          FO (3) =-S1*(2.0-3.0*Q1+1.2*L1)
```

136

```
        FO (6) = Q2 * L2 * (1.0 − 0.8 * Q1)
        GOTO 300
80      FO (1) = −S * L2                        计算第五类荷载引起的固端力
        FO (4) = −S * Q1
        GOTO 300
90      L2 = 0.5 * Q1                            计算第六类荷载引起的固端力
        S1 = 1.0 − L2
        FO (1) = −S * S1 * Q
        FO (4) = −0.5 * S * Q * Q1
        GOTO 300
300 DO 310 J = 1,6
        P4 (I1,J) = P4 (I1,J) + FO (J)           叠加形成单元总固端力
310 CONTINUE
320 CONTINUE
```

6.7.3 结构结点荷载列阵的框图及程序设计

由以上分析可设计出由各种荷载引起的结构结点荷载列阵的框图如图 6-18 所示。

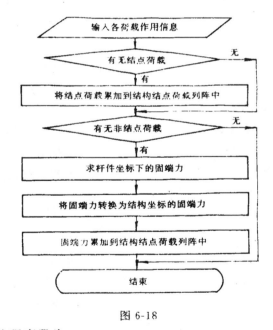

图 6-18

按框图 6-18 写出的程序段为

```
        DO 330 I = 1,N                           方程右端项{P}充零
        PP (I) = 0.0
330     CONTINUE
        IF (PJ. EQ. 0) GOTO 370                  若无结点荷载则跳过不执行
        WRITE( * , * )'P1(I,J)='
```

137

```
         WRITE( * ,340)(P1(I,J),J=1,4),I=1,PJ)
340      FORMAT (1X,F4. 1, 3F10. 4)
         DO 360 I=1,PJ                          有结点荷载的结点循环
         IS=IFIX (P1 (I,1))                     取出结点码
         DO 350 J=1,3                           结点 3 个方向荷载循环
         IT=J+1
         IU=R (IS,J)                            与荷载相应的结点位移码
         IF (IU. EQ. 0) GOTO 350                位移码为零,则相应荷载不进入
                                                {P}中

         PP (IU) =PP (IU) +P1 (I,IT)            结点荷载对应加入{P}中
350      CONTINUE
360      CONTINUE
370      IF (PN. EQ. 0) GOTO 430                若无非结点荷载,则跳过不执行
         DO 390 I=1,PI                          有非结点荷载的单元循环
         DO 380 J=1,7
         P4 (I,J) =0. 0                         固端力数组充零
380      CONTINUE
390      CONTINUE
         CALL DGL (KM,FO,AL)                    调子程序取固端力数组
         DO 420 I=1,PI                          有非结点荷载单元循环
         IW=IFIX (P4 (I,7))
         CALL DCS (IW,AL,CO,SI)                 分别调子程序求单元常数
         CALL BH (CO,SI,C)                      变换矩阵
         CALL DJWB (IW,CM)                      杆端位移码
         DO 410 IS=1,6
         CV (IS) =0. 0
         IB=CM (IS)
         IF (IB. EQ. 0) GOTO 410                如结点位移编码不等于零,将杆件
                                                坐标的固端力,转换为结构坐标的
                                                固端力,加入方程右端项

         DO 400 IT=1,6
         CV(IS)=CV(IS)+C(IT,IS) * P4(I,IT)
400      CONTINUE
         PP (IB) =PP (IB) −CV (IS)
410      CONTINUE
420      CONTINUE
```

6.8 求解线性方程组的程序设计

6.8.1 求解方程的方法

按结构矩阵分析原理，结构的刚度法方程为：

$$[K]\{X\} = \{P\} \tag{6-5}$$

方程（6-5）的求解方法可分为两大类，一类是迭代解法，通过迭代，逐次逼近方程的解答。解答的精度与迭代的次数有关，是近似解，计算机运行时间与解答所要求的精度有关，如要求的精度高，计算机运行的时间亦长。其优点是编写计算程序简单。另一类是直接解法，计算一次即可得到方程的精确解答。其优点是计算机运行时间少，解答精度高，但编写计算程序较复杂。本书中采用直接三角分解法。

6.8.2 三角分解法解方程

A　分解系数矩阵

设结构结点位移的未知量数为 n，则结构的刚度矩阵 $[K]$ 是一个 $n \times n$ 阶的对称、正定矩阵。可以证明它可惟一地分解为如下的三个矩阵的乘积，即

$$[K] = [L][L_D][L]^T \tag{6-6}$$

式中

$$[L] = \begin{bmatrix} L_{11} & & & & & \\ L_{21} & L_{22} & & & 0 & \\ L_{31} & L_{32} & L_{33} & & & \\ \cdots & \cdots & \cdots & & & \\ L_{i1} & L_{i2} & \cdots & L_{ii} & & \\ \cdots & \cdots & \cdots & \cdots & & \\ L_{n1} & L_{n2} & \cdots & \cdots & & L_{nn} \end{bmatrix} \quad （下三角矩阵）$$

$$[L_D] = \begin{bmatrix} \dfrac{1}{L_{11}} & & & & & \\ & \dfrac{1}{L_{22}} & & & 0 & \\ & & \ddots & & & \\ & & & \dfrac{1}{L_{ii}} & & \\ & 0 & & & \ddots & \\ & & & & & \dfrac{1}{L_{nn}} \end{bmatrix} \quad （对角矩阵）$$

$$[L]^T = \begin{bmatrix} L_{11} & L_{21} & \cdots & \cdots & L_{n1} \\ & L_{22} & \cdots & \cdots & L_{n2} \\ & & \ddots & & \\ & & L_{ii} & \cdots & L_{ni} \\ & & & & L_{nn} \end{bmatrix} \quad （[L] 的转置矩阵）$$

在 [L] 矩阵中

$$L_{ij} = K_{ij} - \sum_{k=1}^{j-1} \frac{L_{ik}L_{jk}}{L_{kk}} \qquad (i > j)$$

$$L_{ii} = K_{ii} - \sum_{k=1}^{i-1} \frac{L_{ik}L_{jk}}{L_{kk}} \qquad (i = j)$$

$$L_{ij} = 0 \qquad\qquad\qquad (i < j)$$

$$(6-7)$$

由式（6-7）可知，与各行第一个非零元素 K_{ij} 相对应的 L_{ij} 就等于 K_{ij}，即

$$L_{ij} = K_{ij} \tag{6-8}$$

B 前代

由于 [L] 及 $[L]^T$ 矩阵分别为下三角及上三角矩阵，$[L_D]$ 为对角矩阵，故可将其方程式（6-5）的求解过程作如下的等效变换

$$[L]\{Y\} = \{P\} \tag{6-9}$$

式中 $\{Y\} = [L_D][L]^T\{X\}$。 $\qquad\qquad\qquad\qquad\qquad\qquad\qquad\qquad\quad$ (6-10)

由式（6-9）可由上而下逐一向前代入求出其中间变量 $\{Y\} = [Y_1 \, Y_2 \cdots Y_n]^T$，该向量中任一个元素 Y_i 为

$$Y_i = \frac{P_i - \sum\limits_{k=1}^{i-1} L_{ik}Y_k}{L_{ii}} \tag{6-11}$$

称上述求解过程为前代。

C 回代

由式（6-10）求得中间变量 $\{Y\}$ 的各元素值后，由式（6-10）知 $[L_D][L]^T$ 的乘积仍为一上三角矩阵，形式为：

$$[L_D][L]^T = \begin{bmatrix} 1 & \frac{L_{21}}{L_{11}} & \cdots & & \frac{L_{n1}}{L_{11}} \\ & 1 & \frac{L_{32}}{L_{22}} & \cdots & \frac{L_{n2}}{L_{22}} \\ & & \ddots & & \vdots \\ & & & & 1 \end{bmatrix} = \begin{bmatrix} u_{11} & u_{12} & \cdots & & u_{1n} \\ & u_{22} & u_{23} & \cdots & u_{2n} \\ & & \ddots & & \vdots \\ & & & & u_{nn} \end{bmatrix} \tag{6-12}$$

所以利用式（6-10）由下而上逐一回代求出方程式（6-1）的未知向量 $\{X\}$ 的各元素 $X_n \, X_{n-1} \cdots X_1$。

其中任一元素 X_i 的计算公式为

$$X_i = Y_i - \left(\sum_{j=i+1}^{n} \frac{L_{ji}}{L_{ii}} X_j \right) \qquad (i < j) \tag{6-13}$$

6.8.3 三角分解法的程序设计

A 分解程序设计方法

从分解公式（6-6）可以看出，将矩阵 [K] 分解为下三角 [L]、对角 $[L_D]$ 和 $[L]^T$ 三个矩阵，其中 [L] 矩阵中各元素完全可由 [K] 矩阵中的元素求得，且与 [K] 矩阵的元素个数一一对应，而 $[L_D]$ 和 $[L]^T$ 两个矩阵中各元素又可由 [L] 矩阵中各元素求得。

故为了节省计算机内存，只需用一个数组存贮 [L] 矩阵中各元素即可。又因原来的 [K] 仅存贮下三角区的元素，且当 [K] 被分解后，其各元素的位置均空出来了。这样也不必为 [L] 矩阵另开设新的数组，就是将 [L] 矩阵中的各元素对应放入 [K] 的各元素位置即可。由于 [K] 是带状矩阵，在带外的零元素经分解为 [L] 矩阵后，仍是零元素。所以将 [K] 矩阵分解为 [L] 矩阵时，不必分解带外的零元素，只需分解带内的元素就可以了。

综上所述，分解后的 [L] 矩阵和原来的 [K] 矩阵具有完全相同的带宽和元素总数，所以 [L] 矩阵中的元素仍可使用原来的一维变带宽存贮的数组。这种分解过程并不增加计算机的内存。

B 框图及程序设计

分解过程的程序设计框图如图 6-19 所示。

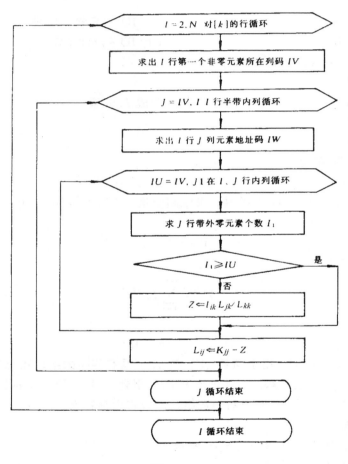

图 6-19

写出与框图 6-19 相应的程序段为

```
430  DO 460 I=2,N              [K]的行循环
     IS=A(I)
     IT=A(I-1)
```

141

```
        IV＝I－IS＋IT＋1                   I 行第一个非零元素所在列码
        DO 450 J＝IV,I                    I 行半带内列循环
        J2＝A(J)
        J3＝A(J－1)
        IW＝IS－I＋J                       J 列元素在一维数组中的序号
        J1＝J－1
        Z＝0.0
        DO 440 IU＝IV,J1                  J 行半带内列循环
        I1＝J－J2＋J3                      J 行带外零元素个数
        IF(I1・GE・IU) GOTO 440           J 行 IU 列元素不在带内,则跳过不执行
        I2＝A(IU)
        IG＝IS－I＋IU                      I 行 IU 列元素的序号
        IJ＝J2－J＋IU                      J 行 IU 列元素的序号
        Z＝Z＋K(IG) ＊ K(IJ)/K(I2)
440  CONTINUE
        K(IW)＝K(IW)－Z                   形成 $L_{ij}$ 元素
450  CONTINUE
460  CONTINUE
```

6.8.4 前代程序设计

A 程序设计方法

由前代公式 (6-9) 和 (6-10) 知,求中间变量 $\{Y\}$ 时,可由上而下逐行求 $Y_1 Y_2 \cdots Y_n$ 各元素值,其中

$$Y_1 = P_1/L_{11}$$

令

$$Z_i = \sum_{k=1}^{i-1} L_{ik}Y_k \tag{6-14}$$

则

$$Y_i = (P_i - Z_i)/L_{ii} \tag{6-15}$$

使用以上公式求 Y_i 时,由于向量 $\{Y\}$ 与 $\{P\}$ 具有相同的维数和元素个数,求解过程又是由上而下一个个方程求解的,且求解 Y_i 时仅用到 P_i 和 I 行以前的 Y_i,所以 $\{Y\}$ 可以和 $\{P\}$ 的数组共用而不必另开设新的数组,以节省内存容量。

B 框图及程序设计

前代过程的程序设计框图如图 6-20 所示。

写出与框图 6-20 相应的程序段为

```
        PP (1) ＝PP (1) /K (1)            求出 $Y_1$ 值
        DO 480 I＝2,N                     行循环
        IS＝A (I)
        IT＝A (I-1)
        IV＝I-IS＋IT＋1                    I 行第一个非零元素的序号
```

142

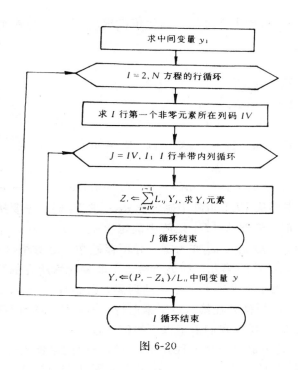

图 6-20

I1＝I－1

Z＝0.0

DO 470 J＝IV,I1　　　　　　　　　　　I 行半带内列循环

IW＝IS－I＋J　　　　　　　　　　　I 行 J 列元素的序号

Z＝Z＋K（IW）＊PP（J）

470 CONTINUE

　PP（I）＝(PP(I)－Z)／K(IS)　　　　　形成中间向量{Y}

480 CONTINUE

6.8.5 回代过程的程序设计

A　程序设计方法

由回代公式（6-13）及（6-12）知，结构的结点位移向量 {X} 的系数矩阵为一上三角矩阵，现以图 6-11 （a）所示刚架为例，将结构刚度矩阵 [K] 分解成 [L] 矩阵后，由（6-12）式可知：求最后未知量 {X} 的展开形式如式 6-16 所示。

$$\begin{bmatrix} 1 & u_{12} & u_{13} & u_{14} & 0 & 0 & 0 & 0 & 0 \\ & 1 & u_{23} & u_{24} & u_{25} & u_{26} & u_{27} & 0 & 0 \\ & & 1 & u_{34} & u_{35} & u_{36} & u_{37} & 0 & 0 \\ & & & 1 & u_{45} & u_{46} & u_{47} & 0 & 0 \\ & & & & 1 & u_{56} & u_{57} & u_{58} & u_{59} \\ & & & & & 1 & u_{67} & u_{68} & u_{69} \\ & & & & & & 1 & u_{78} & u_{79} \\ & & & & & & & 1 & u_{89} \\ & & & & & & & & 1 \end{bmatrix} \begin{Bmatrix} X_1 \\ X_2 \\ X_3 \\ X_4 \\ X_5 \\ X_6 \\ X_7 \\ X_8 \\ X_9 \end{Bmatrix} = \begin{Bmatrix} Y_1 \\ Y_2 \\ Y_3 \\ Y_4 \\ Y_5 \\ Y_6 \\ Y_7 \\ Y_8 \\ Y_9 \end{Bmatrix} \quad (6\text{-}16)$$

所以利用上式求 $\{X\}$ 时，可由下而上逐一回代依次求出 $\{X\}$ 中的各元素 X_n、X_{n-1}、$\cdots$ X_1。兹分别表示如下：

$$X_9 = Y_9$$
$$X_8 = Y_8 - u_{89}X_9$$
$$X_7 = Y_7 - u_{78}X_8 - u_{79}X_9$$
$$\cdots$$
$$X_4 = Y_4 - u_{45}X_5 - u_{46}X_6 - u_{47}X_7 - u_{48}X_8 - u_{49}X_9$$
$$\cdots$$
$$X_1 = Y_1 - u_{12}X_2 - u_{13}X_3 - u_{14}X_4 - u_{15}X_5 - \cdots - u_{19}X_9$$

可以看出，求 X_8 时，先要从 $[L]$ 矩阵中确定出 u_{89}；求 X_7 时，先要从 $[L]$ 矩阵中确定出 u_{78}、u_{79}；同理，求 X_4 时，先要从 $[L]$ 矩阵中确定出 u_{45}、u_{46}、u_{47}、u_{48}、u_{49}；但在 $[L]$ 矩阵中，因 L_{84}、L_{94} 均为零，故 u_{48}、u_{49} 亦为零，并不存贮在一维数组 $\{K\}$ 中，所以在求 X_4 时，需先找到 u_{49} 中的 L_{94} 所在的第九行和该行第 1 个非零元素所在的列码，然后判别 L_{94} 所在的列码（4）如果小于第 1 个非零元素所在的列码，则必有 $u_{49}=0$，不必执行，反之就执行。对于 u_{48}、u_{47}、u_{46}、u_{45} 同样要在第八行、第七行、第六行、第五行作这样的判别，这是很费机时的。为节约机时，现在我们采用以下的回代过程：

首先，求 $\{X\}$ 时，是由最后一个方程开始，一行一行倒退着进行的，且当求 X_i 时，仅用到 Y_i 和 i 行以后的各 X 值，X_{i+1}、X_{i+2}、$\cdots X_n$。又因 $\{X\}$ 和 $\{Y\}$ 具有相同的维数和元素个数，所以 $\{X\}$ 可与 $\{Y\}$ 可共用一个数组，以节省计算机内存。其次，在每行的计算中，如计算 X_9 时，求出 $X_9=Y_9$，同时确定出 $[L]$ 矩阵中第九行的第一个非零元素所在的列码和 $u_{59}X_9$、$u_{69}X_9$、$u_{79}X_9$、$u_{89}X_9$（因 $[L]$ 矩阵第九行第一个非零元素在第五列，所以 $u_{19}=u_{29}=u_{39}=u_{49}=0$ 不必求），改变符号后，分别累加到 Y_5、Y_6、Y_7、Y_8 的元素中；计算 X_8 时，此时 Y_8 单元中存的是 $(Y_8-u_{89}X_9)$，因而就是 X_8，接着判定第八行的第一个非零元素所在的列码，并从该列开始循环依次求出 $u_{58}X_8$、$u_{68}X_8$、$u_{78}X_8$ 改变符号后，分别累加到 Y_5、Y_6、Y_7 元素中。应注意，X_7 此时实际上已经求出。以下继续如此一行行退回计算，待算完第二行后，$\{X\}$ 的全部元素就求出来了。这种算法，每行只需求一次该行第一个非零元素所在的列码，且可一次连续地求出该行第一个非零元素到主元素前的 u_{ji}，再将 u_{ji} 和 X_i 相乘，改变符号后累加到 Y_j 中去。这样回代求 $\{X\}$，所花的计算机时是最少的。

B　框图及程序设计

按这种回代方法设计的程序框图如图 6-21 所示。

写出与框图 6-21 相应的程序段为

```
DO 500 I2＝2,N              N 为方程的阶数
   I＝N＋2－I2
   IU＝A（I）
   I1＝I－1
   IT＝A（I1）
   JI＝I＋IT－IU＋1          I 行第一个非零元素所在列码
   DO 490 J＝J1,I1          I 行半带内列循环
      M＝IU－I＋J            I 行 J 列元素的序号
```

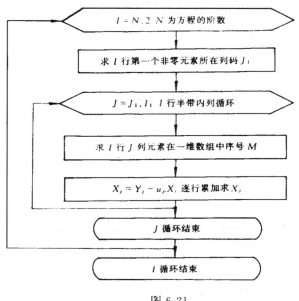

图 6-21

$$M1 = A\ (J)$$
$$Z = K\ (M)\ /K\ (M1)$$
$$PP\ (J) = PP\ (J) - Z * PP\ (I) \qquad\qquad 求出方程未知量\ X_i(\Delta_i)$$

490   CONTINUE

500   CONTINUE

6.9 求单元杆端力和支座反力的程序设计

6.9.1 求杆端力的程序设计

A 求单元杆端力的方法

经解方程求出结构结点位移向量 $\{\Delta\}$ 后，则结构所有的结点位移都知道了。于是可由式（4-14）求出各杆单元的杆端力。

$$\{\overline{F}\}^{(e)} = \{\overline{F}_0\}^{(e)} + [\overline{k}]^{(e)}\{\overline{\delta}\}^{(e)}$$

当结构上有温度荷载作用时，应将由温度改变引起的固端力加入到 $\{\overline{F}_0\}^{(e)}$ 中去；当结构上有支座位移作用时，有两种处理方法，一是将由支座位移引起的固端力加入到 $\{\overline{F}_0\}^{(e)}$ 中去，在该单元杆端位移向量 $\{\delta\}^{(e)}$ 中，凡有支座位移的杆端位移方向均以"0"充入。二是在 $\{\overline{F}_0\}^{(e)}$ 中不加入支座位移引起的固端力，而是在杆端位移向量 $\{\delta\}^{(e)}$ 中，凡是有支座位移的编码方向均以相应的支座位移值充入。

B 框图及程序设计

求单元杆端力的程序设计框图如图 6-22 所示。

写出与框图 6-22 相应的程序段为

   DO 540 I=1,MI   单元循环

   CALL DOS (I,AL,CO,SI)   调子程序求单元 cosα,sinα

   CALL DGJ1 (I,AL,KM) $[\overline{k}]$

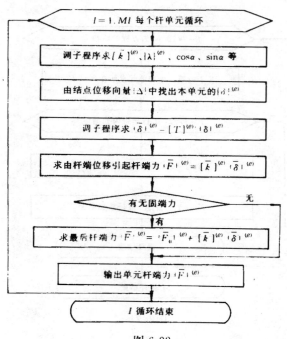

图 6-22

```
      CALL DJWB (I,CM)                          {λ}
      DO 10 J=1,6                               单元杆端位移循环
      IF(CM(J)·NE·0) THEN                        如定位向量码不等零,则将其相应的
      IB=CM(J)                                  结点位移充入杆端位移向量中。
      D=PP(IB)
      CN(J)=D
      ELSE
      CN(J)=0.0                                 否则将零充入杆端位移向量中
      END IF
10    CONTINUE
      CALL BH (CO,SI,C)                         调子程序求变换矩阵[C]
      DO 30 J=1,6
      CV(J)=0.0
      DO 20 IS=1,6
      CV(J)=CV(J)+C(J,IS) * CN(IS)              求杆件坐标的杆端位移向量{δ}
20    CONTINUE
30    CONTINUE
      DO 50 J=1,6
      FO(J)=0.0
      DO 40 IS=1,6
      FO(J)=FO(J)+KM(J,IS) * CV(IS)            求杆端位移引起的杆端力
```

146

```
40      CONTINUE
50      CONTINUE
        IF(PI・EQ・0) GOTO 90
        DO 60 J=1,PI
          M=IFIX(P4(J,7))
          IF(M・EQ・I) GOTO 70          判断所算单元上有无固端力
60      CONTINUE
        GOTO 90                         无固端力时,则跳过不累加
70      DO 80 IS=1,6
          FO(IS)=FO(IS)+P4(J,IS)        将固端力累加到杆端力中
80      CONTINUE
90      FO(1)=-FO(1)                    将坐标系中杆端力的正负号改变为传
        FO(3)=-FO(3)                    统结构力学的正负号
        FO(5)=-FO(5)
        FO(6)=-FO(6)
        WRITE ( * ,120)I,(FO(J),J=1,6)
        WRITE (21,120)I,(FO(J),J=1,6)   输出单元杆端力
120     FORMAT(1X,I3,6F12.3)
        END
540     CONTINUE
```

6.9.2 求支座反力的程序设计

A 求支座反力的方法

在求出各单元的杆端内力后,可利用各支座结点的平衡条件由已知的杆端内力和结点荷载求出支座反力。分别计算如下:

(1) 由杆端内力引起的支座反力

当求某个支座的支座反力时,先对每个杆件单元循环,取出杆件两端结点号,如果有一端结点号与该支座结点号相同,表明该杆端与支座结点相交,就把该杆与支座结点相交的一端的杆端力加到支座反力中去。注意相加时,需先将杆件坐标的杆端力变换为结构坐标的杆端力后才可相加,因支座反力系按结构坐标方向表示的。相反,如果杆件两端结点号均不与该支座结点相同,则表明杆件不交于支座结点上,也就是说此单元杆端力与本支座结点的支座反力无关,跳过去分析下一个单元,照此,当处理完最后一个杆件单元后,由杆端内力引起的该支座的支座反力也就求出来了。

(2) 结点荷载引起的支座反力

当结构上受有直接结点荷载作用时,就把支座结点上的结点荷载改变符号后,累加到对应的支座反力中去。照此对每个支座结点同样处理后,便可求得结构全部的支座反力值。

利用上述方法求支座反力时,一般可求出一个支座上三个约束方向(水平、竖向、反力矩)的三个支座反力值,如图 6-23 (a) 所示,若有的支座上仅有一个或两个方向有约束反力时(图 6-23 (b)、(c)),计算程序统一按三个方向进行计算。只是在没有约束的方向求出的支座反力为零罢了。

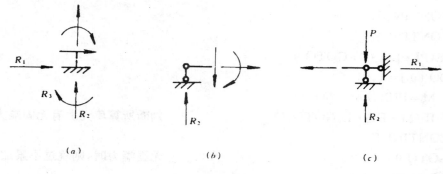

(a) (b) (c)

图 6-23

B 框图设计

按这种方法求支座反力的程序设计框图如图 6-24 所示。

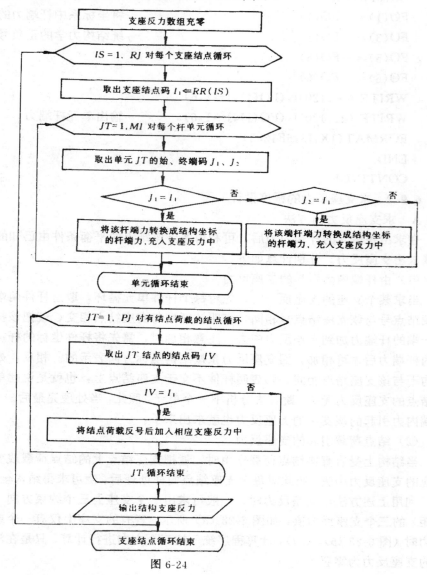

图 6-24

按框图 6-24 可写出相应的程序段（由读者完成）。

6.10 程序设计小结

编写完成一个结构分析源程序的主要过程是：设计程序的框图、编写源程序、调试源程序、最后算出正确结果。现分述如下。

6.10.1 程序的框图设计

根据所研究的对象及选用的计算方法，按大的步骤先设计出程序的总框图。总体设计出各变量、数组、输入数据等。

其次，由总框图再将每个大的步骤细分为若干较详细具体的计算过程，对应设计出一个个的子框图，同时设计出与各子框图相关的变量、数组等。

常用的程序框图有流程图和 N-S 图两种形式，简述如下：

A 流程图

用流程图表示算法是程序设计中应用较为普遍的一种框图形式。它是由表示不同操作的框格、带箭头的流程线以及框内外必要的文字说明三部分组成。它形象、直观，易于理解，可较清楚的显示出各框之间的逻辑关系，程序运行顺序等。本书中的框图均采用这种形式。

B N-S 图

用 N-S 图表示算法是 1973 年由美国学者 I. Nassi 和 B. Shneiderman 首先提出的。在这种表示算法的流程图中，去掉了带箭头的流程线，把各种算法均表示在一个矩形框内。也可由一些基本框组成一个大的框。组成这种图形的基本符号有顺序结构、选择结构、循环结构三种，如图 6-25 （a）、（b）、（c）所示。

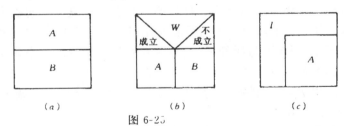

图 6-25

上述两位学者英文姓名的第一个字母分别是 N 和 S，故把这种流程图简称为 N-S 图。

6.10.2 编写源程序

编写源程序是程序设计过程中的一项中心工作。首先要作好编写前的各项准备工作。如全面熟悉、掌握所选用算法语言的基本知识、语法规定。其次在选择设计各种算法时，要尽可能为调试程序提供一定的灵活性，为此应使程序具有较好的通用性，如解算高阶矩阵方程的算法，也适用于低阶方程的求解；输入数据的形式灵活，采用虚实结合的参数来决定输入数据的个数等。

编写源程序是由设计好的程序框图分步来完成的。

A 编写子程序

子程序所计算的问题比较单一、算法简单，且可独立成为一个程序单元，单独进行编译、调试。故可由设计好的子框图分别编写出一个个的子程序。

B 编写主程序

主程序全面系统的反映了计算问题的全过程。可按主框图总的流程写出主程序段，将各子程序与主程序一一对应连接起来，装配成一个完整的结构分析源程序。

编写源程序时，应严格遵守算法语言的书写格式和语法规定。

6.10.3 源程序的调试

程序的调试是程序设计过程中的一个重要环节。由于它具有很强的技术性和经验性，其效率高低往往依赖于程序设计者的经验。对于初学者，调通一个程序所花费的时间常常要比编写一个源程序所花时间多得多。因此在学习过程中，注意不断总结、积累调试程序的经验，对提高调试程序的效率是很重要的。

调试程序的一般过程是：

A　调试的准备

程序调试前首先要熟悉程序运行的环境，因为一个FORTRAN语言源程序总是在一定的硬件和软件支持下进行编辑、编译、连接和运行的。对程序所处环境的熟悉、了解程序，将直接影响程序的调试效率，否则常常会产生事倍功半的效果。及次在设计程序时也要为调试程序作准备。为了使错误尽可能限于局部范围内，以便查找和修改。可选择适当的中间结果输出，或设置必要的断点，以分析判断程序运行是否正常。为了保证程序运行的准确性和可靠性，应精心准备调试所用的数据，以便使程序的全部功能都得到充分的验证。

总之，程序调试的准备工作做得越细致、越周到，程序调试工作的效率就越高。

B　程序的静态检查

静态检查亦称静态调试。是当程序编写完成后，在上机调试前先由人工代替计算机对程序中的语法规则、逻辑结构、书写格式等进行全面、细致的检查。通过静态检查一般可发现其中大部分错误。如每个语句字符有无遗漏，形状相近的字母O、I与数字0、1是否均严格加以区分，标识符、数组名、标号的定义有无重复。不同程序单位之间虚、实参数是否一一对应。程序行中四个分区的用法有无错误，按FORTRAN程序规定：将每行内的80列分为四个区：1～5列为标号区；6列为续行标志区（用一个非空格或非零的符号表示该行为上一行的续行）；7～72列为语句区；73～80列为注释区。书写源程序时，必须严格遵守上述分区的用法，否则将引起错误。这样可以大大减少上机调试时间，提高调试效率。

C　程序的动态调试

动态调试即在计算机上调试。是程序调试的最后一步。动态调试中发生的错误常比较隐蔽，情况也比较复杂。为了尽快地查找和改正出现的错误。需掌握一些基本的调试手段和方法。一个源程序的动态调试要贯穿在编译、连接和运行的全过程中。程序在运行中发生的错误大致可分为以下两类：

一类是运行程序时给出的错误信息，常见的错误如数据格式错、数组超界、溢出停机等。这类错误可根据出错性质不难找出产生错误的原因。另一类错误是，程序运行过程完全正常（不出现任何错误信息），也能输出计算结果，但结果不正确。发生这类错误的因素较多，情况比较复杂，无一定规律可循。故调试时，要耐心细致地从头查起。逐个排除可凝点，最后找出错误的症结所在。

总之，调试程序是一项艰巨而又细致的工作。调试者必须善于观察、思考问题，不断总结、积累经验，提高效率。通过调试程序的实践，又可进一步提高程序设计者的水平。

习　题

6-1　用平面刚架计算程序，能否计算各类静定平面杆系结构？

6-2　当忽略刚架轴向变形影响，建立数据文件时，是否取 $EA=0$？

6-3　试对图 6-26 所示各结构进行结点、结点位移编码，略去各杆轴向变形的影响。

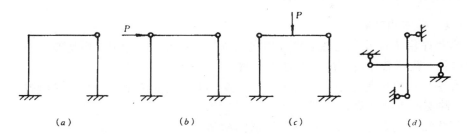

图 6-26

6-4　各杆受图 6-27 所示荷载作用，建立数据文件时应如何处理？

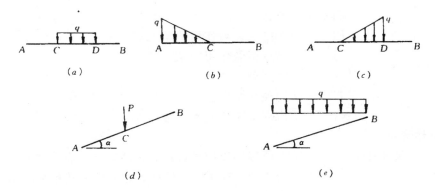

图 6-27

6-5　将计算单元杆端内力子程序中的 CALL DCS 语句和 CALL DGJ1 语句的前后位置互换后，对计算结果有无影响？为什么？

6-6　读程序段 4（形成结构刚度矩阵 $[K]$），将标号 240～250 间的 CALL DGJ2 语句和 CALL DJWB 语句的前后位置互换后，对计算结果有无影响？为什么？

*6-7　阅读、修改计算单元固端力的子程序 DGL 并参照表 3-2 的有关算式，使平面刚架程序增加以下计算功能：

（1）结构在支座位移作用下的计算；

（2）结构在温度改变作用下的计算。

*6-8　参照 6.9 节中框图 6-24 编写出求结构支座反力的子程序，并与所给平面刚架程序相连接，使其增加计算结构支座反力的功能。

7 平面刚架程序

7.1 平面刚架程序的使用说明

7.1.1 程序的功能

1. 本程序用于计算由等截面直杆组成的刚架、排架、连续梁、桁架及组合结构等平面杆系结构受一般荷载作用下的结构结点位移、杆端内力的计算。

2. 支座形式可以是固定支座、不动铰支座，可动铰支座及定向支座等刚性支座，亦适于各种弹性支座下的计算。

3. 组成结构的各个杆件可由不同性质的材料组成。

7.1.2 程序的标识符

A　简单变量

MI——单元数；

MJ——结点数；

PI——受非结点荷载作用的单元数；

PJ——受结点荷载作用的结点数；

PN——非结点荷载数；

N——结构独立结点位移未知量的总数目；

N1——结构刚度矩阵元素总数。

B　下标变量

R（MJ，3）——结点位移约束信息数组，有约束者信息为"0"、无约束者信息为"1"，有非独立位移者，信息为其相关的结点码。最后成为结点位移指示矩阵；

MN（MI，2）——单元始、终端码数组；

EA（MI）——单元拉压刚度数组；

EI（MI）——单元抗弯刚度数组；

X（MJ）——结点坐标 x 值数组；

Y（MJ）——结点坐标 y 值数组；

A（N）——先为半带宽数组，后为主元素指示矩阵；

K（N1）——结构刚度矩阵；

PP（N）——先为方程右端项，后为结构结点位移值数组；

CM（6）——单元的定位向量；

CN（6）——结构坐标的单元杆端位移向量；

FO（6）——杆件坐标的单元杆端力向量；

C（6，6）——结构坐标向杆件坐标变换的变换矩阵；

KM（6，6）——杆件坐标、结构坐标下的单元刚度矩阵；

CK（6，6）、CV（6，6）——两套工作单元；

P1（PJ，4）——结点荷载信息数组，每一个结点荷载由 4 个参数组成，分别表示结点码和 x、y 及转角方向的结点力；

P2（PN，4）——非结点荷载信息数组，每一个非结点荷载由 4 个参数组成，它们顺序表示：1. 非结点荷载所在单元码，2. 荷载类型码，3. 荷载作用位置，4. 荷载值；

P4（PI，7）——受非结点荷载作用的单元固端力数组，每一单元的固端力由 7 个元素组成，顺序表示单元的 6 个固端力和非结点荷载所在的原单元码。

7.2 数据文件的建立与输入

7.2.1 数据文件的建立

A　数据文件名

依程序设计要求，计算平面结构时，需先建立一个与所算结构相对应的**数据文件**。数据文件名的选用同 FORTRAN 语言关于变量名的规定：

（1）文件名必须以英文字母开头，即第一个字符必须是字母。

（2）在第一个字母后面可以跟 1～5 位数字或字母；

（3）以 DAT 为数据文件的后缀，文件名与后缀间用点号"."隔开。例如以 ABC 为名的数据文件的格式是：ABC.DAT（其中字母不分大小写）。

B　数据文件的组成

数据文件共由 7 段数据组成，它们分别是：

（1）总控制参数（五个整数）

MI，MJ，PI，PJ，PN

（2）结构结点约束信息数组（3×MJ 个整数）R（MJ，3）

（3）单元始、终端码数组（2×MJ 个整数）MN（MI，2）

（4）结构结点坐标 x、y 值数组（2×MJ 个实数）X（MJ），Y（MJ）

（5）单元拉压刚度（EA），抗弯刚度（EI）值数组（MI×2 个实数）

EA（MI），EI（MI）

（6）结点荷载数组（PJ×4 个实数）

P1（PJ，4）

若无结点荷载作用时，则不输入。

（7）非结点荷载数组（PN×4 个实数）

P2（PN，4）

若无非结点荷载作用时，则不输入。

7.2.2 数据文件的输入

A　输入方法

当数据文件建好后，运行程序时，按计算机屏幕上的提示：

file name1：？

接着由计算机键盘输入数据文件名后回车即可。

B　输入变量顺序及说明

据本程序设计要求，数据文件中各数据段的输入顺序如下：

次序	变量名	说　明	输入方式
1	MI MJ PI PJ PN	单元总数 结点总数 受非结点荷载作用的单元数 受结点荷载作用的结点数 非结点荷载总数	格式输入
2	R	R（MJ，3）结点约束信息 R（I，1）I 结点 x 方向约束信息 R（I，2）I 结点 y 方向约束信息 R（I，3）I 结点转角方向约束信息	格式输入
3	MN	MN（MI，2）单元始、终端码 MN（I，1）单元 I 的始端码 MN（I，2）单元 I 的终端码	格式输入
4	X、Y	X（MJ）、Y（MJ）结点 x、y 坐标值 X（I）I 结点 x 坐标值 Y（I）I 结点 y 坐标值	格式输入
5	EA、EI	EA（I）、EI（I）单元刚度 EA（I）I 单元的拉压刚度 EI（I）I 单元的抗弯刚度	格式输入
6	P1	P1（PJ，4）结构结点荷载 P1（I，1）I 结点的结点码 P1（I，2）I 结点 x 方向荷载值 P1（I，3）I 结点 y 方向荷载值 P1（I，4）I 结点转角方向荷载值	格式输入
7	P2	P2（PN，4）结构的非结点荷载 P2（I，1）第 I 个非结点荷载所在单元码 P2（I，2）第 I 个非结点荷载的类型码 P2（I，3）第 I 个非结点荷载作用位置参数 P2（I，4）第 I 个非结点荷载值	格式输入

7.3　平面刚架源程序

本程序是按结构矩阵分析的原理，采用直接刚度法的先处理法分析过程编写的。源程序由主程序和 7 个子程序组成。对程序中需多次重复使用的段落，均编写成子程序的形式。为便于读者阅读，对每一个程序段的功能均附有详细的中文注释语句。

FORTRAN 语言源程序

```
        CHARACTER * 12 FA,FB
        INTEGER CM(6)，R，A，PI,PJ，PN
        REAL KM(6,6)，FO(6)，K(4000)
        COMMON MI,MJ,PI,PJ PN
        COMMON /CC1/ MN(50,2),R(50,3)
        COMMON /CC2/ EA(50),EI(50)
        COMMON /CC3/ X(50),Y(50)
        COMMON /CC4/ C(6,6),CK(6,6),CV(6),CN(6)
        COMMON /CC5/ P1(50,4),P2(100,4),P4(50,7)
        COMMON /CC6/ A(120)
        COMMON /CC7/ PP(150)
C       (1)分别输入数据文件名,计算结果文件名
        WRITE( * , * ) 'file name1? '
        READ( * ',(A)') FA
        OPEN (20,FILE＝FA,STATUS＝'OLD')
        WRITE( * , * )'file name2? '
        READ( * ,'(A)') FB
        OPEN (21,FILE＝FB,STATUS＝'NEW')
C       (2)输入,输出原始数据
        WRITE(21,30) FB
30      FORMAT(1X,'file name2:',A)
        READ(20, * ) MI,MJ,PI,PJ,PN
        WRITE(21,40) MI,MJ,PI,PJ,PN
40      FORMAT(1X,'MI＝',13,' MJ＝',13,
     * 'PI＝',13,' PJ＝'13,' PN＝',13,)
        READ(20, * ) ((R(I,J), J＝1,3),I＝1,MJ)
        WRITE(21,60)((R(I,J),J＝1,3),I＝1,MJ)
60      FORMAT(1X,'R(I,J)＝'/8X,50(/1X,1216))
        READ(20, * ) ((MN(I,J),J＝1,2),I＝1,MI)
        WRITE(21,70) ((MN(I,J),J＝1,2),I＝1,MI)
70      FORMAT(1X,'MN(I,J),＝'/8X,50(/1X,1016))
        READ(20, * )(X(I),Y(I),I＝1,MJ)
        WRITE(21,80)(X(I),Y(I),I＝1,MJ)
80      FORMAT(1X,'X(I)－Y(I)＝'/1X,50(/1X,10F7.3))
        READ(20, * )(EA(I),EI(I),I＝1,MI)
        WRITE(21,90)(EA(I),EI(I),I＝1,MI)
90      FORMAT(1X,'EA(I)－EI(I)＝'/1X,50(/1X,6E12.3))
```

```
        IF (PJ. NE. O) THEN
        READ(20, * )((P1(I,J),J=1,4),I=1,PJ)
        WRITE(21,100) ((P1(I,J),J=1,4),I=1,PJ)
100     FORMAT(1X,'P1(I,J)='/1X,50(/1X,F4. 1,3E13. 3))
        END IF
        IF (PN. NE. O) THEN
        READ(20. * ) ((P2(I,J),J=1,4),I=1,PN)
        WRITE(21,110)((P2(I,J),J=1,4),I=1,PN)
110     FORMAT(1X,'P2(I,J)='/1X,50(/1X,F4. 1,3E13. 3))
        END IF
C       (3)形成结点位移编码和主元素指示矩阵
        N=0
        MAX=0
        DO 150 I=1,MJ
        DO 150 J=1,3
        J1=R(I,J)
        IF (J1. EQ. 0) GOTO 150
        IF (J1. EQ. 1) THEN
        N=N+1
        R(I,J)=N
        ELSE
        I1=R(J1,J)
        R(I,J)=I1
        END IF
        WRITE( * ,140) I,J,R(I,J)
140     FORMAT (1X,'R(',I3,',',I3,')=',I3)
150     CONTINUE
        WRITE ( * ,160)N
160     FORMAT (1X,'N=',I3)
        DO 170 I=1,N
        A(I)=0
170     CONTINUE
        DO 200 M=1,MI
        CALL DJWB(M,CM)
        DO 190 IS=1,6
        I1=CM(IS)
        IF (I1. EQ. 0) GOTO 190
        DO 180 IT=1,6
        IW=CM(IT)
```

```
        IF (IW.EQ.0.OR.IW.GT.I1) GOTO 180
        IU=I1-IW+1
        IF (IU.GT.A(I1)) A(I1)=IU
180     CONTINUE
190     CONTINUE
200     CONTINUE
        DO 210 I=2,N
        IF (A(I).GT.MAX) MAX=A(I)
        A(I)=A(I)+A(I-1)
210     CONTINUE
        WRITE (*.220) (I,A(I),I=1,N)
220     FORMAT(1X,5('A(,I3,')=',I3,2X))
        WRITE(*,230) MAX
230     FORMAT (4X,'MAX=',I3)
C       (4)形成结构的刚度矩阵[K]
        N1=A(N)
        DO 240 I=1,N1
        K(I)=0.0
240     CONTINUE
        DO 310 M=1,MI
        CALL DCS(M,AL,CO,SI)
        CALL DGJ1 (M,AL,KM)
        IF(SI.EQ.O) GOTO 250
        CALL BH (CO,SI,C)
        CALL DGJ2 (C,KM)
250     CALL DJWB (M,CM)
        WRITE(*,270)M
270     FORMAT(4X,'KM(I,J)=(',I3,')')
        WRITE (*,280)((KM(IS,IT),IT=1.6),IS=1,6)
280     FORMAT (1X,6E12.4)
        DO 300 IS=1,6
        IF (CM(IS).EQ.0) GOTO 300
        IW=CM(IS)
        DO 290 IT=1,IS
        IF (CM(IT).EQ.0) GOTO 290
        IG=CM(IT)
        IF (IW.GE.IG) IU=A(IW)-IW+IG
        IF (IW.LT.IG) IU=A(IG)-IG+IW
        K(IU)=K(IU)+KM(IS,IT)
```

```
290    CONTINUE
300    CONTINUE
310    CONTINUE
       WRITE( * , * )'K(N)='
       WRITE( * ,320)(K(IS),IS=1,N1)
320    FORMAT (1X,5E12.4)
C      (5)形成结构的结点荷载向量{P}
       DO 330 I=1,N
       PP(I)=O.0
330    CONTINUE
       IF (PJ.EQ.0) GOTO 370
       WRITE( * , * )'P1(I,J)='
       WRITE( * ,340) ((P1(I,J),J=1,4),I=1,PJ)
340    FORMAT (1X,F4.1,3F10.4)
       DO 360 I=1,PJ
       IS=IFIX(P1(I,1))
       DO 350 J=1,3
       IT=J+1
       IU=R(IS,J)
       IF(IU.EQ.0) GOTO 350
       PP(IU)=PP(IU)+P1(I,IT)
350    CONTINUE
360    CONTINUE
370    IF(PN.EQ.0) GOTO 430
       DO 390 I=1, PI
       DO 380 J=1,7
       P4(I,J)=0.0
380    CONTINUE
390    CONTINUE
       CALL DGL(KM,FO,AL)
       DO 420 I=1,PI
       IW=IFIX(P4(I,7))
       CALL DCS (IW,AL CO,SI)
       CALL BH (CO,SI,C)
       CALL DJWB (IW,CM)
       DO 410 IS=1,6
       CV(IS)=0.0
       IB=CM(IS)
       IF (IB.EQ.0) GOTO 410
```

```
      DO 400 IT=1,6
      CV(IS)=CV(IS)+C(IT,IS)*P4(I,IT)
400   CONTINUE
      PP(IB)=PP(IB)-CV(IS)
410   CONTINUE
420   CONTINUE
C     (6)三角分解法解方程,求结构的结点位移向量{Δ}
430   DO 460 I=2,N
      IS=A(I)
      IT=A(I-1)
      IV=I-IS+IT+1
      DO 450 J=IV,I
      J2=A(J)
      J3=A(J-1)
      IW=IS-I+J
      J1=J-1
      Z=0.0
      DO 440 IU=IV,J1
      I1=J-J2+J3
      IF (I1.GE.IU) GOTO 440
      I2=A(IU)
      IG=IS-I+IU
      IJ=J2-J+IU
      Z=Z+K(IG)*K(IJ)/K(I2)
440   CONTINUE
      K(IW)=K(IW)-Z
450   CONTINUE
460   CONTINUE
      PP(1)=PP(1)/K(1)
      DO 480 I=2,N
      IS=A(I)
      IT=A(I-1)
      IV=I-IS+IT+1
      I1=I-1
      Z=0.0
      DO 470 J=IV,I1
      IW=IS-I+J
      Z=Z+K(IW)*PP(J)
470   CONTINUE
```

```
        PP(I)=(PP(I)-Z)/K(IS)
480     CONTINUE
        DO 500 I2=2,N
        I=N+2-I2
        IU=A(I)
        I1=I-1
        IT=A(I1)
        J1=I+IT-IU+1
        DO 490 J=J1,I1
        M=IU-I+J
        M1=A(J)
        Z=K(M)/K(M1)
        PP(J)=PP(J)-Z*PP(I)
490     CONTINUE
500     CONTINUE
        WRITE ( * ,530)
        WRITE(21,530)
530     FORMAT (21X,' jie  gcu  jie  diau  wei  yi')
        WRITE( * ,540)
        WRITE(21,540)
540     FORMAT (23X,12('---'))
        WRITE( * ,550)
        WRITE(21,550)
550     FORMAT (7X,'I',16X,'NX',14X,'NY',14X,'NF'/)
        DO 580 I=1,MJ
        DO 560 J=1,3
        CN(J)=0.0
        IT=R(I,J)
        IF (IT.EQ.0) GOTO 560
        CN(J)=PP(IT)
560     CONTINUE
        WRITE( * ,570) I,(CN(I1),I1=1,3)
        WRITE(21,570)I,(CN(I1),I1=1,3)
570     FORMAT(5X,I3,5X,3E16.4)
580     CONTINUE
C       (7)计算,输出单元的杆端内力
        WRITE( * ,590)
        WRITE(21,590)
590     FORMAT (20X,'dan  yuan  gan  duan  nei  li')
```

```fortran
        WRITE ( * ,600)
        WRITE(21,600)
600     FORMAT(21X,14('———'))
        WRITE( * ,610)
        WRITE(21,610)
610     FORMAT (3X,'I',7X,'NI',10X,'QI',10X,'MI',
     *        11X,'NJ',10X,'QJ',10X,'MJ'/)
        DO 640 I=1,MI
        CALL DNL(I,FO)
        FO(1)=-FO(1)
        FO(3)=-FO(3)
        FO(5)=-FO(5)
        FO(6)=-FO(6)
        WRITE( * ,620)I,(FO(J),J=1,6)
        WRITE(21,620)I,(FO(J),J=1,6)
620     FORMAT(1X,I3,6F12.3)
640     CONTINUE
        CLOSE(20)
        CLOSE(21)
        END
C       (8)子程序(1)形成杆件坐标的单元刚度矩阵[k̄]
        SUBROUTINE DGJ1(M,AL,KM)
        COMMON MI,MJ
        COMMON/CC2/EA(50),EI(50)
        REAL KM(6,6)
        B1=EA(M)/AL
        B2=EI(M)/AL
        B3=6.0 * B2/AL
        B4=2.0 * B3/AL
        DO 10 IS=1.6
        DO 20 IT=1.6
        KM(IS,IT)=0.0
20      CONTINUE
10      CONTINUE
        KM(1,1)=B1
        KM(1,4)=-B1
        KM(2,2)=B4
        KM(2,3)=B3
        KM(2,5)=-B4
```

```
        KM(2,6)=B3
        KM(3,3)=4.0*B2
        KM(3,5)=-B3
        KM(3,6)=2.0*B2
        KM(4,4)=B1
        KM(5,5)=B4
        KM(5,6)=-B3
        KM(6,6)=4.0*B2
        DO 30 IS=2,6
        DO 40 IT=1,IS-1
        KM(IS,IT)=KM(IT,IS)
40      CONTINUE
30      CONTINUE
        END
C       (9)子程序(2)形成单元常数
        SUBROUTINE DCS(I,AL,CO,SI)
        COMMON MI,MJ
        COMMON/CC1/MN(50,2),NN(150)
        COMMON/CC3/X(50),Y(50)
        REAL AL,CO,SI
        IU=MN(I,1)
        IV=MN(I,2)
        XL=X(IV)-X(IU)
        YL=Y(IV)-Y(IU)
        AL=SQRT(XL*XL+YL*YL)
        CO=XL/AL
        SI=YL/AL
        END
C       (10)子程序(3)形成坐标变换矩阵[C]
        SUBROUTINE BH   (CO,SI,C)
        REAL CO,SI,C(6,6)
        DO 10 IS=1,6
        DO 20 IT=1,6
        C(IS,IT)=0.0
20      CONTINUE
10      CONTINUE
        C(1,1)=CO
        C(1,2)=SI
        C(2,1)=-SI
```

162

```
          C(2,2)=CO
          C(3,3)=1.0
          DO 30 IS=1,3
          DO 40 IT=1,3
          C(IS+3,IT+3)=C(IS,IT)
40        CONTINUE
30        CONTINUE
          END
C         (11)子程序(4)形成结构坐标的单元刚度矩阵[k]
          SUBROUTINE DGJ2(C,KM)
          DIMENSION C(6,6),CK(6,6)
          REAL KM(6,6)
          DO 10 IS=1,6
          DO 20 IT=1,6
          CK(IS,IT)=0.0
          DO 30 M=1,6
          CK(IS,IT)=CK(IS,IT)+C(M,IS)*KM(M,IT)
30        CONTINUE
20        CONTINUE
10        CONTINUE
          DO 40 IS=1,6
          DO 50 IT=1,6
          KM(IS,IT)=0.0
          DO 60 M=1,6
          KM(IS,IT)=KM(IS,IT)+CK(IS,M)*C(M,IT)
60        CONTINUE
50        CONTINUE
40        CONTINUE
          END
C         (12)子程序(5)形成单元定位向量
          SUBROUTINE DJWB(I,CM)
          COMMON MI,MJ
          COMMON/CC1/MN(50,2),R(50,3)
          INTEGER R,CM(6)
          I1=MN(I,1)
          I2=MN(I,2)
          DO 10 J=1,3
          J1=R(I1,J)
          CM(J)=J1
```

```
        J1=R(I2,J)
        CM(J+3)=J1
10      CONTINUE
        END
C       (13)子程序(6)形成单元固端力向量{F₀}
        SUBROUTINE DGL(KM,FO,AL)
        COMMON IB(4),PN
        COMMON/CC1/MN(50,2),NN(150)
        COMMON/CC2/EA(50),EI(50)
        COMMON/CC3/X(50),Y(50)
        COMMON/CC4/C(6,6),CK(6,6),CV(6),CN(6)
        COMMON/CC5/P1(200),P2(100,4),P4(50,7)
        DIMENSION KM(6,6),FO(6)
        INTEGER PN
        REAL KM,L1,L2
        I1=0
        J1=0
        DO 320 I2=1,PN
        M=P2(I2,1)
        IL=P2(I2,2)
        Q=P2(I2,3)
        S=P2(I2,4)
        IU=MN(M,1)
        IV=MN(M,2)
        CALL DCS(M,AL,CO,SI)
        Q1=Q/AL
        Q2=Q1*Q1
        L1=AL-Q
        L2=L1/AL
        IF(M.EQ.J1) GOTO 20
        I1=I1+1
        J1=M
        P4(I1,7)=M
20      DO 30 J2=1,6
        FO(J2)=0.0
30      CONTINUE
        GOTO(40,50,60,70,80,90)IL
40      FO(2)=-S*L2*L2*(1.0+2.0*Q1)
        FO(5)=-S*Q2*(1.0+2.0*L2)
```

```
          FO(3)=-S*Q*L2*L2
          FO(6)=S*Q2*L1
          GOTO 300
50        FO(2)=6.0*S*Q1*L2/AL
          FO(5)=-FO(2)
          FO(3)=S*L2*(3.0*Q1-1.0)
          FO(6)=S*Q1*(3.0*L2-1.0)
          GOTO 300
60        S1=0.5*S*Q
          FO(2)=-S1*(2.0-2.0*Q2+Q1*Q2)
          FO(5)=-S1*Q2*(2.0-Q1)
          S1=S1*Q/6.0
          FO(6)=S1*(4.0*Q1-3.0*Q2)
          FO(3)=-S1*(6.0-8.0*Q1+3.0*Q2)
          GOTO 300
70        Q2=0.25*Q*S
          L1=Q1*Q1
          L2=Q*Q1
          FO(2)=-Q2*(2.0-3.0*L1+1.6*L1*Q1)
          FO(5)=-Q2*L1*(3.0-1.6*Q1)
          S1=Q*Q2/1.5
          FO(3)=-S1*(2.0-3.0*Q1+1.2*L1)
          FO(6)=Q2*L2*(1.0-0.8*Q1)
          GOTO 300
80        FO(1)=-S*L2
          FO(4)=-S*Q1
          GOTO 300
90        L2=0.5*Q1
          S1=1.0-L2
          FO(1)=-S*S1*Q
          FO(4)=-0.5*S*Q*Q1
          GOTO 300
300       DO 310 J=1,6
          P4(I1,J)=P4(I1,J)+FO(J)
310       CONTINUE
320       CONTINUE
          END
C         (14)子程序(7)计算单元的杆端内力
          SUBROUTINE DNL(I,FO)
```

```
      COMMON MI,MJ,PI
      COMMON/CC1/MN(50,2),R(50,3)
      COMMON/CC2/EA(50),EI(50)
      COMMON/CC3/X(50),Y(50)
      COMMON/CC4/C(6,6),CK(6,6),CV(6),CN(6)
      COMMON/CC5/BB(600),P4(50,7)
      COMMON/CC7/PP(150)
      INTEGER PI,CM(6)
      REAL FO(6),KM(6,6)
      CALL DCS(I,AL,CO,SI)
      CALL DGJ1(I,AL,KM)
      CALL DJWB(I,CM)
      DO 10 J=1,6
      IF(CM(J).NE.0) THEN
      IB=CM(J)
      D=PP(IB)
      CN(J)=D
      ELSE
      CN(J)=0.0
      END IF
10    CONTINUE
      CALL BH(CO,SI,C)
      DO 30 J=1,6
      CV(J)=0.0
      DO 20 IS=1,6
      CV(J)=CV(J)+C(J,IS)*CN(IS)
20    CONTINUE
30    CONTINUE
      DO 50 J=1,6
      FO(J)=0.0
      DO 40 IS=1,6
      FO(J)=FO(J)+KM(J,IS)*CV(IS)
40    CONTINUE
50    CONTINUE
      IF(PI.EQ.0) GOTO 90
      DO 60 J=1,PI
      M=IFIX(P4(J,7))
      IF(M.EQ.I) GOTO 70
60    CONTINUE
```

```
        GOTO 90
70      DO 80 IS=1,6
        FO(IS)=FO(IS)+P4(J,IS)
80      CONTINUE
90      END
```

7.4 上机算例

例 7-1 计算图 7-1 (a) 所示刚架内力，各杆 EA=2×10⁴kN，EI=4×10³kN·m²。

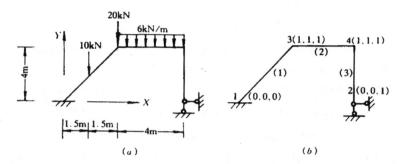

图 7-1

解： (1) 单元、结点编码及结点位移约束信息如图 7-1 (b) 所示。

(2) 建立名为 L1.DAT 的数据文件：

3，4，2，1，3   控制参数 MI，MJ，PI，PJ，PN

0，0，0，0，0，1，1，1，1，1，1，1   结点约束信息 R (MJ，3)

1，3，3，4，2，4   单元始、终端码 MN (MI，2)

0.0，0.0，7.0，0.0，3.0，4.0，7.0，4.0 结点坐标 X (I)，Y (I)

2E4，4E3，2E4，4E3，2E4，4E3   单元刚度 EA (I)，EI (I)

3.0，0.0，—20.0，0.0   结点荷载 P1 (PJ，4)

1.0，1.0，2.5，—6.0，1.0，5.0，2.5   非结点荷载 P2 (PN，4)

—8.0，2.0，3.0，4.0，—6.0

(3) 运行程序，结果如下：

file name1：？（输入数据文件名）

L1.DAT （回车）

file name2：？（输入计算结果文件名）

L1 （回车）

MI=3   MJ=4   PI=2   PJ=1   PN=3

R (i，j) =

0   0   0   0   0   1   1   1   1   1   1   1

MN (i，j) =

1 3 3 4 2 4

X (i) —Y (i) =

.000   .000   7.000   .000   3.000   4.000   7.000   4.000

EA (i) —EI (i) =

.200E+05 .400E+04 .200E+05 .400E+04 .200E+05 .400E+04

P1 (i, j) =

3.0 .000E+00 —.200E+02 .000E+00

P2 (i, j)

1.0 .100E+01 .250E+01 —.600E+01

1.0 .500E+01 .250E+01 —.800E+01

2.0 .300E+01 .400E+01 —.600E+01

jie gcu jie diau wei yi

I	NX	NY	NF
1	.0000E+00	.0000E+00	.0000E+00
2	.0000E+00	.0000E+00	—.9248E—02
3	.2121E+01	—.2349E—01	—.1802E—02
4	.1993E—01	—.4695E—02	.3550E—02

dan yuan gan duan nei li

I	NI	QI	MI	NJ	QJ	MJ
1	—28.260	13.197	—30.683	—20.260	7.197	—20.300
2	—6.399	.526	20.300	—6.399	—23.474	25.596
3	—23.474	6.399	.000	—23.474	6.399	—25.596

7.5 平面刚架程序应用的扩展

7.5.1 平面桁架结构

桁架结构所有结点均为铰结点,各杆仅受轴力作用。计算时可令各杆抗弯刚度 EI 均为零,这时各杆端转角位移对内力计算已不起作用,为了避免使结构刚度矩阵 [k] 成为奇异矩阵从而导致方程无法求解,可再令各杆端转角位移亦为零。这样便可对桁架结构进行计算。

例 7-2 计算图 7-2 (a) 所示桁架结构的内力,各杆 EA=1×10⁵kN。

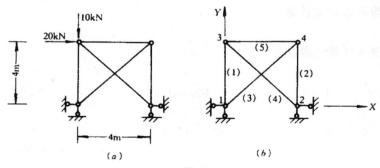

图 7-2

解:(1) 单元、结点编码如图 7-2 (b) 所示。

(2) 建立名为 L2.DAT 的数据文件:

5，4，0，1，0	控制参数 MI，MJ，PI，PJ，PN

5，4，0，1，0　　　　　　　　　　　　　　　　控制参数 MI，MJ，PI，PJ，PN

0，0，0，0，0，0，1，1，0，1，1，0　　　结点约束信息 R（MJ，3）

1，3，2，4，1，4，3，2，3，4　　　　　　单元始、终端码 MN（MI，2）

0.0，0.0，4.0，0.0，0.0，4.0，4.0，4.0　　结点坐标 X（I），Y（I）

1E5，0.0，1E5，0.0，1E5，0.0，1E5，0.0，1E5，0.0　单元刚度 EA（I），EI（I）

3.0，20.0，−10.0，0.0　　　　　　　　　结点荷载 P1（PJ，4）

（3）运行程序，得最后结果文件如下：

jie gou jie diau wei yi

I	NX	NY	NF
1	.0000E＋00	.0000E＋00	.0000E＋00
2	.0000E＋00	.0000E＋00	.0000E＋00
3	.1485E−02	.9241E−04	.0000E＋00
4	.1178E−02	−.3076E−03	.0000E＋00

dan yuan gan duan nei li

I	NI	QI	MI	NJ	QJ	MJ
1	2.310	.000	.000	2.310	.000	.000
2	−7.690	.000	.000	−7.690	.000	.000
3	10.875	.000	.000	10.875	.000	.000
4	−17.409	.000	.000	−17.409	.000	.000
5	−7.690	.000	.000	−7.690	.000	.000

7.5.2 铰接排架结构

一般情况铰接排架的横梁拉压刚度 EA＝∞，且仅受轴力作用，可取其抗弯刚度 EI＝0，为了同时求得横梁的轴力，取 EA 为一个大数即可。

例7-3 计算图 7-3（a）所示排架的内力。已知各柱 EI 为常数，横梁 EA＝∞。

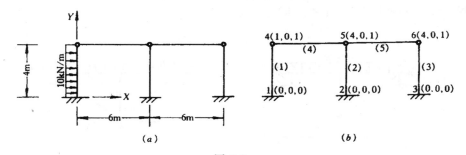

图 7-3

解：（1）单元、结点编码及结点位移约束信息如图 7-3（b）。

（2）建立名为 L3.DAT 的数据文件如下：

5，6，1，0，1　　　　　　　　　　　　　　MI，MJ，PI，PJ，PN

0，0，0，0，0，0，0，0，0，1，0，1，4，0，1，4，0，1　R（MJ，3）

1，4，2，5，3，6，4，5，5，6　　　　　　　MN（MI，2）

0.0，0.0，6.0，0.0，12.0，0.0，0，0，4.0，6.0，4.0　X（I），Y（I）

12.0, 4.0

0.0, 10.0, 0.0, 10.0, 0.0, 10.0, 1E4, 0.0, 1E4, 0.0,   EA (I)，EI (I)

1.0, 3.0, 4.0, −10.0   P2 (PN，4)

（3）运行程序，得最后结果文件如下：

jie gcu jie diau wei yi

I	NX	NY	NF
1	.0000E+00	.0000E+00	.0000E+00
2	.0000E+00	.0000E+00	.0000E+00
3	.0000E+00	.0000E+00	.0000E+00
4	.1067E+02	.0000E+00	−.2667E+01
5	.1067E+02	.0000E+00	−.4000E+01
6	.1067E+02	.0000E+00	−.4000E+01

dan yuan gan duan nei li

I	NI	QI	MI	NJ	QJ	MJ
1	.000	30.000	−40.000	.000	−10.000	.000
2	.000	5.000	−20.000	.000	5.000	.000
3	.000	5.000	−20.000	.000	5.000	.000
4	−10.002	.000	.000	−10.002	.000	.000
5	−4.930	.000	.000	−4.930	.000	.000

7.5.3 组合结构

组合结构由梁式杆和桁架杆两类杆件组成，桁架杆仅受轴力作用，故取 EI 为零。结点除刚结点外，还有铰结点和刚铰混合结点两类，在桁架杆汇交的结点上，约束条件按桁架结点处理，刚铰混合的结点约束条件按刚结点处理。

例 7-4 计算图 7-4（a）所示组合结构的内力。已知梁式杆的 EA=1×10⁴kN，EI=1×10³kN·m²，桁架杆 EA=1×10²kN。

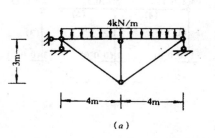

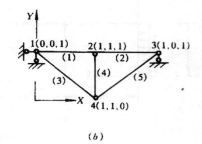

（a）   （b）

图 7-4

解：（1）单元、结点及结点约束信息如图 7-4 （b）所示。

（2）建立名为 L4. DAT 的数据文件如下：

5, 4, 2, 0, 2   MI, MJ, PI, PJ, PN

0, 0, 1, 1, 1, 1, 1, 0, 1, 1, 1, 0   R (MJ, 3)

1, 2, 2, 3, 1, 4, 4, 2, 4, 3   MN (MI, 2)

0.0，3.0，4.0，3.0，8.0，3.0，4.0，0.0　　　　　X（I），Y（I）
1E4，1E3，1E4，1E3，1E2，0.0，1E2，0.0，1E2，0.0　　EA（I），EI（I）
1.0，3.0，4.0，−4.0，2.0，3.0，4.0，−4.0　　　　P2（PN，4）

（3）运行程序得最后结果文件如下：

jie　gcu　jie　diau　wei　yi

I	NX	NY	NF
1	.0000E＋00	.0000E＋00	−.7761E−01
2	−.5150E−03	−.1927E＋00	−.4954E−10
3	−.1030E−02	.0000E＋00	.7761E−01
4	−.5150E−03	−.1348E＋00	0.0000E＋00

dan　yuan　gan　duan　nei　li

I	NI	QI	MI	NJ	QJ	MJ
1	−1.287	15.034	.000	−1.287	−.966	−28.138
2	−1.287	.966	28.138	−1.287	−15.034	.000
3	1.609	.000	.000	1.609	.000	.000
4	−1.931	.000	.000	−1.931	.000	.000
5	1.609	.000	.000	1.609	.000	.000

7.5.4 横梁刚度为无穷大的刚架结构

当刚架横梁抗弯刚度 EI 为无穷大时，计算时可有两种处理方法，一种是取横梁 EI＝0，这样按本程序求得横梁单元最后杆端弯矩亦为零。而实际杆端弯矩值可由结点平衡条件确定；另一种方法是取 EI 为一个大数，这样由计算程序可同时求得该梁单元的杆端弯矩。

例 7-5 计算图 7-5（a）所示刚架的内力。已知各柱 EI＝$2×10^3$kN·m^2，横梁 EI$_1$＝∞，忽略轴向变形的影响。

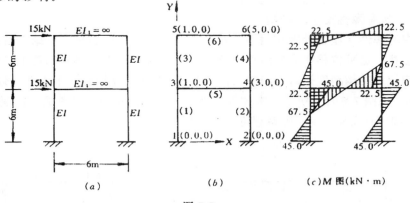

图 7-5

解：（1）坐标系、单元、结点编码及结点位移约束信息如图 7-5（b）所示。

（2）按第一种方法建立名为 L5.DAT 的数据文件如下：

6，6，0，2，0　　　　　　　　　　　　　　　　　　MI，MJ，PI，PJ，PN
0，0，0，0，0，0，1，0，0，3，0，0，1，0，0，5，0，0　　R（MJ，3）
1，3，2，4，3，5，4，6，3，4，5，6　　　　　　　MN（MI，2）

0.0, 0.0, 6.0, 0.0, 0.0, 6.0, 6.0, 6.0, 0.0, 12.0   X (I), Y (I)
6.0, 12.0

0.0, 2E3, 0.0, 2E3, 0.0, 2E3, 0.0, 2E3, 0.0, 2E6   EA (I), EI (I)
0.0, 2E6

3.0, 15.0, 0.0, 0.0, 5.0, 15.0, 0.0, 0.0   P1 (PJ, 4)

（3）运行程序输出结果文件如下：

jie gcu jie diau wei yi

I	NX	NY	NF
1	.0000E+00	.0000E+00	.0000E+00
2	.0000E+00	.0000E+00	.0000E+00
3	.1350E+00	.0000E+00	.0000E+00
4	.1350E+00	.0000E+00	.0000E+00
5	.2025E+00	.0000E+00	.0000E+00
6	.2025E+00	.0000E+00	.0000E+00

dan yuan gan duan nei li

I	NI	QI	MI	NJ	QJ	MJ
1	.000	15.000	−45.000	.000	15.000	−45.000
2	.000	15.000	−45.000	.000	15.000	−45.000
3	.000	7.500	−22.500	.000	7.500	−22.500
4	.000	7.500	−22.500	.000	7.500	−22.500
5	.000	.000	.000	.000	.000	.000
6	.000	.000	.000	.000	.000	.000

由以上结果文件可绘出弯矩图如图 7-5（c）所示。

7.5.5　含有弹性支座的结构

结构中的弹性支座在外因作用下将发生弹性变形，从而引起支座结点沿弹性支座方向发生结点位移，这种位移属未知结点位移之一，应编入结点位移未知量中。弹性支座的弹簧刚度也应记入结构刚度矩阵[K]中。计算时可把弹性支座视为一个弹性等效的杆件单元。

例 7-6　求图 7-6（a）所示含有弹性支座刚架结构的内力。只考虑弯曲变形的影响，已知各杆 $EI = 2 \times 10^4 kN \cdot m^2$，弹簧刚度 $k = 10^3 kN/m$。

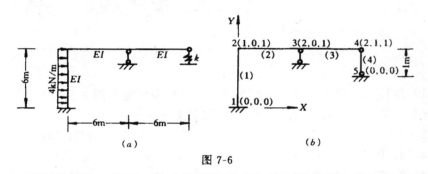

（a）　　　　　　　　　　　（b）

图 7-6

解：（1）结构坐标系、单元、结点编码及结点位移约束信息如图 7-6（b）所示。

172

（2）建立名为 L6.DAT 的数据文件如下：

4，5，1，0，1	MI，MJ，PI，PJ，PN
0，0，0，1，0，1，2，0，1，2，1，1，0，0，0	R（MJ，3）
1，2，2，3，3，4，4，5	MN（MI，2）
0.0，0.0，0.0，6.0，6.0，6.0，12.0，6.0，12.0，5.0	X（I），Y（I）
0.0，2E4，0.0，2E4，0.0，2E4，1E3，0.0	EA（I），EI（I）
1.0，3.0，6.0，−4.0	P2（PN，4）

（3）运行程序输出结果文件如下：

jie gcu jie diau wei yi

I	NX	NY	NF
1	.0000E+00	.0000E+00	.0000E+00
2	.1574E−01	.0000E+00	−.1648E−02
3	.1574E−01	.0000E+00	.5191E−03
4	.1574E−01	.6771E−03	−.9028E−04
5	.0000E+00	.0000E+00	.0000E+00

dan yuan gan duan nei li

I	NI	QI	MI	NJ	QJ	MJ
1	.000	24.000	−53.492	.000	.000	−18.508
2	.000	−3.762	18.508	.000	−3.762	4.063
3	.000	.677	−4.063	.000	.677	.000
4	.677	.000	.000	.677	.000	.000

由各杆端内力可绘出内力图如图 7-7 所示。

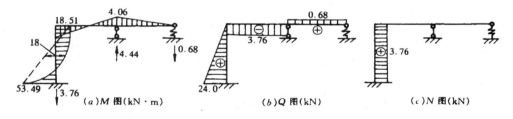

图 7-7

7.5.6 含铰结点的刚架结构

在刚架结构中，交于铰结点的各杆端线位移相同，而角位移则不同，用本程序计算时，可将上述各杆端相同的线位移编为同码，不同的角位移编为异码即可。其余计算则与规则刚架相同。

例 7-7　计算图 7-8（a）所示刚架内力，绘出内力图。已知各杆长度 $l=6m$，EI＝常数，$q=12kN/m$，不计各杆轴向变形的影响。

解：（1）坐标系、单元、结点编码及结点位移信息如图 7-8（b）所示。

（2）建立名为 L7.DAT 的数据文件如下：

3，5，1，0，1

0, 0, 0, 0, 0, 0, 1, 0, 1, 3, 0, 1, 3, 0, 1

1, 3, 2, 5, 3, 4

0.0, 0.0, 6.0, 0.0, 0.0, 6.0, 6.0, 6.0, 6.0, 6.0

0.0, 2E5, 0.0, 2E5, 0.0, 2E5

1.0, 3.0, 6.0, −12.0

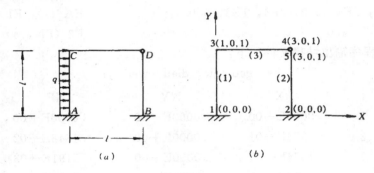

图 7-8

（3）运行程序输出计算结果如下：

jie gcu jie diau wei yi

I	NX	NY	NF
1	.0000E+00	.0000E+00	.0000E+00
2	.0000E+00	.0000E+00	.0000E+00
3	.3381E−02	.0000E+00	−.3287E−03
4	.3381E−02	.0000E+00	.1643E−03
5	.3381E−02	.0000E+00	−.8452E−03

dan yuan gan duan nei li

I	NI	QI	MI	NJ	QJ	MJ
1	.000	62.609	−126.783	.000	−9.391	−32.870
2	.000	9.391	−56.348	.000	9.391	.000
3	.000	−5.478	32.870	.000	−5.478	.000

（4）由各杆端内力可绘出内力图如图 7-9 所示。
其中轴力图系由结点平衡条件求出的。

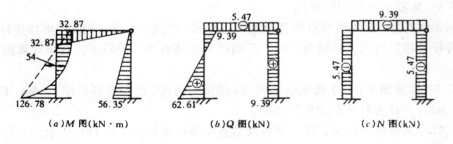

（a）M 图(kN·m)   （b）Q 图(kN)   （c）N 图(kN)

图 7-9

7.5.7 结构受支座位移作用下的计算

当结构受支座位移作用时，需将程序稍作修改使其增加计算支座位移荷载的功能。其方法是先由表 3-2 中各形常数公式编写出求支座位移引起固端力的语句，编为单独一类荷载加入子程序（b）中；再设计出输入支座位移荷载的语句即可计算。

例 7-8 求图 7-10（a）所示刚架因支座位移引起的内力，并绘出内力图。已知 $C_1 = 1\text{cm}$，$C_2 = 2\text{cm}$，$\varphi = 0.02\text{rad}$。各杆为等截面，$EI = 1 \times 10^5 \text{kN} \cdot \text{m}^2$。

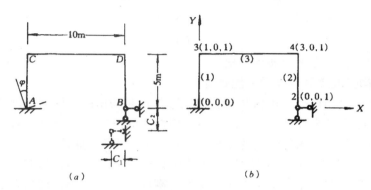

图 7-10

解：（1）坐标系、单元、结点编码及结点位移约束信息如图 7-10（b）所示。

（2）建立名为 L8.DAT 的数据文件如下：

3, 4, 2, 3, 0, 3, 3

1, 2

0, 0, 0, 0, 0, 1, 1, 0, 1, 3, 0, 1

1, 3, 2, 4, 3, 4

0.0, 0.0, 10.0, 0.0, 0.0, 5.0, 10.0, 5.0

0.0, 1E5, 0.0, 1E5, 0.0, 1E5

1.0, 7.0, 1.0, 0.0, 2.0, 7.0, 1.0, 0.0, 3.0, 7.0, 0.0, 1.0

1.0, 0.0, 0.0, 0.02, 2.0, −0.01, −0.02, 0.0, 4.0, 0.0, −0.02, 0.0

（3）运行程序输出计算结果如下：

jie gcu jie diau wei yi

I	NX	NY	NF
1	.000E+00	.000E+00	.000E+00
2	.000E+00	.000E+00	.982E−02
3	−.478E−01	.000E+00	.139E−02
4	−.478E−01	.000E+00	.306E−02

dan yuan gan duan nei li

I	NI	QI	MI	NJ	QJ	MJ
1	.000	54.076	−507.342	.000	54.076	236.962
2	.000	−54.076	.000	.000	−54.076	270.380
3	.000	50.734	−236.962	.000	50.734	−270.380

175

（4）由各杆端内力可绘出内力图如图 7-11 所示。

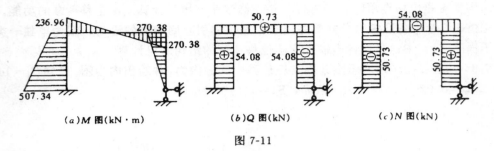

(a) M 图(kN·m)   (b) Q 图(kN)   (c) N 图(kN)

图 7-11

其中轴力图系由结点平衡条件绘出的。

7.5.8　结构受温度改变作用下的计算

结构受温度改变作用时，可仿照与支座位移作用时相似的步骤对程序稍作修改，首先由表 3-2 之 4 的计算式编写出由温度改变引起固端力的语句，再设计出输入温度荷载的语句按独立的一类荷载加入求固端力的子程序（6）中，即可计算。

例 7-9　求图 7-12 (a) 所示刚架在温度改变作用下的内力。已知各杆 $EA = 20.7 \times 10^4 kN$，$EI = 34.93 \times 10^3 kN \cdot m^2$，截面为矩形，高度为 $h = 0.6m$，线胀系数 $\alpha = 1 \times 10^{-5}$。

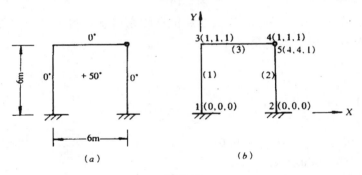

(a)   (b)

图 7-12

解：（1）坐标系、单元、结点编码及结点位移约束信息如图 7-12 (b) 所示。

（2）建立名为 L9. DAT 的数据文件如下：

3, 5, 2, 3, 0, 0, 3

1, 2

0, 0, 0, 0, 0, 0, 1, 1, 1, 1, 1, 1, 4, 4, 1

1, 3, 2, 5, 3, 4

0.0, 0.0, 6.0, 0.0, 0.0, 6.0, 6.0, 6.0

20.7E4, 34.93E3, 20.7E4, 34.93E3, 20.7E4, 34.93E3

1.0, 8.0, 1E（−5）, 0.6, 2.0, 8.0, 1E（−5）, 0.6, 3.0, 8.0, 1E（−5）, 0.6

50.0, 0.0, 25.0

0.0, 50.0, −25.0

50.0, 0.0, 25.0

（3）运行程序输出计算结果为

I	NX	NY	NF
1	.000	.000	.000
2	.000	.000	.000
3	.005	.001	−.001
4	.007	.002	.002
5	.007	.002	−.003

dan   yuan   gan   duan   nei   li

I	NI	QI	MI	NJ	QJ	MJ
1	−3.962	3.914	−47.258	−3.962	3.914	23.773
2	3.962	−3.914	23.484	3.962	−3.914	.000
3	3.914	3.962	−23.773	3.914	3.962	.000

(4) 由各杆端内力可绘出内力图,如图 7-13 所示。

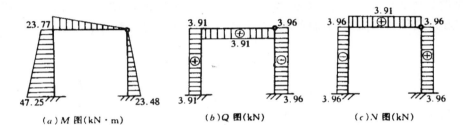

(a) M 图(kN·m)　　　(b) Q 图(kN)　　　(c) N 图(kN)

图 7-13

附录 I　交叉梁系结构矩阵分析和程序设计

A　交叉梁系概述

交叉梁系，又称为格栅结构，在实际结构工程中也常有应用。如工业厂房中的工作平台，民用建筑中的井式楼盖等。这种交叉梁系在两个方向布置有刚度相同、相互起支承作用的梁，以获得较大的空间而不必在中间布置柱列。

交叉梁系的所有杆件均位于同一平面内，各杆在结点处互相刚结。杆件主要产生弯曲变形和扭转变形。作用在交叉梁上的外力垂直于结构平面，而外力偶矢量则位于结构平面内，这点和平面刚架的受力状况显然不同。

在进行矩阵分析建立结构坐标系时，一般选取交叉梁系自身的结构平面为 XY 平面，Z 轴垂直于 XY 平面。作用在交叉梁上的集中力和分布力垂直于 XY 平面，外力偶矢向位于 XY 平面内，如图 I-1 所示。结构坐标系 X、Y、Z 符合右手旋转法则。

交叉梁系中的每个结点有三个独立的位移分量，它们分别是绕 X 轴的角位移 θ_x，绕 Y 轴的角位移 θ_y 和沿 Z 轴方向的线位移 w_z。同理每个结点也可有三个结点荷载分量，它们分别是绕 X 轴的集中力偶 M_x，绕 Y 轴的集中力偶 M_y 和沿 Z 轴方向的集中力 P_z。在以下的讨论中，结点角位移和结点力偶荷载均按右手旋转法则以双箭头来表示。

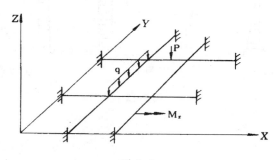

图 I-1

在结构坐标系中，交叉梁系的结点位移和结点力的正负号规定如下：

结点线位移 w 和结点力 P_z 的方向与 Z 轴的正方向一致为正，反之为负。

结点角位移和结点力偶荷载的双箭头向量的方向与坐标轴 X 或 Y 的正方向一致者为正，反之为负。

B　单元的杆端力和杆端位移

交叉梁系杆件单元的始端、终端分别用 i、j 表示，杆件坐标系用 $\bar{x}$、$\bar{y}$、$\bar{z}$ 表示，符合右手旋转法则，单元的每个端点有三个杆端力和三个杆端位移分量，按由始端到终端的顺序分别表示为

杆件坐标系下：
$$\left.\begin{array}{l} \overline{M}_{xi}、\overline{M}_{yi}、\overline{Q}_{zi}、\overline{M}_{xj}、\overline{M}_{yj}、\overline{Q}_{zj} \\ \overline{\theta}_{xi}、\overline{\theta}_{yi}、\overline{w}_{zi}、\overline{\theta}_{xj}、\overline{\theta}_{yj}、\overline{w}_{zj} \end{array}\right\}$$

如图 I-2（a）所示。

结构坐标系下：
$$\left.\begin{array}{l} M_{xi}、M_{yi}、Q_{zi}、M_{xj}、M_{yj}、Q_{zj} \\ \theta_{xi}、\theta_{yi}、w_{zi}、\theta_{xj}、\theta_{yj}、w_{zj} \end{array}\right\}$$

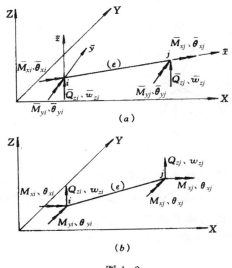

图 I-2

如图 I-2（b）所示。

单元在杆件坐标系中的杆端力向量 $\{\overline{F}\}^{(e)}$ 和杆端位移向量 $\{\overline{\delta}\}^{(e)}$ 按始端、终端分块后可表示为

$$\{\overline{F}\}^{(e)}=\left\{\begin{matrix}\overline{F}_i^{(e)}\\ \cdots\\ F_j^{(e)}\end{matrix}\right\}=\left\{\begin{matrix}\overline{M}_{xi}\\ \overline{M}_{yi}\\ \overline{Q}_{zi}\\ \cdots\\ \overline{M}_{xj}\\ \overline{M}_{yj}\\ \overline{Q}_{zj}\end{matrix}\right\},\{\overline{\delta}\}^{(e)}=\left\{\begin{matrix}\overline{\delta}_i^{(e)}\\ \cdots\\ \overline{\delta}_j^{(e)}\end{matrix}\right\}=\left\{\begin{matrix}\overline{\theta}_{xi}\\ \overline{\theta}_{yi}\\ \overline{w}_{zi}\\ \overline{\theta}_{xj}\\ \overline{\theta}_{yj}\\ \overline{w}_{zj}\end{matrix}\right\}\qquad（\text{I-1}）$$

同理，单元在结构坐标系中的杆端力向量 $\{F\}^{(e)}$ 和杆端位移向量 $\{\delta\}^{(e)}$ 也可按始端、终端分块表示为

$$\{\overline{F}\}^{(e)}=\left\{\begin{matrix}F_i^{(e)}\\ \cdots\\ F_j^{(e)}\end{matrix}\right\}=\left\{\begin{matrix}M_{xi}\\ M_{yi}\\ Q_{zi}\\ \cdots\\ M_{xj}\\ M_{yj}\\ Q_{zj}\end{matrix}\right\},\{\delta\}^{(e)}=\left\{\begin{matrix}\delta_i^{(e)}\\ \cdots\\ \delta_j^{(e)}\end{matrix}\right\}=\left\{\begin{matrix}\theta_{xi}\\ \theta_{yi}\\ w_{zi}\\ \cdots\\ \theta_{xj}\\ \theta_{yj}\\ w_{zj}\end{matrix}\right\}\qquad（\text{I-2}）$$

在上述两种坐标系中，单元杆端力和杆端位移的正负号规定是：杆端力和杆端线位移的方向与坐标轴正方向一致者为正，反之为负；若双箭头向量的指向与坐标轴正方向一致，则相应的杆端力矩或杆端角位移为正，反之为负。图 I-2 中所示单元杆端力和杆端位移均为正方向。

C　单元坐标变换矩阵

交叉梁系单元（e）的始端 i 在两种坐标系中的杆端力示于图 I-3 中，图中 $\overline{x}$ 轴与 X 轴之间的夹角为 α，规定由 X 轴转向 $\overline{x}$ 轴以逆时针方向为正。

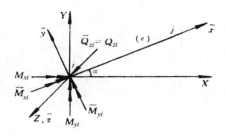

图 I-3

由图可知，$\overline{Q}_{zi}=Q_{zi}$，两者与坐标系的选择无关。用双箭头向量表示的杆端力矩 $\overline{M}_{xi}$、$\overline{M}_{yi}$ 与 M_{xi}、M_{yi} 均位于同一平面 xy（或 $\bar{x}\bar{y}$）内，显然它们之间的转换关系与平面刚架中单元杆端力 $\overline{N}_i$、$\overline{Q}_i$ 与 x_i、y_i 之间的转换关系相同。因此由式（2-16）表示的平面刚架单元的坐标变换矩阵 $[T]$ 也适用于交叉梁系的单元。

D 单元刚度矩阵

a 杆件坐标系的单元刚度矩阵 $[\overline{k}]^{(e)}$

在杆件坐标系中，交叉梁系单元两端分别产生单位杆端位移时引起相应的六组杆端力如图 I-4 所示。设交叉梁系单元的长度为 l，抗扭刚度为 GI_x、绕 $\bar{y}$ 轴的抗弯刚度为 EI_y。

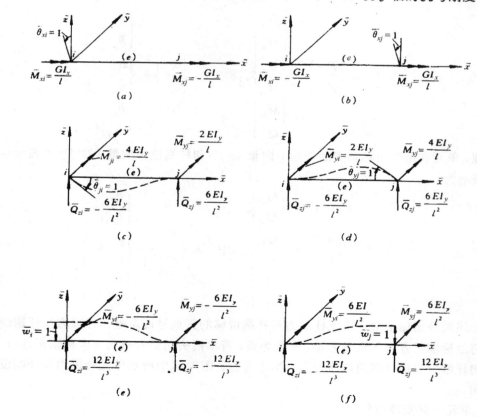

图 I-4

当交叉梁系单元两端六个位移方向同时发生任意杆端位移时，由叠加原理可得单元杆

端力为

$$\overline{M}_{xi} = \frac{GI_x}{l}\overline{\theta}_{xi} - \frac{GI_x}{l}\overline{\theta}_{xj}$$

$$\overline{M}_{yi} = \frac{4EI_y}{l}\overline{\theta}_{yi} - \frac{6EI_y}{l^2}\overline{W}_{zi} + \frac{2EI_y}{l}\overline{\theta}_{yj} + \frac{6EI_y}{l^2}\overline{W}_{zj}$$

$$\overline{Q}_{zi} = -\frac{6EI_y}{l^2}\overline{\theta}_{yi} + \frac{12EI_y}{l^3}\overline{W}_{zi} - \frac{6EI_y}{l^2}\overline{\theta}_{yj} - \frac{12EI_y}{l^3}\overline{W}_{zj}$$

$$\overline{M}_{xj} = -\frac{GI_x}{l}\overline{\theta}_{xi} + \frac{GI_x}{l}\overline{\theta}_{xj}$$

$$\overline{M}_{yj} = \frac{2EI_y}{l}\overline{\theta}_{yi} - \frac{6EI_y}{l^2}\overline{W}_{zi} + \frac{4EI_y}{l}\overline{\theta}_{yj} + \frac{6EI_y}{l^2}\overline{W}_{zj}$$

$$\overline{Q}_{zj} = \frac{6EI_y}{l^2}\overline{\theta}_{yi} - \frac{12EI_y}{l^3}\overline{W}_{zi} + \frac{6EI_y}{l^2}\overline{\theta}_{yj} + \frac{12EI_y}{l^3}\overline{W}_{zj}$$

（ I -3）

将式（I -3）表为矩阵形式

$$
\begin{Bmatrix} \overline{M}_{xi} \\ \overline{M}_{yi} \\ \overline{Q}_{zi} \\ \cdots \\ \overline{M}_{xj} \\ \overline{M}_{yj} \\ \overline{Q}_{zj} \end{Bmatrix}
=
\begin{bmatrix}
\dfrac{GI_x}{l} & 0 & 0 & -\dfrac{GI_x}{l} & 0 & 0 \\
0 & \dfrac{4EI_y}{l} & \dfrac{6EI_y}{l^2} & 0 & \dfrac{2EI_y}{l} & \dfrac{6EI_y}{l^2} \\
0 & -\dfrac{6EI_y}{l^2} & \dfrac{12EI_y}{l^3} & 0 & -\dfrac{6EI_y}{l^2} & -\dfrac{12EI_y}{l^3} \\
-\dfrac{GI_x}{l} & 0 & 0 & \dfrac{GI_x}{l} & 0 & 0 \\
0 & \dfrac{2EI_y}{l} & -\dfrac{6EI_y}{l^2} & 0 & \dfrac{4EI_y}{l} & \dfrac{6EI_y}{l^2} \\
0 & \dfrac{6EI_y}{l^2} & -\dfrac{12EI_y}{l^3} & 0 & \dfrac{6EI_y}{l^2} & \dfrac{12EI_y}{l^3}
\end{bmatrix}
\begin{Bmatrix} \overline{\theta}_{xi} \\ \overline{\theta}_{yi} \\ \overline{w}_{zi} \\ \cdots \\ \overline{\theta}_{xj} \\ \overline{\theta}_{yj} \\ \overline{w}_{zj} \end{Bmatrix}
$$

（ I -4）

上式可缩写为：

$$\{\overline{F}\}^{(e)} = [\overline{k}]^{(e)}\{\overline{\delta}\}^{(e)}$$

（ I -5）

式（I -5）称为交叉梁系单元在杆件坐标系的刚度方程。式中：

$\{\overline{F}\}^{(e)}$——杆件坐标系中由杆端位移引起的杆端力向量；

$[\overline{k}]^{(e)}$——杆件坐标系的交叉梁系单元刚度矩阵；

$\{\overline{\delta}\}^{(e)}$——杆件坐标系的交叉梁系单元杆端位移向量。

b 结构坐标系的单元刚度矩阵 $[k]^{(e)}$

将交叉梁系在杆件坐标的单元刚度矩阵 $[\overline{k}]^{(e)}$ 和坐标变换矩阵 $[T]$ 代入式（2-28）得

$$[k]^{(e)} = [T]^T[\overline{k}]^{(e)}[T]$$

（ I -6）

式中 $[k]^{(e)}$——交叉梁系单元在结构坐标的单元刚度矩阵。

由式（I -6）可知 $[k]^{(e)}$ 为一 6×6 阶的方阵，若按始端 i 终端 j 分块后亦可将其表示为：

$$[k]^{(e)} = \begin{bmatrix} k_{ii}^{(e)} & k_{ij}^{(e)} \\ k_{ji}^{(e)} & k_{jj}^{(e)} \end{bmatrix}$$

（ I -7）

由式（I-6）可求得各子块矩阵的计算公式如下：

$$k_{ii}^{(e)} = \begin{bmatrix} \dfrac{GI_x}{l}\cos^2\alpha + \dfrac{4EI_y}{l}\sin^2\alpha & \left(\dfrac{GI_x}{l} - \dfrac{4EI_y}{l}\right)\sin\alpha\cos\alpha & \dfrac{6EI_y}{l^2}\sin\alpha \\[3mm] \left(\dfrac{GI_x}{l} - \dfrac{4EI_y}{l}\right)\sin\alpha\cos\alpha & \dfrac{GI_x}{l}\sin^2\alpha + \dfrac{4EI_y}{l}\cos^2\alpha & -\dfrac{6EI_y}{l^2}\cos\alpha \\[3mm] \dfrac{6EI_y}{l^2}\sin\alpha & -\dfrac{6EI_y}{l^2}\cos\alpha & \dfrac{12EI_y}{l^3} \end{bmatrix}$$

（I-8）

$$k_{ij}^{(e)} = \begin{bmatrix} -\dfrac{GI_x}{l}\cos^2\alpha + \dfrac{2EI_y}{l}\sin^2\alpha & -\left(\dfrac{GI_x}{l} + \dfrac{2EI_y}{l}\right)\sin\alpha\cos\alpha & -\dfrac{6EI_y}{l^2}\sin\alpha \\[3mm] -\left(\dfrac{GI_x}{l} + \dfrac{2EI_y}{l}\right)\sin\alpha\cos\alpha & -\dfrac{GI_x}{l}\sin^2\alpha + \dfrac{4EI_y}{l}\cos^2\alpha & \dfrac{6EI_y}{l^2}\cos\alpha \\[3mm] \dfrac{6EI_y}{l^2} & -\dfrac{6EI_y}{l^2}\cos\alpha & -\dfrac{12EI_y}{l^3} \end{bmatrix}$$

（I-9）

$$\left.\begin{array}{l} k_{ji}^{(e)} = k_{ji}^{(e)} \\ k_{jj}^{(e)} = k_{ii}^{(e)} \end{array}\right\}$$

（I-10）

E 单元固端力

交叉梁系单元在常用七种非绕点荷载作用下的固端力按表 I-1 中所列公式进行计算。

将表 I-1 与表 3-2 比较可知，在同类荷载作用下，两种单元的固端力计算公式在形式上完全相同，但两种单元固端力的性质不同。交叉梁系单元固端力向量可表示为

$$\{\overline{F}_0\}^{(e)} = \begin{Bmatrix} \overline{M}_{Fxi} \\ \overline{M}_{Fyi} \\ \overline{Q}_{Fzi} \\ \overline{M}_{Fxj} \\ \overline{M}_{Fyj} \\ \overline{Q}_{Fzj} \end{Bmatrix} = \begin{Bmatrix} \overline{F}_{01} \\ \overline{F}_{02} \\ \overline{F}_{03} \\ \overline{F}_{04} \\ \overline{F}_{05} \\ \overline{F}_{06} \end{Bmatrix}$$

（I-11）

表 I-1 交叉梁系单元固端力

荷载类型	荷 载 简 图	杆端内力	始 端 i	终 端 j
1		$\overline{M}_x$	0	0
		$\overline{M}_y$	$\dfrac{Pab^2}{l^2}$	$-\dfrac{Pa^2b}{l^2}$
		$\overline{Q}_z$	$-\dfrac{Pb^2\,(l+2a)}{l^3}$	$-\dfrac{Pa^2\,(l+2b)}{l^3}$
2		$\overline{M}_x$	0	0
		$\overline{M}_y$	$\dfrac{b\,(3a-l)}{l^2}M$	$\dfrac{a\,(3b-l)}{l^2}M$
		$\overline{Q}_z$	$-\dfrac{6ab}{l^3}M$	$\dfrac{6ab}{l^3}M$

荷载类型	荷载简图	杆端内力	始端 i	终端 j
3		$\overline{M}_x$	0	0
		$\overline{M}_y$	$\dfrac{qa^2}{12}\left(6-8\dfrac{a}{l}+\dfrac{3a^2}{l^2}\right)$	$-\dfrac{qa^3}{12l}\left(4-\dfrac{3a}{l}\right)$
		$\overline{Q}_z$	$-qa\left(1-\dfrac{a^2}{l^2}+\dfrac{a^3}{2l^3}\right)$	$-\dfrac{qa^3}{l_2}\left(1-\dfrac{a}{2l}\right)$
4		$\overline{M}_x$	0	0
		$\overline{M}_y$	$\dfrac{q_0a^2}{6}\left(2-\dfrac{3a}{l}+1.2\dfrac{a^2}{l^2}\right)$	$-\dfrac{q_0a^3}{4l}\left(1-0.8\dfrac{a}{l}\right)$
		$\overline{Q}_z$	$-\dfrac{q_0a}{4}\left(2-\dfrac{3a^2}{l^2}+1.6\dfrac{a^3}{l^3}\right)$	$-\dfrac{q_0a^3}{4l^2}\left(3-1.6\dfrac{a}{l}\right)$
5		$\overline{M}_x$	$-\dfrac{qb}{l}$	$-\dfrac{qa}{l}$
		$\overline{M}_y$	0	0
		$\overline{Q}_z$	0	0
6		$\overline{M}_x$	$-qa\left(1-0.5\dfrac{a}{l}\right)$	$-0.5\dfrac{qa^2}{l}$
		$\overline{M}_y$	0	0
		$\overline{Q}_z$	0	0
7		$\overline{M}_x$	0	0
		$\overline{M}_y$	$-\dfrac{qab^2}{l^2}$	$\dfrac{qa^2b}{l^2}$
		$\overline{Q}_z$	$-\dfrac{qa^2}{l^2}\left(\dfrac{a}{l}+3\dfrac{b}{l}\right)$	$\dfrac{qa^2}{l^2}\left(\dfrac{a}{l}+3\dfrac{b}{l}\right)$

　　表中作用在交叉梁系单元上的集中力、分布力，用双箭头矢量表示的集中力偶、分布力偶的方向均与杆件坐标轴正方向一致者为正，反之为负。

　　F　交叉梁系矩阵分析举例

　　例 I-1　试求图 I-5（a）所示交叉梁系各杆的内力，已知各杆 $GI_x=2.2\times10^4\mathrm{kN\cdot m^2}$，$EI_y=6.4\times10^4\mathrm{kN\cdot m^2}$。

　　解：（1）坐标系、单元、结点及结点位移编码如图 I-5（b）所示。

　　（2）求各单元刚度矩阵 $[k]^{(e)}$。由式（I-4）和（I-6）得：

单元（1）$\alpha_1=0$，$\{\lambda\}^{(1)}=\begin{bmatrix}0 & 0 & 0 & 1 & 2 & 3\end{bmatrix}^T$

单元（2）$\alpha_2=0$，$\{\lambda\}^{(2)}=\begin{bmatrix}1 & 2 & 3 & 0 & 0 & 0\end{bmatrix}^T$

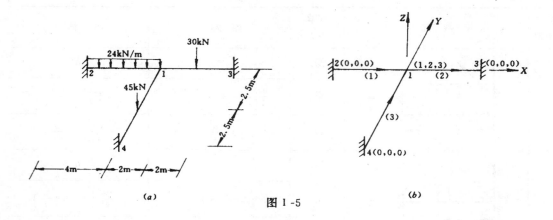

图 I -5

可知单元（1）与单元（2）的单元刚度矩阵完全相同，即

$$[k]^{(1)} = [k]^{(2)} = 10^3 \times \begin{bmatrix} 5.5 & 0 & 0 & -5.5 & 0 & 0 \\ 0 & 64 & -24 & 0 & 32 & 24 \\ 0 & -24 & 12 & 0 & -24 & -12 \\ -5.5 & 0 & 0 & 5.5 & 0 & 0 \\ 0 & 32 & -24 & 0 & 64 & 24 \\ 0 & 24 & -12 & 0 & 24 & 12 \end{bmatrix} \begin{matrix} 1 & 0 \\ 2 & 0 \\ 3 & 0 \\ 0 & 1 \\ 0 & 2 \\ 0 & 3 \end{matrix}$$

列上方标注：
0 0 0 1 2 3 $\{\lambda\}^{(2)}$
1 2 3 0 0 0 $\{\lambda\}^{(1)}$

$$[k]^{(3)} = 10^3 \times \begin{bmatrix} 51.2 & 0 & 15.36 & 25.6 & 0 & -15.36 \\ 0 & 4.4 & 0 & 0 & -4.4 & 0 \\ 15.36 & 0 & 6.14 & 15.36 & 0 & -6.14 \\ 25.6 & 0 & 15.36 & 51.2 & 0 & -15.36 \\ 0 & -4.4 & 0 & 0 & 4.4 & 0 \\ -15.36 & 0 & -6.14 & -15.36 & 0 & 6.14 \end{bmatrix} \begin{matrix} 0 \\ 0 \\ 0 \\ 1 \\ 2 \\ 3 \end{matrix}$$

列上方标注：0 0 0 1 2 3 $\{\lambda\}^{(3)}$

（3）集成结构刚度矩阵 $[K]$

由各单元刚度矩阵 $[k]^{(e)}$ 及定位向量 $\{\lambda\}^{(e)}$ 集成结构刚度矩阵 $[K]$ 为

$$[K] = 10^3 \times \begin{bmatrix} 62.2 & & \text{对称} \\ 0 & 132.4 & \\ -15.36 & 0 & 30.14 \end{bmatrix}$$

（4）求结构结点荷载向量 $\{P\}$。

先由表 I -1 求各单元固端力向量 $\{\overline{F}_0\}^{(e)}$。

184

$$\{\overline{F}_0\}^{(1)} = \begin{Bmatrix} 0 \\ -32 \\ 48 \\ 0 \\ 32 \\ 48 \end{Bmatrix}, \{\overline{F}_0\}^{(2)} = \begin{Bmatrix} 0 \\ -15 \\ 15 \\ 0 \\ 15 \\ 15 \end{Bmatrix}, \{\overline{F}_0\}^{(3)} = \begin{Bmatrix} 0 \\ -28.125 \\ 22.5 \\ 28.125 \\ 28.125 \\ 22.5 \end{Bmatrix}$$

再将 $\{\overline{F}_0\}^{(e)}$ 变换为结构坐标的固端力向量 $\{F_0\}^{(e)}$。

已知 $\alpha_1 = 0$，$\alpha_2 = 0$，$\alpha_3 = 90°$，有

$$\{F_0\}^{(1)} = \{\overline{F}_0\}^{(1)}, \{F_0\}^{(2)} = \{\overline{F}_0\}^{(2)}$$

$$\{F_0\}^{(3)} = [T]^T \{\overline{F}_0\}^{(3)} = \begin{bmatrix} 0 & -1 & 0 & & & \\ 1 & 0 & 0 & & 0 & \\ 0 & 0 & 1 & & & \\ & & & 0 & -1 & 0 \\ & 0 & & 1 & 0 & 0 \\ & & & 0 & 0 & 1 \end{bmatrix} \begin{Bmatrix} 0 \\ -28.125 \\ 22.5 \\ 0 \\ -28.125 \\ 22.5 \end{Bmatrix} = \begin{Bmatrix} 28.125 \\ 0 \\ 22.5 \\ -28.125 \\ 0 \\ 22.5 \end{Bmatrix}$$

最后由各单元固端力向量 $\{\overline{F}_0\}^{(e)}$ 集成结构结点荷载向量 $\{P\}$ 为

$$\{P\} = \begin{Bmatrix} 28.125 \\ -17.00 \\ -85.50 \end{Bmatrix}$$

（5）解结构刚度方程组

$$10^3 \times \begin{bmatrix} 62.2 & & 对称 \\ 0 & 132.4 & \\ -15.36 & 0 & 30.14 \end{bmatrix} \begin{Bmatrix} \theta_{x1} \\ \theta_{y1} \\ W_{z1} \end{Bmatrix} = \begin{Bmatrix} 28.125 \\ -17.00 \\ -85.50 \end{Bmatrix}$$

得结构结点位移为

$$\{\Delta\} = \begin{Bmatrix} \theta_{x1} \\ \theta_{y1} \\ W_{z1} \end{Bmatrix} = \begin{Bmatrix} -0.284 \\ -0.128 \\ -2.981 \end{Bmatrix} \times 10^{-3}$$

（6）求各单元杆端力 $\{F\}^{(e)}$，参照式（4-10）、（4-11）。

$$\{F\}^{(1)} = \begin{Bmatrix} 1.562 \\ -107.655 \\ 86.855 \\ -1.562 \\ -47.764 \\ 9.145 \end{Bmatrix}, \{F\}^{(2)} = \begin{Bmatrix} -1.562 \\ 48.329 \\ -17.692 \\ 1.562 \\ 82.438 \\ 47.692 \end{Bmatrix}, \{F\}^{(3)} = \begin{Bmatrix} 0.565 \\ -66.644 \\ 36.454 \\ -0.565 \\ -3.124 \\ 8.546 \end{Bmatrix}$$

（7）绘制内力图。见图 I-6。

扭矩图应注明正负号，规定扭矩向量的方向与截面外法线方向一致者为正，反之为负。弯矩图画在受拉纤维一侧，不注正负号。剪力图注明正负号，剪力绕截面附近一点形成逆时针转动方向者为正，反之为负。

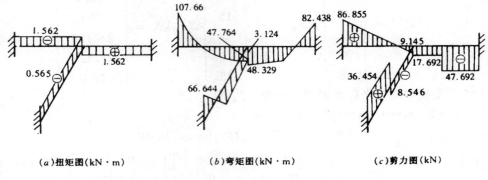

(a)扭矩图(kN·m)　　　　　　(b)弯矩图(kN·m)　　　　　　(c)剪力图(kN)

图 I-6

G　交叉梁系的程序设计及源程序

a　程序设计

交叉梁系程序设计采用直接刚度法的先处理法进行边界约束条件处理，结构刚度矩阵[K]用变带宽按行一维存贮，线性代数方程组的求解用直接三角分解法。结构结点位移向量编码由程序按结点位移约束信息自动形成。

本程序可计算交叉梁系在常用七种荷载作用下的结点位移和杆端内力（扭矩、弯矩和剪力），程序设计计算流程与平面刚架计算程序相似，故在此不再详述。

b　数据文件的建立与输入

数据文件的建立方法同平面刚架。

数据文件的输入顺序及变量说明如下：

次序	变量名	说　　　　明	输入方式
1	MI	单元总数	格式输入
	MJ	结点总数	
	PI	受非结点荷载作用的单元数	
	PJ	受结点荷载作用的结点数	
	PN	非结点荷载数	
2	R	R（MJ，3）结点约束信息	格式输入
		R（I，1）I结点 x 方向扭转约束信息	
		R（I，2）I结点绕 y 轴转角约束信息	
		R（I，3）I结点 z 方向约束信息	
3	MN	MN（MI，2）单元始、终端码数组	格式输入
		MN（I，1）单元 I 的始端码	
		MN（I，2）单元 I 的终端码	
4	X、Y、Z	X（MJ）、Y（MJ）、Z（MJ）结点 X、Y、Z 坐标值	格式输入
		X（I）I结点 X 坐标值	
		Y（I）I结点 Y 坐标值	
		Z（I）I结点 Z 坐标值	

次序	变量名	说　明	输入方式
5	GIX，EIY	GIX (I)、EIY (I) 单元 I 的刚度 GIX (I) 单元 I 的扭转刚度 EIY (I) 单元 I 绕 y 轴的弯曲刚度	格式输入
6	P1	P1 (PJ，4) 结构结点荷载 P1 (I，1) I 结点的结点码 P1 (I，2) I 结点绕 x 轴方向的扭矩荷载 P1 (I，3) I 结点绕 y 轴方向的弯矩值 P1 (I，4) I 结点沿 z 方向的荷载值	格式输入
7	P2	P2 (PN，4) 结构的非结点荷载 P2 (I，1) 第 I 个非结点荷载所在单元码 P2 (I，2) 第 I 个非结点荷载的类型码 P2 (I，3) 第 I 个非结点荷载作用位置参数 P2 (I，4) 第 I 个非结点荷载值	格式输入

c　程序算例

利用交叉梁系计算程序计算例 I-1。

建立名为 G3.DAT 的数据文件如下：

3，4，3，0，3

1，1，1，0，0，0，0，0，0，0，0，0

2，1，1，3，4，1

0.0，0.0，0.0，−4.0，0.0，0.0，4.0，0.0，0.0，0.0，−5.0，0.0

2.2E4，6.4E4，2.2E4，6.4E4，2.2E4，6.6E4

1.0，3.0，4.0，−24.0，2.0，1.0，2.0，−30.0，3.0，1.0，2.5，−45.0

计算结果存放于名为 G3 的文件中。程序输出结果为：

OUT file name G3

MI=3　MJ=4　PI=3　PJ=0　PN=3

R (i，j) =

1　1　1　0　0　0　0　0　0　0　0　0

MN (i，j) =

　　2　　1　　1　　3　　4　　1

X (i) ⋯Y (i) ⋯Z (i) =

　.000　.000　.000　−4.000　.000　.000　4.000　.000　.000

　.000　−5.000　.000

GIX (i) ⋯EIY (i) =

　.220E+05　.640E+05　.220E+05　.640E+05　.220E+05　.640E+05

P2 (i，j) =

1.0	.300E+01	.400E+01	−.240E+02
2.0	.100E+01	.200E+01	−.300E+02
3.0	.100E+01	.250E+01	−.450E+02

jie gcu jie diau wei yi

I	WX	WY	VZ
1	−.2840E−03	−.1284E−03	−.2981E−02
2	.0000E+00	.0000E+00	.0000E+00
3	.0000E+00	.0000E+00	.0000E+00
4	.0000E+00	.0000E+00	.0000E+00

dan yuan gan duan nei li

I	MXI	MYI	QZI	MXJ	MYJ	QZJ
1	1.562	−107.655	86.855	−1.562	−47.764	9.145
2	−1.562	48.329	−17.692	1.562	82.438	47.692
3	.565	−66.644	36.454	−.565	−3.124	8.546

d 交叉梁系源程序

```
      CHARACTER * 12 FC, FD
      INTEGER CM(6),R,A,PI,PJ,PN
      REAL KM(6,6),FO(6),K(4000)
      COMMON MI,MJ,PI,PJ,PN
      COMMON/CC1/MN(50,2),R(50,3)
      COMMON/CC2/GIX(50),EIY(50)
      COMMON/CC3/X(50),Y(50),Z(50)
      COMMON/CC4/C(6,6),CK(6,6),CV(6),CN(6)
      COMMON/CC5/P1(50,4),P2(100,4),P4(50,7)
      COMMON/CC6/A(120)
      COMMON/CC7/PP(150)
C

      WRITE(*,*)'DATA file name? '
      READ(*,'(A)') FC
      OPEN(20,FILE=FC,STATUS='OLD')
      WRITE(*,*) 'OUT file name? '
      READ(*,'(A)')FD
      OPEN(21,FILE=FD,STATUS='NEW')
C

      WRITE(21,30)FD
30    FORMAT(1X,'OUT file name',A)
```

```fortran
      READ (20,*)MI,MJ,PI,PJ,PN
      WRITE(21,40)MI,MJ,PI,PJ,PN
40    FORMAT(1X,'MI=',I3,'MJ=',I3,
     *' PI=',I3,'PJ=',I3,' PN=',I3,)
      READ(20,*)((R(I,J),J=1,3),I=1,MJ)
      WRITE(21,60)((R(I,J),J=1,3),I=1,MJ)
60    FORMAT(1X,'R(i,j)='/8X,50(/1X,12I6))
      READ(20,*)((MN(I,J),J=1,2),I=1,MI)
      WRITE(21,70),(MN(I,J),J=1,2),I=1,MI)
70    FORMAT(1X,'MN(i,j)='/8X,50(/1X,10I6))
      READ(20,*)(X(I),Y(I),Z(I),I=1,MJ)
      WRITE(21,80)(X(I),Y(I),Z(I),I=1,MJ)
80    FORMAT(1X,'X(i)…Y(i)…Z(I)='/1X,50(/1X,9F7.3))
      READ(20,*)(GIX(I),EIY(I),I=1,MI)
      WRITE(21,90)(GIX(I),EIY(I),I=1,MI)
90    FORMAT(1X,'GIX(i)…EIY(i)='/1X,50(/1X,6E12.3))
      IF(PJ.NE.0)THEN
      READ(20,*)((P1(I,J),J=1,4),I=1,PJ)
      WRITE(21,100)((P1(I,J),J=1,4),I=1,PJ)
100   FORMAT(1X,'P1(i,j)='/1X,50(/1X,F4.1,3E13.3))
      END IF
      IF(PN.NE.0)THEN
      READ(20,*)((P2(I,J),J=1,4),I=1,PN)
      WRITE(21,110)((P2(I,J),J=1,4),I=1,PN)
110   FORMAT(1X,'P2(i,j)='/1X,50(/1X,F4.1,3E13.3))
      END IF
C
      N=0
      MAX=0
      DO 150 I=1,MJ
      DO 150 J=1,3
      JI=R(I,J)
      IF (J1.EQ.0) GOTO 150
      IF(J1.EQ.1) THEN
      N=N+1
      R(I,J)=N
      ELSE
      I1=R(J1,J)
      R(I,J)=I1
```

```
          END IF
          WRITE( * ,140)I,J,R(I,J)
140       FORMAT(1X,'R(',I3,',',I3,')=',I3)
150       CONTINUE
          WRITE( * ,160)N
160       FORMAT(1X,'N=',I3)
          DO 170 I=1,N
          A(I)=0
170       CONTINUE
          DO 200 M=1,MI
          CALL DJWB(M,CM)
          DO 190 IS=1,6
          I1=CM(IS)
          IF(I1. EQ. 0) GOTO 190
          DO 180 IT=1,6
          IW=CM(IT)
          IF(IW. EQ. 0. OR. IW. GT. I1) GOTO 180
          IU=I1-IW+1
          IF(IU. GT. A(I1))A(I1)=IU
180       CONTINUE
190       CONTINUE
200       CONTINUE
          DO 210 I=2,N
          IF (A(I). GT. MAX) MAX=A(I)
          A(I)=A(I)+A(I-1)
210       CONTINUE
          WRITE( * ,220)(I,A(I),I=1,N)
220       FORMAT(1X,5('A(',I3,')=',I3,2X))
          WRITE( * ,230)MAX
230       FORMAT(4X,'MAX=',I3)
C
          N1=A(N)
          DO 240 I=1,N1
          K(I)=0. 0
240       CONTINUE
          DO 310 M=1,MI
          CALL DCS(M,AL,CO,SI)
          CALL DGJ1(M,AL,KM)
          IF(SI. EQ. 0) GOTO 250
```

190

```
        CALL BH (CO,SI,C)
        CALL DGJ2 (C,KM)
250     CALL DJWB(M,CM)
        WRITE( * ,270) M
270     FORMAT(4X,'KM(I,J)=(',I3,')')
        WRITE( * ,280)((KM(IS,IT),IT=1,6),IS=1,6)
280     FORMAT (1X,6E12.4)
        DO 300 IS=1,6
        IF(CM(IS).EQ.0) GOTO 300
        IW=CM(IS)
        DO 290 IT=1,IS
        IF (CM(IT).EQ.0) GOTO 290
        IG=CM(IT)
        IF(IW.GE.IG) IU=A(IW)-IW+IG
        IF(IW.LT.IG) IU=A(1G)-IG+IW
        K(IU)=K(IU)+KM(IS,IT)
290     CONTINUE
300     CONTINUE
310     CONTINUE
        WRITE( * , * )'K(N)='
        WRITE( * ,320)(K(IS),IS=1,N1)
320     FORMAT(1X,5E12.4)
C
        DO 330 I=1,N
        PP(I)=0.0
330     CONTINUE
        IF (PJ.EQ.0) GOTO 370
        DO 360 I=1,PJ
        IS=IFIX(P1(I,1))
        DO 350 J=1,3
        IT=J+1
        IU=R(IS,J)
        IF(IU.EQ.0) GOTO 350
        PP(IU)=PP(IU)+P1(I,IT)
350     CONTINUE
360     CONTINUE
370     IF(PN.EQ.0) GOTO 430
        DO 390 I=1,PI
        DO 380 J=1,7
```

```
          P4(I,J)=0.0
380       CONTINUE
390       CONTINUE
          CALL DGL(KM,FO,AL)
          DO 420 I=1,PI
          IW=IFIX(P4(I,7))
          CALL DCS(IW,AL,CO,SI)
          CALL BH(CO,SI,C)
          CALL DJWB(IW,CM)
          DO 410 IS=1,6
          CV(IS)=0.0
          IB=CM(IS)
          IF(IB.EQ.0) GOTO 410
          DO 400 IT=1,6
          CV(IS)=CV(IS)+C(IT,IS)*P4(I,IT)
400       CONTINUE
          PP(IB)=PP(IB)-CV(IS)
410       CONTINUE
420       CONTINUE
C
430       DO 460 I=2,N
          IS=A(I)
          IT=A(I-1)
          IV=I-IS+IT+1
          DO 450 J=IV,1
          J2=A(J)
          J3=A(J-1)
          IW=IS-I+J
          J1=J-1
          H=0.0
          DO 440 IU=IV,J1
          I1=J-J2+J3
          IF(I1.GE.IU) GOTO 440
          I2=A(IU)
          IG=IS-I+IU
          IJ=J2-J+IU
          H=H+K(IG)*K(IJ)/K(I2)
440       CONTINUE
          K(IW)=K(IW)-H
```

```
450       CONTINUE
460       CONTINUE
          PP(1)=PP(1)/K(1)
          DO 480 I=2,N
          IS=A(I)
          IT=A(I-1)
          IV=I-IS+IT+1
          I1=I-1
          H=0.0
          DO 470 J=IV,I1
          IW=IS-I+J
          H=H+K(IW)*PP(J)
470       CONTINUE
          PP(I)=(PP(I)-H)/K(IS)
480       CONTINUE
          DO 500 I2=2,N
          I=N+2-I2
          IU=A(I)
          I1=I-1
          IT=A(I1)
          J1=I+IT-IU+1
          DO 490 J=J1,I1
          M=IU-I+J
          M1=A(J)
          H=K(M)/K(M1)
          PP(J)=PP(J)-H*PP(I)
490       CONTINUE
500       CONTINUE
          WRITE( * ,530)
          WRITE(21;530)
530       FORMAT(21X,' jie gcu jie diau wei yi')
          WRITE( * ,540)
          WRITE(21,540)
540       FORMAT(23X,12('---'))
          WRITE( * ,550)
          WRITE(21,550)
550       FORMAT(3X,'I',16X,'WX',14X,'WY',14X,'VZ'/)
          DO 580 I=1,MJ
          DO 560 J=1,3
```

```fortran
          CN(J)=0. 0
          IT=R(I,J)
          IF (IT. EQ. 0) GOTO 560
          CN(J)=PP(IT)
560       CONTINUE
          WRITE( * ,570) I,(CN(I1),I1=1,3)
          WRITE(21,570) I,(CN(I1),I1=1,3)
570       FORMAT(1X,I3,9X,3E16. 4)
580       CONTINUE
C
          WRITE( * ,590)
          WRITE(21,590)
590       FORMAT(/20X,' dan yuan gan duan nei li')
          WRITE( * ,600)
          WRITE(21,600)
600       FORMAT(22X,13('---'))
          WRITE( * ,610)
          WRITE(21,610)
610       FORMAT(3X,'I',7X,'MXI',9X,'MYI',9X,'QZI',
     *    9X,'MXJ',9X,'MYJ',9X,'QZJ'/)
          DO 640 I=1,MI
          CALL DNL(I,FO)
          WRITE( * ,620) I,(FO(J),J=1,6)
          WRITE(21,620)I,(FO(J),J=1,6)
620       FORMAT(1X,I3,6F12. 3)
640       CONTINUE
          CLOSE(20)
          END
C
          SUBROUTINE DGJ1(M,AL,KM)
          COMMON MI,MJ
          COMMON/CC2/ GIX(50),EIY(50)
          REAL KM(6,6)
          B1=GIX(M)/AL
          B2=EIY(M)/AL
          B3=6. 0 * B2/AL
          B4=2. 0 * B3/AL
          DO 10 IS=1,6
          DO 20 IT=1,6
```

194

```
            KM(IS,IT)=0.0
20          CONTINUE
10          CONTINUE
            KM(1,1)=B1
            KM(1,4)=-B1
            KM(2,2)=4.0*B2
            KM(2,3)=-B3
            KM(2,5)=2.0*B2
            KM(2,6)=B3
            KM(3,3)=B4
            KM(3,5)=-B3
            KM(3,6)=-B4
            KM(4,4)=B1
            KM(5,5)=4.0*B2
            KM(5,6)=B3
            KM(6,6)=B4
            DO 30 IS=2,6
            DO 40 IT=1,IS-1
            KM(IS,IT)=KM(IT,IS)
40          CONTINUE
30          CONTINUE
            END
C
            SUBROUTINE DCS (I,AL,CO,SI)
            COMMON MI,MJ
            COMMON/CC1/MN(50,2),NN(150)
            COMMON/CC3/X(50),Y(50),Z(50)
            REAL AL,CO,SI
            IU=MN(I,1)
            IV=MN(I,2)
            XL=X(IV)-X(IU)
            YL=Y(IV)-Y(IU)
            AL=SQRT(XL*XL+YL*YL)
            CO=XL/AL
            SI=YL/AL
            END
C
            SUBROUTINE BH(CO,SI,C)
            REAL CO,SI,C(6,6)
```

```
          DO 10 IS=1,6
          DO 20 IT=1,6
          C(IS,IT)=0.0
20        CONTINUE
10        CONTINUE
          C(1,1)=CO
          C(1,2)=SI
          C(2,1)=-SI
          C(2,2)=CO
          C(3,3)=1.0
          DO 30 IS=1,3
          DO 40 IT=1,3
          C(IS+3,IT+3)=C(IS,IT)
40        CONTINUE
30        CONTINUE
          END
C
          SUBROUTINE DGJ2(C,KM)
          DIMENSION C(6,6),CK(6,6)
          REAL KM(6,6)
          DO 10 IS=1,6
          DO 20 IT=1,6
          CK(IS,IT)=0.0
          DO 30 M=1,6
          CK(IS,IT)=CK(IS,IT)+C(M,IS)*KM(M,IT)
30        CONTINUE
20        CONTINUE
10        CONTINUE
          DO 40 IS=1,6
          DO 50 IT=1,6
          KM(IS,IT)=0.0
          DO 60 M=1,6
          KM(IS,IT)=KM(IS,IT)+CK(IS,M)*C(M,IT)
60        CONTINUE
50        CONTINUE
40        CONTINUE
          END
C
          SUBROUTINE DJWB(I,CM)
```

```
        COMMON MI,MJ
        COMMON/CC1/MN(50,2),R(50,3)
        INTEGER R,CM(6)
        I1=MN(I,1)
        I2=MN(I,2)
        DO 10 J=1,3
        J1=R(I1,J)
        CM(J)=J1
        J1=R(I2,J)
        CM(J+3)=J1
10      CONTINUE
        END
C
        SUBROUTINE DGL(KM,FO,AL)
        COMMON IB(4),PN
        COMMON/CC1/MN(50,2),NN(150)
        COMMON/CC2/GIX(50),EIY(50)
        COMMON/CC3/X(50),Y(50),Z(50)
        COMMON/CC4/C(6,6),CK(6,6),CV(6),CN(6)
        COMMON/CC5/P1(200),P2(100,4),P4(50,7)
        DIMENSION KM(6,6),FO(6)
        INTEGER PN
        REAL KM,L1,L2
        I1=0
        J1=0
        DO 320 I2=1,PN
        M=P2(I2,1)
        IL=P2(I2,2)
        Q=P2(I2,3)
        S=P2(I2,4)
        IU=MN(M,1)
        IV=MN(M,2)
        CALL DCS(M,AL,CO,SI)
        Q1=Q/AL
        Q2=Q1*Q1
        L1=AL-Q
        L2=L1/AL
        IF (M.EQ.J1) GOTO 20
        I1=I1+1
```

```
        J1=M
        P4(I1,7)=M
20      DO 30 J2=1,6
        FO(J2)=0.0
30      CONTINUE
        GOTO(40,50,60,70,80,90,100)IL
40      FO(2)=S*Q*L2*L2
        FO(3)=-S*L2*L2*(1.0+2.0*Q1)
        FO(5)=-S*Q2*L1
        FO(6)=-S*Q2*(1.0+2.0*L2)
        GOTO 300
50      FO(2)=S*L2*(3.0*Q1-1.0)
        FO(3)=-6.0*S*Q1*L2/AL
        FO(5)=S*Q1*(3.0*L2-1.0)
        FO(6)=-FO(3)
        GOTO 300
60      S1=0.5*S*Q
        FO(3)=-S1*(2.0-2.0*Q2+Q1*Q2)
        FO(6)=-S1*Q2*(2.0-Q1)
        S1=S1*Q/6.0
        FO(2)=S1*(6.0-8.0*Q1+3.0*Q2)
        FO(5)=-S1*(4.0*Q1-3.0*Q2)
        GOTO 300
70      Q2=0.25*Q*S
        L1=Q1*Q1
        L2=Q*Q1
        FO(3)=-Q2*(2.0-3.0*L1+1.6*L1*Q1)
        FO(6)=-Q2*L1*(3.0-1.6*Q1)
        S1=Q*Q2/1.5
        FO(2)=S1*(2.0-3.0*Q1+1.2*L1)
        FO(5)=-Q2*L2*(1.0-0.8*Q1)
        GOTO 300
80      FO(1)=-S*L2
        FO(4)=-S*Q1
        GOTO 300
90      L2=0.5*Q1
        S1=1.0-L2
        FO(1)=-S*S1*Q
        FO(4)=-0.5*S*Q*Q1
```

198

```
              GOTO 300
100           FO(2)=-S*Q2*L1
              FO(3)=-S*Q2*(1.0+2.0*L2)
              FO(5)=S*Q2*L1
              FO(6)=S*Q2*(1.0+2.0*L2)
              GOTO 300
300           DO 310 J=1,6
              P4(I1,J)=P4(I1,J)+FO(J)
310           CONTINUE
320           CONTINUE
              END
C
              SUBROUTINE DNL(I,FO)
              COMMON MI,MJ,PI
              COMMON/CC1/ MN(50,2),R(50,3)
              COMMON/CC2/GIX(50),EIY(50)
              COMMON/CC3/X(50),Y(50),Z(50)
              COMMON/CC4/C(6,6),CK(6,6),CV(6),CN(6)
              COMMON/CC5/BB(600),P4(50,7)
              COMMON/CC7/PP(150)
              INTEGER PI,CM(6)
              REAL FO(6),KM(6,6)
              CALL DCS(I,AL,CO,SI)
              CALL DGJ1(I,AL,KM)
              CALL DJWB(I,CM)
              DO 10 J=1,6
              IF (CM(J).NE.0)THEN
              IB=CM(J)
              D=PP(IB)
              CN(J)=D
              ELSE
              CN(J)=0.0
              END IF
10            CONTINUE
              CALL BH(CO,SI,C)
              DO 30 J=1,6
              CV(J)=0.0
              DO 20 IS=1,6
              CV(J)=CV(J)+C(J,IS)*CN(IS)
```

```
20        CONTINUE
30        CONTINUE
          DO 50 J=1,6
          FO(J)=0. 0
          DO 40 IS=1,6
          FO(J)=FO(J)+KM(J,IS) * CV(IS)
40        CONTINUE
50        CONTINUE
          IF(PI. EQ. 0) GOTO 90
          DO 60 J=1,PI
          M=IFIX(P4(J,7))
          IF(M. EQ. I) GOTO 70
60        CONTINUE
          GOTO 90
70        DO 80 IS=1,6
          FO(IS)=FO(IS)+P4(J,IS)
80        CONTINUE
90        END
```

附录 II   空间桁架结构矩阵分析和程序设计

实际工程中的桁架结构，除了平面桁架外，还有另外一类桁架称为空间桁架，如水塔、网架等。这类桁架的杆件处在三维空间内，一般不能简化为平面桁架来计算。由于空间桁架结点位移未知量多，故计算量大，但随着计算机的广泛应用，空间桁架结构日益得到广泛的应用。

A   空间桁架的单元分析

a   单元的杆端位移与杆端力

对空间桁架进行矩阵分析时仍采用先处理法。坐标采用右手系，结构坐标为 $X\text{-}Y\text{-}Z$，杆件坐标为 $\bar{x}\text{-}\bar{y}\text{-}\bar{z}$。如图 II-1 所示。

（1）杆件坐标的单元杆端位移与杆端力

图 II-1（a）所示为任一空间桁架单元（e），i、j 分别表示单元的始端码、终端码。在杆件坐标系中，单元的每个端点只承受轴向力 $\bar{X}$，因此每个端点仅考虑沿着杆件坐标 $\bar{x}$ 轴方向的位移 $\bar{u}$。而另外两个垂直于桁架杆 $\bar{x}$ 轴方向的位移分量并不影响桁架杆件的轴向力 $\bar{X}$，故可不考虑 $\bar{v}$、$\bar{w}$。这样空间桁架在杆件坐标系中的杆端位移向量与平面桁架单元的杆端位移向量相同，即

$$\{\bar{\delta}\}^{(e)} = \left\{ \begin{matrix} \bar{u}_i \\ \bar{u}_j \end{matrix} \right\} \qquad (\text{II-1})$$

与杆端位移相应的杆端力向量为

$$\{\bar{F}\}^{(e)} = \left\{ \begin{matrix} \bar{X}_i \\ \bar{X}_j \end{matrix} \right\} \qquad (\text{II-2})$$

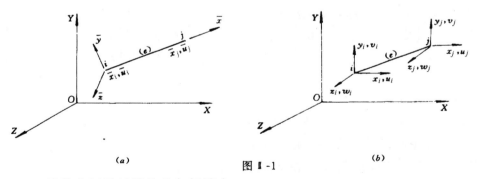

(a) 图 II-1 (b)

（2）结构坐标的杆端位移与杆端力

在结构坐标系中，单元的每个结点有 3 个沿着结构坐标轴（X、Y、Z）方向的杆端位移分量 u、v、w，如图 II-1（b）所示。故在结构坐标系中，单元杆端位移向量为

$$\{\delta\}^{(e)} = \left\{ \begin{matrix} \delta_i \\ \cdots \\ \delta_j \end{matrix} \right\} = \left\{ \begin{matrix} u_i \\ v_i \\ w_i \\ \cdots \\ u_j \\ v_j \\ w_j \end{matrix} \right\} \qquad (\text{II-3})$$

与杆端位移相应的杆端力向量为

$$\{F\}^{(e)} = \left\{\frac{F_i}{F_j}\right\} = \left\{\begin{matrix} X_i \\ Y_i \\ Z_i \\ \overline{X_j} \\ Y_j \\ Z_j \end{matrix}\right\} \tag{II-4}$$

在上述两种坐标系中的单元杆端位移与杆端力的方向与坐标轴正方向一致者为正，反之为负。图 II-1 中的单元杆端位移与杆端力均为正方向。

b 单元的坐标变换矩阵

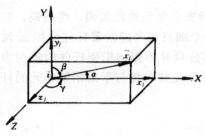

图 II-2

图 II-2 所示为一空间桁架单元始端 i 在两种坐标系中的杆端力。设杆件坐标 $\overline{x}$ 轴与结构坐标 X、Y、Z 轴的夹角分别是 α、β、γ。

将结构坐标系的杆端力 X_i、Y_i、Z_i 分别在 $\overline{x}$ 轴上投影，可求得杆端力 $\overline{X}_i$ 为

$$\overline{X}_i = X_i \cos\alpha + Y_i \cos\beta + Z_i \cos\gamma \tag{II-5}$$

同理对杆端 j 的杆端力，也有相似的关系为

$$\overline{X}_j = X_j \cos\alpha + Y_j \cos\beta + Z_j \cos\gamma \tag{II-6}$$

将以上两式表为矩阵形式，可得

$$\left\{\frac{\overline{X}_i}{\overline{X}_j}\right\} = \begin{bmatrix} \cos\alpha & \cos\beta & \cos\gamma & 0 & 0 & 0 \\ 0 & 0 & 0 & \cos\alpha & \cos\beta & \cos\gamma \end{bmatrix} \left\{\begin{matrix} X_i \\ Y_i \\ Z_i \\ X_j \\ Y_j \\ Z_j \end{matrix}\right\} \tag{II-7}$$

缩写为

$$\{\overline{F}\}^{(e)} = [T]\{F\}^{(e)} \tag{II-8}$$

式中　　$\{\overline{F}\}^{(e)}$ ——空间桁架单元 (e) 在杆件坐标的杆端力向量；

$\{F\}^{(e)}$ ——空间桁架单元 (e) 在结构坐标的杆端力向量；

$[T]$ ——空间桁架单元由结构坐标向杆件坐标变换的变换矩阵。

若用 $\overline{X}_i$、$\overline{X}_j$ 分别表示 X_i、Y_i、Z_i 和 X_j、Y_j、Z_j，则可得

$$\left\{\begin{matrix} X_i \\ Y_i \\ Z_i \\ X_j \\ Y_j \\ Z_j \end{matrix}\right\} = \left\{\begin{matrix} \cos\alpha & 0 \\ \cos\beta & 0 \\ \cos\gamma & 0 \\ 0 & \cos\alpha \\ 0 & \cos\beta \\ 0 & \cos\gamma \end{matrix}\right\} \left\{\frac{\overline{X}_i}{\overline{X}_j}\right\} \tag{II-9}$$

缩写为

$$\{F\}^{(e)} = [T]^T\{\overline{F}\}^{(e)} \qquad (\text{II-10})$$

式中　$[T]^T$——空间桁架单元（e）由杆件坐标向结构坐标变换的变换矩阵。

对于杆端位移，也具有与式（II-8）和（II-10）相类似的关系

$$\{\overline{\delta}\}^{(e)} = [T]\{\delta\}^{(e)} \qquad (\text{II-11})$$

$$\{\delta\}^{(e)} = [T]^T\{\overline{\delta}\}^{(e)} \qquad (\text{II-12})$$

c　单元刚度矩阵

（1）杆件坐标的单元刚度矩阵 $[\overline{k}]^{(e)}$

空间桁架杆单元，同平面桁架杆单元一样，仅承受轴向力，故只需考虑轴向刚度即可。故单元杆端力与杆端位移的关系也与平面桁架相同，即

$$\left\{\begin{array}{c} \overline{X}_i \\ \overline{X}_j \end{array}\right\} = \left[\begin{array}{cc} \dfrac{EA}{l} & -\dfrac{EA}{l} \\ -\dfrac{EA}{l} & \dfrac{EA}{l} \end{array}\right]\left\{\begin{array}{c} \overline{u}_i \\ \overline{u}_j \end{array}\right\} \qquad (\text{II-13})$$

缩写为

$$\{\overline{F}\}^{(e)} = [\overline{k}]^{(e)}\{\overline{\delta}\}^{(e)} \qquad (\text{II-14})$$

上式称为空间桁架单元在杆件坐标系的刚度方程。

其中

$$[\overline{k}]^{(e)} = \dfrac{EA}{l}\left[\begin{array}{cc} 1 & -1 \\ -1 & 1 \end{array}\right]$$

称为单元在杆件坐标的单元刚度矩阵。

（2）结构坐标的单元刚度矩阵 $[k]^{(e)}$

由式（II-10）和（II-14）可得：

$$\{F\}^{(e)} = [T]^T[\overline{k}]^{(e)}\{\overline{\delta}\}^{(e)} \qquad (\text{II-15})$$

将式（II-11）代入上式可得：

$$\{F\}^{(e)} = [T]^T[\overline{k}]^{(e)}[T]\{\delta\}^{(e)} \qquad (\text{II-16})$$

式中令

$$[k]^{(e)} = [T]^T[\overline{k}]^{(e)}[T] \qquad (\text{II-17})$$

称 $[k]^{(e)}$ 为空间桁架单元（e）在结构坐标的单元刚度矩阵。

将式（II-8）中 $[T]$ 的表达式代入式（II-17）并令：

$$S_1 = \dfrac{EA}{l}\cos^2\alpha, \quad S_2 = \dfrac{EA}{l}\cos\alpha\cos\beta, \quad S_3 = \dfrac{EA}{l}\cos\alpha\cos\gamma,$$

$$S_4 = \dfrac{EA}{l}\cos^2\beta, \quad S_5 = \dfrac{EA}{l}\cos\beta\cos\gamma, \quad S_6 = \dfrac{EA}{l}\cos^2\gamma$$

则可将空间桁架在结构坐标的单元刚度矩阵表示为

$$[k]^{(e)} = \left[\begin{array}{ccc:ccc} S_1 & S_2 & S_3 & -S_1 & -S_2 & -S_3 \\ & S_4 & S_5 & -S_2 & -S_4 & -S_5 \\ & & S_6 & -S_3 & -S_5 & -S_6 \\ \hdashline & & & S_1 & S_2 & S_3 \\ & \text{对称} & & & S_4 & S_5 \\ & & & & & S_6 \end{array}\right] \qquad (\text{II-18})$$

B　空间桁架的整体分析

a　结构的结点位移向量和结点力向量

空间桁架每个结点有三个独立的线位移分量，即沿结构坐标 X、Y、Z 方向的结点位移 u、v、w。与结点位移相对应，每个结点也可作用有三个结点力分量 H，V，W。故可将空间桁架的结点位移向量和结点力向量分别表示为

$$\{\Delta\} = \left\{\begin{matrix} \Delta_1 \\ \Delta_2 \\ \Delta_3 \\ \vdots \\ \Delta_i \\ \vdots \end{matrix}\right\} = \left\{\begin{matrix} u_1 \\ v_1 \\ w_1 \\ u_2 \\ v_2 \\ w_2 \\ \vdots \\ u_i \\ v_i \\ w_i \\ \vdots \end{matrix}\right\} = \left\{\begin{matrix} \delta_1 \\ \delta_2 \\ \delta_3 \\ \delta_4 \\ \delta_5 \\ \delta_6 \\ \vdots \\ \delta_{3i-2} \\ \delta_{3i-1} \\ \delta_{3i} \\ \vdots \end{matrix}\right\} \qquad (\text{I}-19)$$

$$\{P\} = \left\{\begin{matrix} P_1 \\ P_2 \\ \vdots \\ P_i \\ \vdots \end{matrix}\right\} = \left\{\begin{matrix} H_1 \\ V_1 \\ W_1 \\ H_2 \\ V_2 \\ W_2 \\ \vdots \\ H_i \\ V_i \\ W_i \\ \vdots \end{matrix}\right\} = \left\{\begin{matrix} P_1 \\ P_2 \\ P_3 \\ P_4 \\ P_5 \\ P_6 \\ \vdots \\ P_{3i-2} \\ P_{3i-1} \\ P_{3i} \\ \vdots \end{matrix}\right\} \qquad (\text{I}-20)$$

式中　Δ_i 和 P_i 分别为结点 i 的结点位移子向量和结点力子向量。

在结构坐标系中，结点位移和结点力的方向与结构坐标轴正方向一致者为正，反之为负。

b　结构刚度方程

空间桁架的结构刚度方程仍可表示为

$$[K]\{\Delta\} = \{P\} \qquad (\text{I}-21)$$

式中　$[K]$——空间桁架的结构刚度矩阵；

　　　$\{\Delta\}$——空间桁架的结构结点位移向量；

$\{P\}$——空间桁架的结构结点荷载向量。

C　空间桁架单元的杆端内力和支座反力

a　单元的杆端内力

当求得结构的结点位移向量 $\{\Delta\}$ 后，可根据单元定位向量先求出单元在结构坐标的杆端位移向量 $\{\delta\}^{(e)}$ 为

$$\{\delta\}^{(e)} = \begin{Bmatrix} u_i \\ v_i \\ w_i \\ u_j \\ v_j \\ w_j \end{Bmatrix}^{(e)} = \begin{Bmatrix} \delta_1 \\ \delta_2 \\ \delta_3 \\ \delta_4 \\ \delta_5 \\ \delta_6 \end{Bmatrix}^{(e)} \qquad (\text{II}-22)$$

再由式（II-11）求出单元在杆件坐标的杆端位移向量 $\{\bar{\delta}\}^{(e)}$ 为

$$\{\bar{\delta}\}^{(e)} = [T]\{\delta\}^{(e)} = \begin{Bmatrix} \bar{u}_i \\ \bar{u}_j \end{Bmatrix} = \begin{Bmatrix} u_i\cos\alpha + v_i\cos\beta + w_i\cos\gamma \\ u_j\cos\alpha + v_j\cos\beta + w_j\cos\gamma \end{Bmatrix} \qquad (\text{II}-23)$$

单元的轴力为

$$\{\bar{F}\}^{(e)} = [\bar{k}]^{(e)}\{\bar{\delta}\} = \begin{Bmatrix} \bar{N}_i \\ \bar{N}_j \end{Bmatrix} = \frac{EA}{l}\begin{Bmatrix} 1 & -1 \\ -1 & 1 \end{Bmatrix}\begin{Bmatrix} \bar{u}_i \\ \bar{u}_j \end{Bmatrix} \qquad (\text{II}-24)$$

轴力规定以拉为正，压为负。

b　结构支座反力的计算

支座结点的反力包括相交于支座结点各单元的杆端轴力引起的反力和作用在支座结点上的结点荷载引起的支座反力两部分。

由支座结点的平衡条件，可得支座反力的计算公式为

$$\left.\begin{aligned} R_{Hi} &= \sum_i N\cos\alpha - H_i \\ R_{Vi} &= \sum_i N\cos\beta - V_i \\ R_{Wi} &= \sum_i N\cos\gamma - W_i \end{aligned}\right\} \qquad (\text{II}-25)$$

式中 R_{Hi}、R_{Vi}、R_{Wi} 分别为支座结点 i 的 X、Y、Z 方向的支座反力。各支座反力方向与结构坐标轴正方向一致者为正，反之为负。H_i、V_i、W_i 为作用在支座结点上的荷载。$\sum_i$ 表示对所有与支座结点 i 相关的单元杆端力求和。

例题 II-1　试求图 II-3（a）所示空间桁架各杆的轴力及支座反力，已知各杆 $EA=1\times10^6$kN。

解：（1）坐标系、单元、结点及结点位移编码如图 II-3（b）所示。

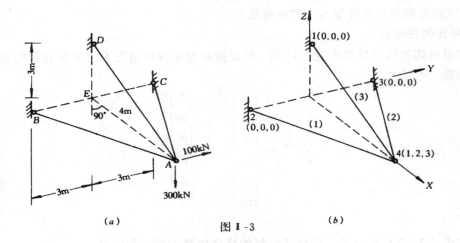

图 I-3

(2) 求各单元在结构坐标的单元刚度矩阵 $[k]^{(e)}$。

$$[k]^{(1)}=10^5 \times \begin{matrix} 0 & 0 & 0 & 1 & 2 & 3 & \{\lambda\}^{(1)} \\ \begin{bmatrix} 1.28 & 0.96 & 0.0 & -1.28 & -0.96 & 0.0 \\ 0.96 & 0.72 & 0.0 & -0.96 & -0.72 & 0.0 \\ 0.0 & 0.0 & 0.0 & 0.0 & 0.0 & 0.0 \\ -1.28 & -0.96 & 0.0 & 1.28 & 0.96 & 0.0 \\ -0.96 & -0.72 & 0.0 & 0.96 & 0.72 & 0.0 \\ 0.0 & 0.0 & 0.0 & 0.0 & 0.0 & 0.0 \end{bmatrix} & \begin{matrix} 0 \\ 0 \\ 0 \\ 1 \\ 2 \\ 3 \end{matrix} \end{matrix}$$

$$[k]^{(2)}=10^5 \times \begin{matrix} 0 & 0 & 0 & 1 & 2 & 3 & \{\lambda\}^{(2)} \\ \begin{bmatrix} 1.28 & -0.96 & 0.0 & -1.28 & 0.96 & 0.0 \\ -0.96 & 0.72 & 0.0 & 0.96 & -0.72 & 0.0 \\ 0.0 & 0.0 & 0.0 & 0.0 & 0.0 & 0.0 \\ -1.28 & 0.96 & 0.0 & 12.8 & -0.96 & 0.0 \\ 0.96 & -0.72 & 0.0 & -0.96 & 0.72 & 0.0 \\ 0.0 & 0.0 & 0.0 & 0.0 & 0.0 & 0.0 \end{bmatrix} & \begin{matrix} 0 \\ 0 \\ 0 \\ 1 \\ 2 \\ 3 \end{matrix} \end{matrix}$$

$$[k]^{(3)}=10^5 \times \begin{matrix} 0 & 0 & 0 & 1 & 2 & 3 & \{\lambda\}^{(3)} \\ \begin{bmatrix} 1.28 & 0.0 & -0.96 & -1.28 & 0.0 & -0.96 \\ 0.0 & 0.0 & 0.0 & 0.0 & 0.0 & 0.0 \\ -0.96 & 0.0 & 0.72 & 0.96 & 0.0 & -0.72 \\ -1.28 & 0.0 & 0.96 & 1.28 & 0.0 & -0.96 \\ 0.0 & 0.0 & 0.0 & 0.0 & 0.0 & 0.0 \\ 0.96 & 0.0 & -0.72 & -0.96 & 0.0 & 0.72 \end{bmatrix} & \begin{matrix} 0 \\ 0 \\ 0 \\ 1 \\ 2 \\ 3 \end{matrix} \end{matrix}$$

(3) 由各单元刚度矩阵 $[k]^{(e)}$ 集成结构刚度矩阵 $[K]$。

206

$$[K] = 10^5 \times \begin{bmatrix} 3.84 & & 对称 \\ 0.0 & 1.44 & \\ -0.96 & 0.0 & 0.72 \end{bmatrix}$$

（4）求结构的结点荷载向量 $\{P\}$

$$\{P\} = \begin{Bmatrix} 0 \\ 100 \\ -300 \end{Bmatrix}$$

（5）结构的刚度方程为

$$10^5 \times \begin{bmatrix} 3.84 & & 对称 \\ 0.0 & 1.44 & \\ -0.96 & 0.0 & 0.72 \end{bmatrix} \begin{Bmatrix} \Delta_1 \\ \Delta_2 \\ \Delta_3 \end{Bmatrix} = \begin{Bmatrix} 0 \\ 100 \\ -300 \end{Bmatrix}$$

解方程得结点位移

$$\begin{Bmatrix} \Delta_1 \\ \Delta_2 \\ \Delta_3 \end{Bmatrix} = \begin{Bmatrix} U_4 \\ V_4 \\ W_4 \end{Bmatrix} = \begin{Bmatrix} -0.156 \\ 0.0694 \\ -0.625 \end{Bmatrix} \times 10^{-2}$$

（6）求各单元杆端内力和支座反力

由式（Ⅱ-23）、（Ⅱ-24）可求得单元的杆端内力如下：

$$\{\overline{F}\}^{(1)} = \begin{Bmatrix} \overline{N}_i \\ \overline{N}_j \end{Bmatrix} = \begin{Bmatrix} -0.167 \\ -0.167 \end{Bmatrix} \times 10^3, \{\overline{F}\}^{(2)} = \begin{Bmatrix} \overline{N}_i \\ \overline{N}_j \end{Bmatrix} = \begin{Bmatrix} -0.333 \\ -0.333 \end{Bmatrix} \times 10^3$$

$$\{\overline{F}\}^{(3)} = \begin{Bmatrix} \overline{N}_i \\ \overline{N}_j \end{Bmatrix} = \begin{Bmatrix} 0.500 \\ 0.500 \end{Bmatrix} \times 10^3$$

由式（Ⅱ-25）可求得各支座反力为

$$R_{H1} = -400\text{kN}, \qquad R_{v1} = 0.0 \qquad R_{w1} = 300\text{ kN}$$
$$R_{H2} = 133.33\text{kN}, \qquad R_{v2} = 100\text{ kN}, \qquad R_{w2} = 0.0$$
$$R_{H3} = 266.67\text{kN}, \qquad R_{v3} = -200\text{ kN}, \qquad R_{w3} = 0.0$$

D　空间桁架的程序设计及源程序

a　程序设计

空间桁架的程序设计采用直接刚度法的先处理法进行边界约束条件的处理。结构刚度矩阵 $[K]$ 采用变带宽、半带按行一维存贮。线性代数方程组求解选用对称三角分解法。结构结点位移编码由程序自动形成，仅需输入各支座结点约束信息即可。

本程序可计算各种空间结点力作用下空间桁架的内力、变形及支座反力。

b　数据文件的建立与输入

（1）数据文件的建立方法同平面刚架。

（2）数据文件的输入顺序及变量说明（见下表）。

次序	变量名	说　　　明	输入方式
1	MI MJ RJ PJ	单元总数 结点总数 支座结点总数目 受结点荷载作用的结点数	格式输入
2	RR	RR（RJ）支座结点码数组 RR（I）第 I 个支座结点的结点码	格式输入
3	R	R（RJ，3）支座结点约束信息 R（I，1）第 I 个支座结点 X 方向约束信息 R（I，2）第 I 个支座结点 Y 方向约束信息 R（I，3）第 I 个支座结点 Z 方向约束信息	格式输入
4	MN	MN（MI，2）单元始、终端码数组 MN（I，1）单元 I 的始端码 MN（I，2）单元 I 的终端码	格式输入
5	X、Y、Z	X（MJ）、Y（MJ）、Z（MJ）结点 X、Y、Z 坐标值 X（I）I 结点 X 坐标值 Y（I）I 结点 Y 坐标值 Z（I）I 结点 Z 坐标值	格式输入
6	EA	EA（MI）单元抗拉刚度 EA（I）单元 I 的拉压刚度	格式输入
7	P1	P1（PJ，4）结构的结点荷载 P1（I，1）I 结点的结点码 P1（I，1）I 结点 X 方向的集中力 P1（I，2）I 结点 Y 方向的集中力 P1（I，3）I 结点 Z 方向的集中力	格式输入

　c　程序算例

利用本空间桁架程序计算例 II-1。

建立名为 K3.DAT 的数据文件如下：

3，4，3，1

1，2，3

0，0，0，0，0，0，0，0，0，1，1，1

2，4，3，4，1，4

0.0，0.0，3.0，0.0，−3.0，0.0，0.0，3.0，0.0，4.0，0.0，0.0

1E6，1E6，1E6

4.0，0.0，100.0，−300.0

计算结果存放在名为 K3 的计算结果文件中，运行程序，输出计算结果为：

OUT file name K3

MI＝　3　MJ＝　4　RJ＝　3　PJ＝　1

RR（I）＝

208

```
          1       2       3
R (i, j) =
     0    0    0    0    0    0    0    0    0
MN (i, j) =
     2    4    3    4    1    4
X (i) --Y (i) --Z (i) =
     .000     .000    3.000    .000   −3.000    .000    .000    3.000    .000
    4.000     .000     .000
EA (i) =
        .100E+07       .100E+07       .100E+07
P1 (i, j) =
    4.0      .000E+00       .100E+03      −.300E+03
```

jie gcu jie diau wei yi

....

I	NX	NY	NF
1	.000E+00	.000E+00	.000E+00
2	.000E+00	.000E+00	.000E+00
3	.000E+00	.000E+00	.000E+00
4	−.156E−02	.694E−03	−.625E−02

dan yuan gan duan nei li

....

I	NI	NJ
1	−.1667E+03	−.1667E+03
2	−.3333E+03	−.3333E+03
3	.5000E+03	.5000E+03

jie gcu zhi zuo fan li

....

I	RX	RY	RW
1	−400.00000	.00000	300.00000
2	133.33340	100.00000	.00000
3	266.66670	−200.00000	.00000

d. 空间桁架的源程序

```
CHARACTER * 12 FK,FH
INTEGER CM(6),RR(20),R,A,RJ,PJ
```

```
      REAL BM(2,2),KM(6,6),FO(2),K(4000),RF(20,3)
      COMMON MI,MJ,RJ,PJ
      COMMON /CC1/ MN(100.2),R(100,3)
      COMMON /CC2/ EA(100),X(100),Y(100),Z(100)
      COMMON /CC3/ C(2,6),CK(6,2),CV(2),CN(6)
      COMMON /CC4/ P1(60,4),PP(200)
      COMMON /CC5/ A(200)
C
      WRITE( * , * ) 'DATA file name? '
      READ( * ,'(A)') FK
      OPEN (20,FILE=FK,STATUS='OLD')
      WRITE( * , * ) 'OUT file name? '
      READ( * ,'(A)') FH
      OPEN (21,FILE=FH,STATUS='NEW')
C
      WRITE (21,30) FH
30    FORMAT (1X,'OUT file name ',A)
      READ (20, * ) MI,MJ,RJ,PJ
      WRITE(21,40) MI,MJ,RJ,PJ
40    FORMAT(1X,'MI=',I3,' MJ=',I3,' RJ=',I3,' PJ=',I3,)
      READ (20, * ) (RR(I),I=1,RJ)
      WRITE(21,50) (RR(I),I=1,RJ)
50    FORMAT(1X,'RR(I)='/8X,20(/1X,10I6))
      READ (20, * ) ((R(I,J),J=1,3),I=1,RJ)
      WRITE(21,60) ((R(I,J),J=1,3),I=1,RJ)
60    FORMAT(1X,'R(i,j)='/8X,50(/1X,12I6))
      READ (20, * ) ((MN(I,J),J=1,2),I=1,MI)
      WRITE(21,70)((MN(I,J),J=1,2),I=1,MI)
70    FORMAT(1X,'MN(i,j)='/8X,50(/1X,10I6))
      READ (20, * ) (X(I),Y(I),Z(I),I=1,MJ)
      WRITE(21,80) (X(I),Y(I),Z(I),I=1,MJ)
80    FORMAT(1X,'X(i)--Y(i)--Z(I)='/1X,100(/1X,9F8.3))
      READ (20, * ) (EA(I),I=1,MI)
      WRITE(21,90) (EA(I),I=1,MI)
90    FORMAT(1X,'EA(i)='/1X,100(/1X,6E12.3))
      IF (PJ.NE.0) THEN
      READ (20, * ) ((P1(I,J),J=1,4),I=1,PJ)
      WRITE(21,100) ((P1(I,J),J=1,4),I=1,PJ)
100   FORMAT(1X,'P1(i,j)='/1X,50(/1X,F4.1,3E13.3))
```

```
          END IF
C
          N=0
          MAX=0
          DO 140 I=1,RJ
          DO 140 J=1,3
          J1=R(I,J)
          IF (J1.EQ.1) THEN
          N=N+1
          R(I,J)=N
          END IF
          WRITE ( * ,160)I,J,R(I,J)
140       CONTINUE
          NJ=RJ+1
          DO 170 I=NJ,MJ
          DO 170 J=1,3
          N=N+1
          R(I,J)=N
          WRITE ( * ,160)I,J,R(I,J)
160       FORMAT (1X,'R(',I3,',',I3,')=',I3)
170       CONTINUE
          WRITE ( * ,180)N
180       FORMAT (1X,'N=',I3)
          DO 190 I=1,N
          A(I)=0
190       CONTINUE
          DO 220 M=1,MI
          CALL DJWB(M,CM)
          DO 210 IS=1,6
          I1=CM(IS)
          IF (I1.EQ.0) GOTO 210
          DO 200 IT=1,6
          IW=CM(IT)
          IF (IW.EQ.0.OR.IW.GT.I1) GOTO 200
          IU=I1-IW+1
          IF (IU.GT.A(I1)) A(I1)=IU
200       CONTINUE
210       CONTINUE
220       CONTINUE
```

```fortran
          DO 230 I=2,N
          IF (A(I).GT.MAX) MAX=A(I)
          A(I)=A(I)+A(I-1)
230       CONTINUE
          WRITE (*,240)(I,A(I),I=1,N)
240       FORMAT(1X,5('A(',I3,')=',I3,2X))
          WRITE (*,250) MAX
250       FORMAT (4X,'MAX=',I3)
C
          N1=A(N)
          DO 260 I=1,N1
          K(I)=0.0
260       CONTINUE
          DO 320 M=1,MI
          CALL DCS(M,AL,COX,COY,COZ)
          CALL DGJ1 (M,AL,BM)
          IF (COX.EQ.1.0) GOTO 270
          CALL-BH (COX,COY,COZ,C)
          CALL DGJ2 (C,BM,KM)
270       CALL DJWB (M,CM)
          WRITE (*,280)M
280       FORMAT (4X,'KM(I,J)=(',I3,')')
          WRITE (*,290)((KM(IS,IT),IT=1,6),IS=1,6)
290       FORMAT (1X,6E12.4)
          DO 310 IS=1,6
          IF (CM(IS).EQ.0) GOTO 310
          IW=CM(IS)
          DO 300 IT =1,IS
          IF (CM(IT).EQ.0) GOTO 300
          IG=CM(IT)
          IF (IW.GE.IG) IU=A(IW)-IW+IG
          IF (IW.LT.IG) IU=A(IG)-IG+IW
          K(IU)=K(IU)+KM(IS,IT)
300       CONTINUE
310       CONTINUE
320       CONTINUE
          WRITE (*,*)'K(N)='
          WRITE (*,340) (K(IS),IS=1,N1)
340       FORMAT (1X,5E12.4)
```

212

```
C
        DO 370 I=1,N
        PP(I)=0.0
370     CONTINUE
        WRITE ( * , * )'P1(I,J)='
        WRITE ( * ,380)((P1(I,J),J=1,4),I=1,PJ)
380     FORMAT (1X,F4.1,3F10.4)
        DO 400 I=1,PJ
        IS=IFIX(P1(I,1))
        DO 390 J=1,3
        IT=J+1
        IU=R(IS,J)
        IF(IU.EQ.0) GOTO 390
        PP(IU)=PP(IU)+P1(I,IT)
390     CONTINUE
400     CONTINUE
C
        DO 460 I=2,N
        IS=A(I)
        IT=A(I-1)
        IV=I-IS+IT+1
        DO 450 J=IV,I
        J2=A(J)
        J3=A(J-1)
        IW=IS-I+J
        J1=J-1
        H =0.0
        DO 440 IU=IV,J1
        I1=J-J2+J3
        IF (I1.GE.IU) GOTO 440
        I2=A(IU)
        IG=IS-I+IU
        IJ=J2-J+IU
        H=H+K(IG) * K(IJ)/K(I2)
440     CONTINUE
        K(IW)=K(IW)-H
450     CONTINUE
460     CONTINUE
        PP(1)=PP(1)/K(1)
```

```fortran
      DO 480 I=2,N
      IS=A(I)
      IT=A(I-1)
      IV=I-IS+IT+1
      I1=I-1
      H=0.0
      DO 470 J=IV,I1
      IW=IS-I+J
      H=H+K(IW)*PP(J)
470   CONTINUE
      PP(I)=(PP(I)-H)/K(IS)
480   CONTINUE
      DO 500 I2=2,N
      I=N+2-I2
      IU=A(I)
      I1=I-1
      IT=A(I1)
      J1=I+IT-IU+1
      DO 490 J=J1,I1
      M =IU-I+J
      M1=A(J)
      H =K(M)/K(M1)
      PP(J)=PP(J)-H*PP(I)
490   CONTINUE
500   CONTINUE
      WRITE ( * ,530)
      WRITE (21,530)
530   FORMAT (21X,'  jie  gcu  jie  diau  wei  yi')
      WRITE ( * ,540)
      WRITE (21,540)
540   FORMAT (23X,11('---'))
      WRITE ( * 550)
      WRITE (21,550)
550   FORMAT (7X,'I',15X,'NX',13X,'NY',14X,'NF'/)
      DO 580 I=1,MJ
      DO 560 J=1,3
      CN(J)=0.0
      IT=R(I,J)
      IF (IT.EQ.0) GOTO 560
```

```
          CN(J)=PP(IT)
560       CONTINUE
          WRITE ( * ,570) I,(CN(I1),I1=1,3)
          WRITE (21,570)I,(CM(I1),I1=1,3)
570       FORMAT (5X,I3,3X,3E16. 3)
580       CONTINUE
C
          WRITE ( * ,590)
          WRITE (21,590)
590       FORMAT (20X,' dan  yuan  gan  duan  nei  li ')
          WRITE ( * ,600)
          WRITE (21,600)
600       FORMAT (23X,11('---'))
          WRITE ( * ,610)
          WRITE (21,610)
610       FORMAT (7X,'I',21X,'NI',16X,'NJ'/)
          DO 640 I=1,MI
          CALL DNL(I,FO)
          FO(1)=-FO(1)
          WRITE ( * ,620)I,(FO(J),J=1,2)
          WRITE (21,620)I,(FO(J),J=1,2)
620       FORMAT (5X,I3,8X,2E18. 4)
640       CONTINUE
          WRITE ( * ,650)
          WRITE (21,650)
650       FORMAT (21X,'jie  gcu  zhi  zuo  fan  li')
          WRITE ( * ,660)
          WRITE (21,660)
660       FORMAT (20X,13('---'))
          WRITE ( * ,680)
          WRITE (21,680)
680       FORMAT (7X,'I',14X,'RX',14X,'RY',14X,'RZ'/)
          CALL ZZFL(RR,RF)
          CLOSE (20)
          CLOSE (21)
          END
C
          SUBROUTINE DGJ1(M,AL,BM)
          COMMON MI,MJ
```

```
          COMMON /CC2/ EA(100),EE(300)
          REAL BM(2,2)
          B1=EA(M)/AL
          BM(1,1)=B1
          BM(1,2)=-B1
          BM(2,1)=-B1
          BM(2,2)=B1
          END
C
          SUBROUTINE DCS (I,AL,COX,COY,COZ)
          COMMON MI,MJ
          COMMON /CC1/ MN(100,2),NN(300)
          COMMON /CC2/ EA(100),X(100),Y(100),Z(100)
          REAL AL,COX,COY,COZ
          IU=MN(I,1)
          IV=MN(I,2)
          XL=X(IV)-X(IU)
          YL=Y(IV)-Y(IU)
          ZL=Z(IV)-Z(IU)
          AL=SQRT(XL * XL+YL * YL+ZL * ZL)
          COX=XL/AL
          COY=YL/AL
          COZ=ZL/AL
          END
C
          SUBROUTINE BH (COX,COY,COZ,C)
          REAL COX,COY,COZ,C(2,6)
          DO 20 IS=1,2
          DO 10 IT=1,6
          C(IS,IT)=0.0
10        CONTINUE
20        CONTINUE
          .C(1,1)=COX
          C(1,2)=COY
          C(1,3)=COZ
          C(2,4)=COX
          C(2,5)=COY
          C(2,6)=COZ
          END
```

216

```
C
      SUBROUTINE DGJ2(C,BM,KM)
      DIMENSION C(2,6),BM(2,2),CK(6,2)
      REAL KM(6,6)
      DO 30 IS=1,6
      DO 20 IT=1,2
      CK(IS,IT)=0.0
      DO 10 M=1,2
      CK(IS,IT)=CK(IS,IT)+C(M,IS)*BM(M,IT)
10    CONTINUE
20    CONTINUE
30    CONTINUE
      DO 60 IS=1,6
      DO 50 IT=1,6
      KM(IS,IT)=0.0
      DO 40 M=1,2
      KM(IS,IT)=KM(IS,IT)+CK(IS,M)*C(M,IT)
40    CONTINUE
50    CONTINUE
60    CONTINUE
      END
C
      SUBROUTINE DJWB(I,CM)
      COMMON MI,MJ
      COMMON /CC1/ MN(100,2),R(100,3)
      INTEGER R,CM(6)
      I1=MN(I,1)
      I2=MN(I,2)
      DO 10 J=1,3
      J1=R(I1,J)
      CM(J)=J1
      J1=R(I2,J)
      CM(J+3)=J1
10    CONTINUE
      END
C
      SUBROUTINE DNL (I,FO)
      COMMON MI,MJ,RJ,PI
      COMMON /CC1/ MN(100,2),R(100,3)
```

```
        COMMON /CC2/ EA(100),X(100),Y(100),Z(100)
        COMMON /CC3/ C(2,6),CK(6,2),CV(2),CN(6)
        COMMON /CC4/ P1(60,4),PP(200)
        INTEGER PI,CM(6)
        REAL   FO(2),BM(2,2)
        CALL DCS (I,AL,COX,COY,COZ)
        CALL DGJ1 (I,AL,BM)
        CALL DJWB (I,CM)
        DO 10 J=1,6
        IF (CM(J).NE.0) THEN
        IB=CM(J)
        D=PP(IB)
        CN(J)=D
        ELSE
        CN(J)=0.0
        END IF
10      CONTINUE
        CALL BH (COX,COY,COZ,C)
        DO 30 J=1,2
        CV(J)=0.0
        DO 20 IS=1,6
        CV(J)=CV(J)+C(J,IS)*CN(IS)
20      CONTINUE
30      CONTINUE
        DO 50 J=1,2
        FO(J)=0.0
        DO 40 IS=1,2
        FO(J)=FO(J)+BM(J,IS)*CV(IS)
40      CONTINUE
50      CONTINUE
        END
C
        SUBROUTINE ZZFL (RR,RF)
        COMMON MI,MJ,RJ,PJ
        COMMON /CC1/ MN(100,2),R(100,3)
        COMMON /CC2/ EA(100),X(100),Y(100),Z(100)
        COMMON /CC3/ C(2,6),CK(6,2),CV(2),CN(6)
        COMMON /CC4/ P1(60,4),PP(200)
        DIMENSION RF(20,3),KM(6,6),FO(2)
```

```fortran
      INTEGER PI,PJ,R,RJ,RR(20)
      DO 10 I=1,RJ
      DO 10 J=1,3
      RF(I,J)=0.0
10    CONTINUE
      DO 150 IS=1,RJ
      I1=RR(IS)
      DO 60 JT=1,MI
      J1=MN(JT,1)
      J2=MN(JT,2)
      CALL DCS(JT,AL,COX,COY,COZ)
      CALL BH(COX,COY,COZ,C)
      IF (I1.NE.J1) GOTO 40
      CALL DNL (JT,FO)
      DO 20 K1=1,3
      DO 20 K2=1,2
      RF(IS,K1)=RF(IS,K1)+C(K2,K1)*FO(K2)
20    CONTINUE
      GOTO 60
40    IF (I1.NE.J2) GOTO 60
      CALL DNL (JT,FO)
      DO 50 K1=1,3
      DO 50 K2=1,2
      K3=K1+3
      RF(IS,K1)=RF(IS,K1)+C(K2,K3)*FO (K2)
50    CONTINUE
60    CONTINUE
      IF (PJ.NE.0) THEN
      DO 80 JT=1,PJ
      IV=IFIX(P1(JT,1))
      IF (I1.NE.IV) GOTO 80
      DO 70 K1=1,3
      K2=K1+1
      RF(IS,K1)=RF(IS,K1)-P1(JT,K2)
70    CONTINUE
      GOTO 90
80    CONTINUE
      END IF
90    WRITE ( * ,100) I1,(RF(IS,JA),JA=1,3)
```

```
        WRITE (21,100) I1,(RF(IS,JA),JA=1,3)
100     FORMAT (5X,I3,3X,3F16.5)
150     CONTINUE
        END
```

附录 Ⅲ 空间刚架结构矩阵分析和程序设计

A 空间刚架的矩阵分析

用矩阵位移法分析空间刚架（图Ⅲ-1）时，其计算原理与平面刚架基本相同。下面再扼要说明几点。

a 基本未知量

空间刚架每个自由结点有三个独立的线位移未知量和三个独立的角位移未知量。即每个结点共有六个独立的结点位移未知量。空间刚架的基本未知量数目等于各结点未知量的总和。若忽略轴向变形影响时，在微小变形假设下，则独立结点线位移的数目等于与空间刚架对应的铰结体系的自由度数。

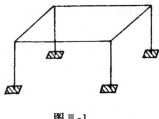

图Ⅲ-1

b 单元的杆端力和杆端位移

图Ⅲ-2所示为一空间刚架的杆单元(e)，仍以 i、j 分别表示单元的始端和终端编码。规定杆件坐标系为 $\bar{x}$、$\bar{y}$、$\bar{z}$，杆件的轴线为 $\bar{x}$ 轴，且由始端至终端的方向为 $\bar{x}$ 的正方向。单元横截面的两个主惯性轴分别取为 $\bar{y}$ 轴和 $\bar{z}$ 轴。$\bar{x}$、$\bar{y}$、$\bar{z}$ 轴符合右手螺旋规则。

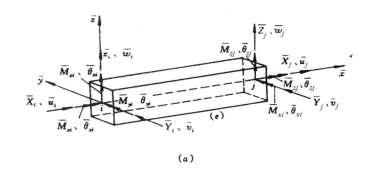

(a)

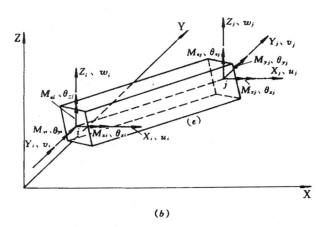

(b)

图Ⅲ-2

在杆件坐标系中，空间刚架单元的每个端点有沿 $\bar{x}$、$\bar{y}$、$\bar{z}$ 方向的三个线位移 $\bar{u}$、$\bar{v}$、$\bar{w}$ 和绕 $\bar{x}$、$\bar{y}$、$\bar{z}$ 三个轴的角位移 $\bar{\theta}_x$、$\bar{\theta}_y$、$\bar{\theta}_z$。与杆端位移相对应，单元每个端点沿 $\bar{x}$、$\bar{y}$、$\bar{z}$ 方向也有三个杆端力 $\bar{X}$、$\bar{Y}$、$\bar{Z}$ 和绕 $\bar{x}$ 轴的扭矩 $\bar{M}_x$ 以及绕 $\bar{y}$ 轴和 $\bar{z}$ 轴的弯矩 $\bar{M}_y$，$\bar{M}_z$，如图

Ⅲ-2（a）所示。单元在杆件坐标的杆端力向量 $\{\overline{F}\}^{(e)}$和杆端位移向量 $\{\overline{\delta}\}^{(e)}$按先始端后终端的顺序可分别表示为

$$\left.\begin{aligned}\{\overline{F}\}^{(e)} &= [\overline{X}_i \quad \overline{Y}_i \quad \overline{Z}_i \quad \overline{M}_{xi} \quad \overline{M}_{yi} \quad \overline{M}_{zi} \quad \overline{X}_j \quad \overline{Y}_j \quad \overline{Z}_j \quad \overline{M}_{xj} \quad \overline{M}_{yj} \quad \overline{M}_{zj}]^T \\ \{\overline{\delta}\}^{(e)} &= [\overline{u}_i \quad \overline{v}_i \quad \overline{w}_i \quad \overline{\theta}_{xi} \quad \overline{\theta}_{yi} \quad \overline{\theta}_{zi} \quad \overline{u}_j \quad \overline{v}_j \quad \overline{z}_j \quad \overline{\theta}_{xj} \quad \overline{\theta}_{yj} \quad \overline{\theta}_{zj}]^T\end{aligned}\right\} \quad (\text{Ⅲ-1})$$

在结构坐标系中，单元的杆端力分量 $\{F\}^{(e)}$和杆端位移分量 $\{\delta\}^{(e)}$如图Ⅲ-2（b）所示。它们也可按先始端后终端的顺序分别表示为

$$\left.\begin{aligned}\{F\}^{(e)} &= [X_i \quad Y_i \quad Z_i \quad M_{xi} \quad M_{yi} \quad M_{zi} \quad X_j \quad Y_j \quad Z_j \quad M_{xj} \quad M_{yj} \quad M_{zj}]^T \\ \{\delta\}^{(e)} &= [u_i \quad v_i \quad w_i \quad \theta_{xi} \quad \theta_{yi} \quad \theta_{zi} \quad u_j \quad v_j \quad w_j \quad \theta_{xj} \quad \theta_{yj} \quad \theta_{zj}]^T\end{aligned}\right\} \quad (\text{Ⅲ-2})$$

空间刚架单元在上述两种坐标系中的杆端力和杆端位移的正负号规定如下：

单元的杆端力和杆端位移的方向与坐标轴的正方向一致者为正，反之为负。

用双箭头向量表示的杆端力矩和杆端角位移的方向与坐标轴正方向一致者为正，反之为负。图Ⅲ-2 中所示的杆端力和杆端位移均为正方向。

c. 单元坐标变换矩阵

现以单元杆端力为例分析如下：

在进行坐标变换时，单元杆端力向量的力分量与力矩分量彼此不发生耦合，可以各自独立地进行变换。

设杆件坐标 $\overline{x}$ 轴与结构坐标 X、Y、Z 轴的夹角分别是 α、β、γ，如图Ⅲ-3所示。则 $\overline{x}$ 轴在结构坐标系中的方向余弦分别为 $\cos\alpha$、$\cos\beta$、$\cos\gamma$。将单元（e）的始端 i 的杆端力 X_i、Y_i、Z_i 在 $\overline{x}$ 轴上投影，可求得杆件坐标的杆端力 $\overline{X}_i$ 为

$$\overline{X}_i = X_i\cos\alpha_1 + Y_i\cos\beta_1 + Z_i\cos\gamma_1 \qquad (a)$$

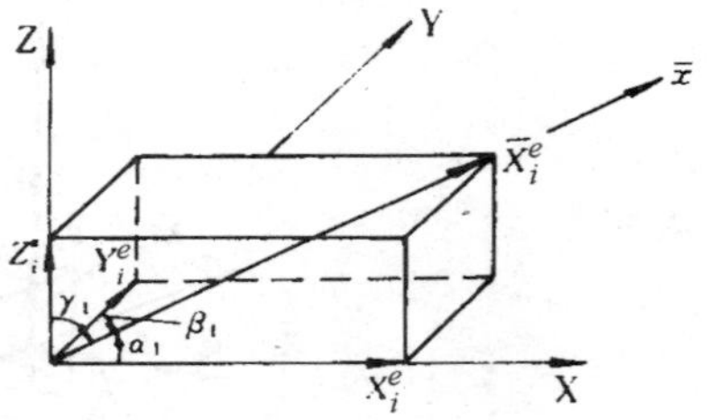

图Ⅲ-3

同理，设 $\overline{y}$ 轴、$\overline{z}$ 轴的方向余弦分别为 $\cos\alpha_2$、$\cos\beta_2$、$\cos\gamma_2$ 和 $\cos\alpha_3$、$\cos\beta_3$、$\cos\gamma_3$，则可得

$$\overline{Y}_i = X_i\cos\alpha_2 + Y_i\cos\beta_2 + Z_i\cos\gamma_2 \qquad (b)$$

$$\overline{Z}_i = X_i\cos\alpha_3 + Y_i\cos\beta_3 + Z_i\cos\gamma_3 \qquad (c)$$

将式（a）、（b）、（c）合并起来并表示为矩阵形式有

$$\begin{Bmatrix}\overline{X}_i \\ \overline{Y}_i \\ \overline{Z}_i\end{Bmatrix} = \begin{bmatrix}\cos\alpha_1 & \cos\beta_1 & \cos\gamma_1 \\ \cos\alpha_2 & \cos\beta_2 & \cos\gamma_2 \\ \cos\alpha_3 & \cos\beta_3 & \cos\gamma_3\end{bmatrix}\begin{Bmatrix}X_i \\ Y_i \\ Z_i\end{Bmatrix} \qquad (\text{Ⅲ-3})$$

上式可缩写为

$$\{\overline{F}_i\}^{(e)} = [t]\{F_i\}^{(e)} \qquad (\text{Ⅲ-4})$$

式中

$$\{\overline{F}_i\}^{(e)} = \begin{Bmatrix}\overline{X}_i \\ \overline{Y}_i \\ \overline{Z}_i\end{Bmatrix} \quad \text{杆件坐标系中单元（}e\text{）始端的杆端力分量}$$

$$\{F_i\}^{(e)} = \begin{Bmatrix}X_i \\ Y_i \\ Z_i\end{Bmatrix} \quad \text{结构坐标系中单元（}e\text{）始端的杆端力分量}$$

$$[t] = \begin{bmatrix} \cos\alpha_1 & \cos\beta_1 & \cos\gamma_1 \\ \cos\alpha_2 & \cos\beta_2 & \cos\gamma_2 \\ \cos\alpha_3 & \cos\beta_3 & \cos\gamma_3 \end{bmatrix} \quad \text{单元（}e\text{）始端杆端力的坐标变换矩阵}$$

同理，单元（e）始端的三个杆端力矩分量和单元（e）终端的三个杆端力分量以及三个杆端力矩分量在两种坐标系中的变换关系也是 $[t]$。所以单元（e）在两种坐标系中的杆端力向量 $\{\overline{F}\}^{(e)}$ 和 $\{F\}^{(e)}$ 间的变换关系可以表示为

$$\{\overline{F}\}^{(e)} = [T]\{F\}^{(e)} \tag{Ⅲ-5}$$

式中

$$[T] = \begin{bmatrix} [t] & & & \\ & [t] & & 0 \\ & & [t] & \\ 0 & & & [t] \end{bmatrix} \tag{Ⅲ-6}$$

称 $[T]$ 为由结构坐标系向杆件坐标系变换的变换矩阵。

单元（e）的杆端位移向量 $\{\overline{\delta}\}^{(e)}$ 与 $\{\delta\}^{(e)}$ 也具有与式（Ⅲ-5）相似的变换关系，即

$$\{\overline{\delta}\}^{(e)} = [T]\{\delta\}^{(e)} \tag{Ⅲ-7}$$

由式（Ⅲ-6）可知，要确定单元的坐标变换矩阵 $[T]$，只要先求出其子矩阵 $[t]$ 即可，为了确定 $[t]$ 中的各元素，就必须求得 $\overline{x}$、$\overline{y}$、$\overline{z}$ 轴在结构坐标系中的方向余弦。

$\overline{x}$ 轴的方向余弦可由单元两端的结点坐标直接求出。为了书写方便，将 $\cos\alpha_1$、$\cos\beta_1$、$\cos\gamma_1$ 简写为 l、m、n。

$$\left. \begin{aligned} l &= (X_j - X_i)/L \\ m &= (Y_j - Y_i)/L \\ n &= (Z_j - Z_i)/L \end{aligned} \right\} \tag{Ⅲ-8}$$

式中 L 为单元杆长度，计算式为

$$L = \sqrt{(X_j - X_i)^2 + (Y_j - Y_i)^2 + (Z_j - Z_i)^2} \tag{Ⅲ-9}$$

对于空间刚架的一般杆单元，规定 $\overline{y}$ 轴必须平行于结构坐标系的 XY 平面，从而可求得：

$\overline{y}$ 轴的方向余弦为

$$\left(-\frac{m}{\lambda} \quad \frac{l}{\lambda} \quad 0 \right) \tag{Ⅲ-10}$$

$\overline{z}$ 轴的方向余弦为

$$\left(-\frac{ln}{\lambda} \quad -\frac{mn}{\lambda} \quad \lambda \right) \tag{Ⅲ-11}$$

将（Ⅲ-8）、（Ⅲ-10）、（Ⅲ-11）三式合并即得子矩阵 $[t]$ 的计算式

$$[t] = \begin{bmatrix} l & m & n \\ -\dfrac{m}{\lambda} & \dfrac{l}{\lambda} & 0 \\ -\dfrac{ln}{\lambda} & -\dfrac{mn}{\lambda} & \lambda \end{bmatrix} \tag{Ⅲ-12}$$

式中

$$\lambda = \sqrt{l^2 + m^2}$$

需要指出的是，式（Ⅲ-12）不适用于竖直杆单元。对于竖直杆单元，规定 $\overline{x}$ 轴的正方向与 Z 轴的正方向一致，Y 轴与 $\overline{y}$ 轴之间的夹角为 α，由 Y 轴的正向绕 Z 轴至 $\overline{y}$ 轴的正向以右手旋转方向为 α 角的正方向，如图 Ⅲ-4 所示。于是，可得

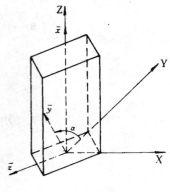

图 Ⅲ-4

$$[t] = \begin{bmatrix} 0 & 0 & 1 \\ -\sin\alpha & \cos\alpha & 0 \\ -\cos\alpha & -\sin\alpha & 0 \end{bmatrix} \qquad （Ⅲ\text{-}13）$$

将以上求得的子矩阵 $[t]$ 代入式（Ⅲ-6）便可求得各单元的坐标变换矩阵 $[T]$。

d　单元刚度矩阵

（1）杆件坐标系的单元刚度矩阵 $[\overline{k}]^{(e)}$

设空间刚架单元 (e) 的长度为 l，轴向拉压刚度为 EA，扭转刚度为 GI_x，在 $\overline{x}\,\overline{y}$ 平面内的抗弯刚度为 EI_z，在 $\overline{xz}$ 平面内的抗弯刚度为 EI_y。

在杆件坐标系中，单元两端分别产生单位杆端位移时引起的 12 个杆端位移方向的杆端力可参见图 Ⅲ-2 和图 Ⅰ-4。当单元两端产生任意杆端位移时，由叠加原理可写出用杆端位移表示的杆端力的表达式为

$$\left.\begin{aligned}
\overline{X}_i &= \frac{EA}{l}\overline{u}_i - \frac{EA}{l}\overline{u}_j \\[4pt]
\overline{Y}_i &= \frac{12EI_z}{l^3}\overline{v}_i + \frac{6EI_z}{l^2}\overline{\theta}_{zi} - \frac{12EI_z}{l^3}\overline{v}_j + \frac{6EI_z}{l^2}\overline{\theta}_{zj} \\[4pt]
\overline{Z}_i &= \frac{12EI_y}{l^3}\overline{w}_i - \frac{6EI_y}{l^2}\overline{\theta}_{yi} - \frac{12EI_y}{l^3}\overline{w}_j - \frac{6EI_y}{l^2}\overline{\theta}_{yj} \\[4pt]
\overline{M}_{xi} &= \frac{GI_x}{l}\overline{\theta}_{xi} - \frac{GI_x}{l}\overline{\theta}_{xj} \\[4pt]
\overline{M}_{yi} &= \frac{-6EI_y}{l^2}\overline{w}_i + \frac{4EI_y}{l}\overline{\theta}_{yi} + \frac{6EI_y}{l^2}\overline{w}_j + \frac{2EI_y}{l}\overline{\theta}_{yj} \\[4pt]
\overline{M}_{zi} &= \frac{6EI_z}{l^2}\overline{v}_i + \frac{4EI_z}{l}\overline{\theta}_{zi} - \frac{6EI_z}{l^2}\overline{v}_j + \frac{2EI_z}{l}\overline{\theta}_{zj} \\[4pt]
\overline{X}_j &= \frac{-EA}{l}\overline{u}_i + \frac{EA}{l}\overline{u}_j \\[4pt]
\overline{Y}_j &= \frac{-12EI_z}{l^3}\overline{v}_i - \frac{6EI_z}{l^2}\overline{\theta}_{zi} + \frac{12EI_z}{l^3}\overline{v}_j - \frac{6EI_z}{l^2}\overline{\theta}_{zj} \\[4pt]
\overline{Z}_j &= \frac{-12EI_y}{l^3}\overline{w}_i + \frac{6EI_y}{l^2}\overline{\theta}_{yi} + \frac{12EI_y}{l^3}\overline{w}_j + \frac{6EI_y}{l^2}\overline{\theta}_{yj} \\[4pt]
\overline{M}_{xj} &= \frac{-GI_x}{l}\overline{\theta}_{xi} + \frac{GI_x}{l}\overline{\theta}_{xj} \\[4pt]
\overline{M}_{yj} &= \frac{-6EI_y}{l^2}\overline{w}_i + \frac{2EI_y}{l}\overline{\theta}_{yi} + \frac{6EI_y}{l^2}\overline{w}_j + \frac{4EI_y}{l}\overline{\theta}_{yj} \\[4pt]
\overline{M}_{zj} &= \frac{6EI_z}{l^2}\overline{v}_i + \frac{2EI_z}{l}\overline{\theta}_{zi} - \frac{6EI_z}{l^2}\overline{v}_j + \frac{4EI_z}{l}\overline{\theta}_{zj}
\end{aligned}\right\} \qquad （Ⅲ\text{-}14）$$

上式称为空间刚架单元在杆件坐标系的单元刚度法方程。将其表示为矩阵形式并缩写

为

$$\{\overline{F}\}^{(e)}_{12\times 1} = [\overline{k}]^{(e)}_{12\times 12}\{\overline{\delta}\}^{(e)}_{12\times 1} \qquad (\text{III}-15)$$

式中

$$[\overline{k}]^{(e)} = \begin{bmatrix} \dfrac{EA}{l} & 0 & 0 & 0 & 0 & 0 & -\dfrac{EA}{l} & 0 & 0 & 0 & 0 & 0 \\[2mm] & \dfrac{12EI_z}{l^3} & 0 & 0 & 0 & \dfrac{6EI_z}{l^2} & 0 & -\dfrac{12EI_z}{l^3} & 0 & 0 & 0 & \dfrac{6EI_z}{l^2} \\[2mm] & & \dfrac{12EI_y}{l^3} & 0 & -\dfrac{6EI_y}{l^2} & 0 & 0 & 0 & -\dfrac{12EI_y}{l^3} & 0 & -\dfrac{6EI_y}{l^2} & 0 \\[2mm] & & & \dfrac{GI_x}{l} & 0 & 0 & 0 & 0 & 0 & -\dfrac{GI_x}{l} & 0 & 0 \\[2mm] & & & & \dfrac{4EI_y}{l} & 0 & 0 & 0 & \dfrac{6EI_y}{l^2} & 0 & \dfrac{2EI_y}{l} & 0 \\[2mm] & & & & & \dfrac{4EI_z}{l} & 0 & -\dfrac{6EI_z}{l^2} & 0 & 0 & 0 & \dfrac{2EI_z}{l} \\[2mm] & \text{对} & & & & & \dfrac{EA}{l} & 0 & 0 & 0 & 0 & 0 \\[2mm] & & & & & & & \dfrac{12EI_z}{l^3} & 0 & 0 & 0 & -\dfrac{6EI_z}{l^2} \\[2mm] & & & & & & & & \dfrac{12EI_y}{l^3} & 0 & \dfrac{6EI_y}{l^2} & 0 \\[2mm] & & \text{称} & & & & & & & \dfrac{GI_x}{l} & 0 & 0 \\[2mm] & & & & & & & & & & \dfrac{4EI_y}{l} & 0 \\[2mm] & & & & & & & & & & & \dfrac{4EI_z}{l} \end{bmatrix} \qquad (\text{III}-16)$$

称为空间刚架单元在杆件坐标系的单元刚度矩阵。

（2）结构坐标系的单元刚度矩阵 $[k]^{(e)}$

将式（III-6）和式（III-16）代入式（2-28）即可得到空间刚架单元在结构坐标的单元刚度矩阵为

$$[k]^{(e)} = [T]^T[\overline{k}]^{(e)}[T] \qquad (\text{III}-17)$$

e　单元固端力

作用在空间刚架杆单元上的非结点荷载，按其作用方向的不同可分为沿杆轴方向的荷载和沿横截面方向的荷载两类，而横截面方向的荷载又可作用在 $\overline{x}\,\overline{y}$ 平面内和 $\overline{x}\,\overline{z}$ 平面内两种情况。作用在 $\overline{x}\,\overline{y}$ 平面内的荷载所产生的单元固端力为向量 $\{\overline{F}_o\}^{(e)}$ 中的第 2、6、8、12 个分量，即为 $\overline{Y}_{oi}$、$\overline{M}_{ozi}$、$\overline{Y}_{oj}$、$\overline{M}_{ozj}$。作用在 $\overline{x}\,\overline{z}$ 平面内的荷载所产生的单元固端力为向量 $\{\overline{F}_o\}^{(e)}$ 中的第 3、5、9、11 个分量，即为 $\overline{Z}_{oi}$、$\overline{M}_{oyi}$、$\overline{Z}_{oj}$、$\overline{M}_{oyj}$。

作用在空间刚架单元上的轴向荷载，则不需要区分其作用平面。

空间刚架单元的固端力向量 $\{\overline{F}_o\}^{(e)}$ 按先始端后终端的顺序可将其 12 个元素表示为

$$\{\overline{F}_o\}^{(e)} = [\overline{X}_{oi} \quad \overline{Y}_{oi} \quad \overline{Z}_{oi} \quad \overline{M}_{oxi} \quad \overline{M}_{oyi} \quad \overline{M}_{ozi} \quad \overline{X}_{oj} \quad \overline{Y}_{oj} \quad \overline{Z}_{oj} \quad \overline{M}_{oxj} \quad \overline{M}_{oyj} \quad \overline{M}_{ozj}]^T$$

$$(\text{III}-18)$$

在杆件坐标系中，各非结点荷载的正负号规定如下：

作用在单元上的集中力、分布力的方向以及用双箭头表示的外力偶矩向量的方向与杆件坐标轴正方向一致者为正，反之为负。

作用在空间刚架单元上的各类非结点荷载如图Ⅲ-5所示。由非结点荷载作用引起单元固端力的计算公式可参照表 3-2 和表Ⅰ-1。

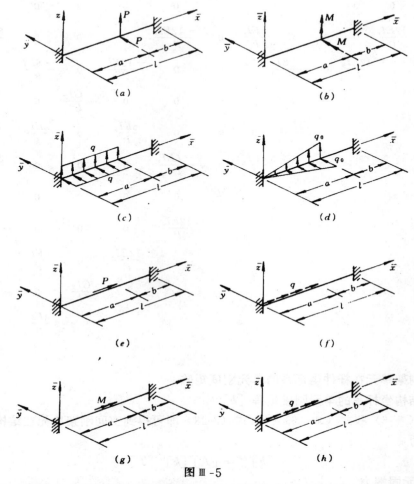

图Ⅲ-5

例题Ⅲ-1 求图Ⅲ-6所示空间刚架的内力，已知各杆截面相同，$EA=4.8\times10^6$kN，$GI_x=9.6\times10^4$kN·m²，$EI_y=EI_z=6.4\times10^4$kN·m²。

解：（1）坐标系、单元、结点编码如图Ⅲ-6（b）所示。

（2）求各单元在结构坐标的单元刚度矩阵 $[k]^{(e)}$。

单元（1）：$\alpha_1=0.0$，$\{\lambda\}^{(1)}=\begin{bmatrix} 0 & 0 & 0 & 0 & 0 & 0 & 1 & 2 & 3 & 4 & 5 & 6\end{bmatrix}^T$

单元（2）：$\alpha_2=0.0$，$\{\lambda\}^{(2)}=\begin{bmatrix} 1 & 2 & 3 & 4 & 5 & 6 & 7 & 8 & 9 & 10 & 11 & 12\end{bmatrix}^T$

单元（3）：$\alpha_3=0.0$，$\{\lambda\}^{(3)}=\begin{bmatrix} 0 & 0 & 0 & 0 & 0 & 0 & 7 & 8 & 9 & 10 & 11 & 12\end{bmatrix}^T$

由式（Ⅲ-12）、（Ⅲ-13）可分别求得各单元坐标变换矩阵 $[T]$ 的子矩阵 $[t]$ 为

$$[t]^{(1)}=\begin{bmatrix} 1 & 0 & 0 \\ 0 & 1 & 0 \\ 0 & 0 & 1\end{bmatrix},\ [t]^{(2)}=\begin{bmatrix} 0 & 1 & 0 \\ -1 & 0 & 0 \\ 0 & 0 & 1\end{bmatrix},\ [t]^{(3)}=\begin{bmatrix} 0 & 0 & 1 \\ 0 & 1 & 0 \\ -1 & 0 & 0\end{bmatrix}$$

因 $[T]^{(1)}=[I]$，故知 $[k]^{(1)}=[\bar{k}]^{(1)}$

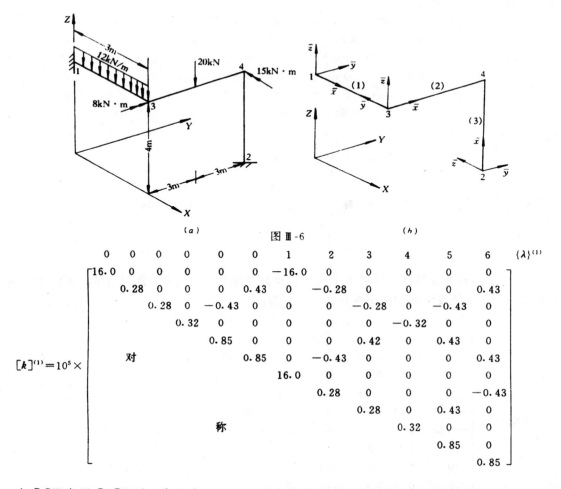

(a)　　　　　图 Ⅲ-6　　　　　(b)

$$[k]^{(1)}=10^5\times$$

	0	0	0	0	0	0	1	2	3	4	5	6	$\{\lambda\}^{(1)}$
	16.0	0	0	0	0	0	−16.0	0	0	0	0	0	
		0.28	0	0	0	0.43	0	−0.28	0	0	0	0.43	
			0.28	0	−0.43	0	0	0	−0.28	0	−0.43	0	
				0.32	0	0	0	0	0	−0.32	0	0	
					0.85	0	0	0	0.42	0	0.43		
对						0.85	0	−0.43	0	0	0	0.43	
							16.0	0	0	0	0	0	
								0.28	0	0	0	−0.43	
									0.28	0	0.43	0	
称										0.32	0	0	
											0.85	0	
												0.85	

由 $[t]^{(2)}$ 求得 $[T]^{(2)}$ 后，代入式（Ⅲ-17）可求得单元（2）在结构坐标系的单元刚度矩阵为：

$$[k]^{(2)}=10^5\times$$

	1	2	3	4	5	6	7	8	9	10	11	12	$\{\lambda\}^{(2)}$
	0.036	0	0	0	0	−0.107	−0.036	0	0	0	0	−0.107	
		8.0	0	0	0	0	0	−8.0	0	0	0	0	
			0.036	0.107	0	0	0	0	−0.036	0.107	0	0	
				0.427	0	0	0	0	−0.107	0.213	0	0	
					0.16	0	0	0	0	0	−0.16	0	
对						0.43	0.107	0	0	0	0	0.213	
							0.036	0	0	0	0	0.107	
								8.0	0	0	0	0	
									0.036	−0.107	0	0	
称										0.43	0	0	
											0.16	0	
												0.43	

227

同理由 $[t]^{(3)}$ 求得 $[T]^{(3)}$ 后，将其代入式（Ⅲ-17）便可求得竖直杆单元（3）在结构坐标系的单元刚度矩阵为：

$$[k]^{(3)}=10^5 \begin{array}{ccccccccccccc}
0 & 0 & 0 & 0 & 0 & 0 & 7 & 8 & 9 & 10 & 11 & 12 & \{\lambda\}^{(3)}
\end{array}$$

$$[k]^{(3)}=10^5 \begin{bmatrix}
0.12 & 0 & 0 & 0 & 0.24 & 0 & -0.12 & 0 & 0 & 0 & 0.24 & 0 \\
 & 0.12 & 0 & -0.24 & 0 & 0 & 0 & -0.12 & 0 & -0.24 & 0 & 0 \\
 & & 12.0 & 0 & 0 & 0 & 0 & 0 & -12.0 & 0 & 0 & 0 \\
 & & & 0.64 & 0 & 0 & 0 & 0.24 & 0 & 0.32 & 0 & 0 \\
 & & & & 0.64 & 0 & -0.24 & 0 & 0 & 0 & 0.32 & 0 \\
对 & & & & & 0.24 & 0 & 0 & 0 & 0 & 0 & -0.24 \\
 & & & & & & 0.12 & 0 & 0 & 0 & -0.24 & 0 \\
 & & & & & & & 0.12 & 0 & 0.24 & 0 & 0 \\
 & & & & & & & & 12.0 & 0 & 0 & 0 \\
称 & & & & & & & & & 0.64 & 0 & 0 \\
 & & & & & & & & & & 0.64 & 0 \\
 & & & & & & & & & & & 0.24
\end{bmatrix}$$

（3）求结构刚度矩阵。由以上求得的各单元在结构坐标的单元刚度矩阵 $[k]^{(e)}$ 及其定位向量 $\{\lambda\}^{(e)}$ 可集成结构结构刚度矩阵 $[K]$ 为：

$$[K]=10^5 \begin{bmatrix}
16.04 & & & & & & & & & & & \\
0 & 8.28 & & & & & 对 & & & & & \\
0 & 0 & 0.32 & & & & & & & & & \\
0 & 0 & 0.11 & 0.75 & & & & & & & & \\
0 & 0 & 0.43 & & 1.01 & & & & & & & \\
-0.11 & -0.43 & 0 & 0 & 0 & 1.28 & & & 称 & & & \\
-0.36 & 0 & 0 & 0 & 0 & 0.11 & 0.16 & & & & & \\
0 & -8.0 & 0 & 0 & 0 & 0 & 0 & 8.12 & & & & \\
0 & 0 & -0.04 & -0.11 & 0 & 0 & 0 & 0 & 12.04 & & & \\
0 & 0 & 0.11 & 0.21 & 0 & 0 & 0 & 0.24 & -0.11 & 0.11 & & \\
0 & 0 & 0 & -0.16 & 0 & -0.24 & 0 & 0 & 0 & 0 & 0.80 & \\
-0.11 & 0 & 0 & 0 & 0 & 0.21 & 0 & 0.11 & 0 & 0 & 0 & 0.67
\end{bmatrix}$$

（4）求结构结点荷载向量。先由结构上的直接结点荷载求出结构的直接结点荷载向量。再由各单元上的非结点荷载求出结构的等效结点荷载向量，将上述两者对应相加，便可得结构的结点荷载向量 $\{P\}$，计算过程从略。

$$\{P\}=\begin{bmatrix} 0 & 0 & -38.0 & -15.0 & -1.0 & 0 & 0 & 0 & -10.0 & 0 & 0 & 0 \end{bmatrix}^T$$

（5）解结构刚度法方程，得结构结点位移向量为

$$\{\Delta\}=10^{-6}\begin{bmatrix} 0.39 & -562.20 & -3511.00 & 172.20 & 1587.00 & -285.20 & 1457.00 \\ -567.00 & -13.23 & 442.90 & 754.60 & -141.80 \end{bmatrix}^T$$

（6）求单元在杆件坐标系的杆端内力，参见式（4-14），计算过程略。

$$\{\overline{F}\}^{(1)}=\begin{bmatrix} -0.63 & 3.83 & 50.13 & -5.51 & -91.05 & 11.82 & 0.63 & -3.83 & -14.13 \\ 5.51 & -5.32 & -0.35 \end{bmatrix}^T$$

$$\{\overline{F}\}^{(2)}=\begin{bmatrix} 3.83 & 0.63 & 4.13 & 13.32 & 5.51 & 0.35 & -3.83 & -0.63 & 15.87 & -13.32 \end{bmatrix}$$

$$29.74 \quad 3.41]^T$$

$$\{\overline{F}\}^{(3)} = [15.87 \quad -3.83 \quad -0.63 \quad 3.40 \quad -10.82 \quad -0.56 \quad -15.87 \quad 3.83 \quad 0.63$$
$$-3.40 \quad 13.32 \quad -14.74]^T$$

（7）绘制内力图。如图Ⅲ-7所示。

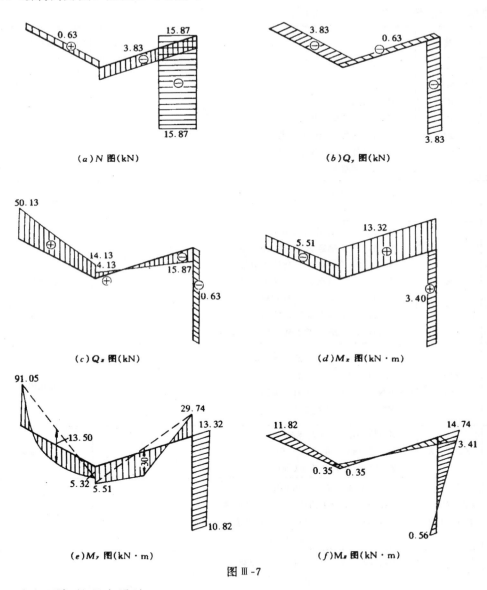

(a) N 图(kN)　　　　　　　　　　(b) Q_y 图(kN)

(c) Q_z 图(kN)　　　　　　　　　　(d) M_x 图(kN·m)

(e) M_y 图(kN·m)　　　　　　　　　　(f) M_z 图(kN·m)

图Ⅲ-7

B　空间刚架的程序设计

a　程序设计

空间刚架程序设计，采用直接刚度法的先处理法对结构各结点位移进行约束处理。结构刚度矩阵 [K] 采用变带宽、半带一维存贮。用对称三角分解法求解结构刚度矩阵方程。

程序可计算一般空间刚架受各种静力荷载（含结构自重）及支座位移作用下的结点位移、单元杆端内力和结构支座反力。考虑弯曲变形和轴向变形的影响，不计剪切变形的影响。

程序设计计算流程同平面刚架，不再详述。

b 数据文件的建立与输入

数据文件的建立方法同平面刚架。

数据文件的输入顺序与变量说明如下：

次序	变量名	说　　明	输入方式
1	MI MJ RJ PI PJ CJ PN	单元总数 结点总数 支座结点总数 受非结点荷载作用的单元数 受结点荷载作用的结点数 有支座位移的支座结点数 非结点荷载数	格式输入
2	RR	RR（RJ）支座结点码数组 RR（I）第 I 个支座结点的结点码	格式输入
3	R	R（MJ，6）结点约束信息 R（I，1）I 结点 X 方向约束信息 R（I，2）I 结点 Y 方向约束信息 R（I，3）I 结点 Z 方向约束信息 R（I，4）I 结点绕 X 轴扭转约束信息 R（I，5）I 结点绕 Y 轴转角约束信息 R（I，6）I 结点绕 Z 轴转角约束信息	格式输入
4	MN YY	MN（MI，2）单元始、终端码 MN（I，1）单元 I 的始端码 MN（I，2）单元 I 的终端码 YY（I）单元 I 的单元角	格式输入
5	X、Y、Z	X（I）结点 I 的 X 坐标值 Y（I）结点 I 的 Y 坐标值 Z（I）结点 I 的 Z 坐标值	格式输入
6	EA、GIX、 EIY、EIZ	EA（I）单元 I 的拉压刚度 GIX（I）单元 I 的绕 $\bar{x}$ 轴的扭转刚度 EIY（I）单元 I 的绕 $\bar{y}$ 轴抗弯刚度 EIZ（I）单元 I 的绕 $\bar{z}$ 轴抗弯刚度	格式输入
7	P1	P1（PJ，7）结构的直接结点荷载 P1（1，1）结点 I 的结点码 P1（I，2）结点 I 沿 X 轴方向的结点力 P1（I，3）结点 I 沿 Y 轴方向的结点力 P1（I，4）结点 I 沿 Z 轴方向的结点力 P1（I，5）结点 I 绕 X 轴的力矩荷载 P1（I，6）结点 I 绕 Y 轴的力矩荷载 P1（I，7）结点 I 绕 Z 轴的力矩荷载	格式输入

次序	变量名	说　　明	输入方式
8	P2	P2（PI，4）结构的非结点荷载 P2（I，1）第 I 个非结点荷载所在单元码 P2（I，2）第 I 个非结点荷载的类型码 　　　当荷载作用在 $\bar{x}\,\bar{z}$ 平面内类型码为正 　　　当荷载作用在 $\bar{x}\,\bar{y}$ 平面内类型码为负 P2（I，3）第 I 个非结点荷载的作用位置参数 P2（1，4）第 I 个非结点荷载的荷载值	格式输入

c　程序算例

用本空间刚架计算程序计算例Ⅲ-1。

建立名为 KG5. DAT 的数据文件如下：

3，4，2，2，2，0，2

1，2

0，0，0，0，0，0，0，0，0，0，0，0，1，1，1，1，1，1，1，1，1，1，1，1

1，3，0.0，3，4，0.0，2，4，0.0

0.0，0.0，4.0，3.0，6.0，0.0，3.0，0.0，4.0，3.0，6.0，4.0

4.8E6，9.6E4，6.4E4，6.4E4，4.8E6，9.6E4，6.4E4，6.4E4，4.8E6，9.6E4，6.4E4

6.4E4

3.0，0.0，0.0，－10.0，0.0，8.0，0.0，4.0，0.0，0.0，0.0，－15.0，0.0，0.0

1.0，3.0，3.0，－12.0，2.0，1.0，3.0，－20.0

计算结果存放在名为 KG5 的计算结果文件中，运行程序输出计算结果为

OUT　file　name：KG5

MI＝ 3 MJ＝ 4 RJ＝ 2 PI＝ 2 PJ＝ 2 CJ＝ 0 PN＝ 2

RR（I）＝

　　1　　2

R（i，j）＝

　　0　0　0　0　0　0　0　0　0　0　0　0

　　1　1　1　1　1　1　1　1　1　1　1　1

MN（i，j）----YY（i）＝

　　　　　　1　　3　　.000000E＋00

　　　　　　3　　4　　.000000E＋00

　　　　　　2　　4　　.000000E＋00

X（i）--Y（i）--Z（i）＝

　.000　.000　4.000　3.000　6.000　.000　3.000　.000　4.000　3.000

　6.000　4.000

EA（i）--GIX（i）--EIY（i）--EIZ（i）＝

0.480E＋07　.960E＋05　.640E＋05　.640E＋05　.480E＋07　.960E＋05　.640E＋

05　.640E＋05　0.480E＋07　.960E＋05　.640E＋05　.640E＋05

P1 (i, j) =

| 3.0 | .000E+00 | .000E+00 | −.100E+02 | .000E+00 | .800E+01 | .000E+00 |
| 4.0 | .000E+00 | .000E+00 | .000E+00 | −.150E+02 | .000E+00 | .000E+00 |

P2 (i, j) =

| 1.0 | .300E+01 | .300E+01 | −.120E+02 |
| 2.0 | .100E+01 | .300E+01 | −.200E+02 |

jie gcu gie diau wei yi

I	NX	NY	NZ	WX	WY	WZ
1	.0000E+00	.0000E+00	.0000E+00	.0000E+00	.0000E+00	.0000E+00
2	.0000E+00	.0000E+00	.0000E+00	.0000E+00	.0000E+00	.0000E+00
3	.3907E−06	−.5622E−03	−.3511E−02	.1722E−03	.1587E−02	−.2852E−03
4	.1457E−02	−.5670E−03	−.1323E−04	.4429E−03	.7546E−03	−.1418E−03

dan yuan gan duan nei li

I	N	QY	QZ	MX	MY	MZ
1	−.625	3.825	50.126	−5.510	−91.053	11.821
	.625	−3.825	−14.126	5.510	−5.324	−.346
2	3.825	.625	4.126	13.324	5.510	.346
	−3.825	−.625	15.874	−13.324	29.735	3.404
3	15.874	−3.825	−.625	3.404	−10.824	−.564
	−15.874	3.825	.625	−3.404	13.324	−14.735

jie gcu zhi zuo fan li

I	RX	RY	RZ	RMX	RMY	RMZ
1	−.625	3.825	50.126	−5.510	−91.053	11.821
2	.625	−3.825	15.874	.564	−10.824	3.404

d 空间刚架的源程序

```
CHARACTER * 12 FE,FG
INTEGER CM(12),RR(20),R,A,RJ,PI,PJ,CJ,PN
REAL KM(12,12),FO(12),K(4000),RF(20,3)
COMMON MI,MJ,RJ,PI,PJ,CJ,PN
COMMON/CC1/MN(100,2),R(100,6)
COMMON/CC2/EA(100),GIX(100),EIY(100),EIZ(100)
COMMON/CC3/X(100),Y(100),Z(100),YY(100)
COMMON/CC4/C(12,12),CK(12,12),CV(12),CN(12)
COMMON/CC5/P1(100,7),P2(150,4),P3(20,7),P4(100,13)
```

```fortran
      COMMON/CC6/A(200)
      COMMON/CC7/PP(200)
C
      WRITE( * , * )'DATA file name? '
      READ( * ,'(A)')FK
      OPEN(20,FILE=FK,STATUS='OLD')
      WRITE( * , * )'OUT file name? '
      READ( * ,'(A)')FG
      OPEN (21,FILE=FG,STATUS='NEW')
C
      WRITE(21,30)FG
30    FORMAT(1X,'OUT file name:',A)
      READ(20, * )MI,MJ,RJ,PI,PJ,CJ,PN
      WRITE(21,40)MI,MJ,RJ,PI,PJ,CJ,PN
40    FORMAT(1X,'MI=',I3,'MJ',I3,'RJ=',I3,
     * 'PI=',I3,'PJ=',I3,'CJ=',I3,'PN=',I3,)
      READ(20, * )(RR(I),I=1,RJ)
      WRITE(21,50)(RR(I),I=1,RJ)
50    FORMAT(1X,'RR(I)='/8X,20(/1X,10I6))
      READ(20, * )((R(I,J),J=1,6),I=1,MJ)
      WRITE(21,60)((R(I,J),J=1,6),I=1,MJ)
60    FORMAT(1X,'R(i,j)='/8X,50(/1X,12I6))
      READ(20, * )((MN(I,J),J=1,2),YY(I),I=1,MI)
      WRITE(21,70)((MN(I,J),J=1,2),YY(I),I=1,MI)
70    FORMAT(1X,'MN(i,j)----YY(i)='/8X,50(/1X,2I10,E15. 6))
      READ (20, * )(X(I),Y(I),Z(I),I=1,MJ)
      WRITE(21,80)(X(I),Y(I),Z(I),I=1,MJ)
80    FORMAT(1X,'X(i)--Y(i)--Z(I)='/1X,100(/1X,9F8. 3))
      READ(20, * )(EA(I),GIX(I),EIY(I),EIZ(I),I=1,MI)
      WRITE(21,90)(EA(I),GIX(I),EIY(I),EIZ(I),I=1,MI)
90    FORMAT(1X,'EA(i)--GIX(i)--EIY(i)--EIZ(i)='/1X,50(/1X,8E9. 3))
      IF(PJ. NE. 0) THEN
      READ(20, * )((P1(I,J),J=1,7),I=1,PJ)
      WRITE(21,100)((P1(I,J),J=1,7),I=1,PJ)
100   FORMAT(1X,'P1(i,j)='/1X,50(/1X,F4. 1,6E10. 3))
      END IF
      IF(PN. NE. 0)THEN
      READ(20, * )((P2(I,J),J=1,4),I=1,PN)
      WRITE(21,110)((P2(I,J),J=1,4),I=1,PN)
```

```
110     FORMAT(1X,'P2(i,j)='/1X,50(/1X,F4.1,3E13.3))
        END IF
        IF(CJ.NE.0)THEN
        READ(20,*)((P3(I,J),J=1,4),I=1,CJ)
        WRITE(21,120)((P3(I,J),J=1,4),I=1,CJ)
120     FORMAT(1X,'P3(i,j)='/1X,50(/1X,F4.1,3E13.3))
        END IF
C
        N=0
        MAX=0
        DO 140 I=1,RJ
        DO 140 J=1,6
        J1=R(I,J)
        IF(J1.EQ.1)THEN
        N=N+1
        R(I,J)=N
        END IF
        WRITE(*,160)I,J,R(I,J)
140     CONTINUE
        NJ=RJ+1
        DO 170 I=NJ,MJ
        DO 170 J=1,6
        J1=R(I,J)
        IF(J1.EQ.0) GOTO 170
        IF(J1.EQ.1) THEN
        N=N+1
        R(I,J)=N
        ELSE
        I1=R(J1,J)
        R(I,J)=I1
        END IF
        WRITE(*,160)I,J,R(I,J)
160     FORMAT(1X,'R(',I3,'I3,')=',I3)
170     CONTINUE
        WRITE(*,180)N
180     FORMAT(1X,'N=',I3)
        DO 190 I=1,N
        A(I)=0
190     CONTINUE
```

```
        DO 220 M=1,MI
        CALL DJWB(M,CM)
        DO 210 IS=1,12
        I1=CM(IS)
        IF (I1.EQ.0) GOTO 210
        DO 200 IT=1,12
        IW=CM(IT)
        IF (IW.EQ.0.OR.IW.GT.I1) GOTO 200
        IU=I1-IW+1
        IF(IU.GT.A(I1)) A(I1)=IU
200     CONTINUE
210     CONTINUE
220     CONTINUE
        DO 230 I=2,N
        IF(A(I).GT.MAX) MAX=A(I)
        A(I)=A(I)+A(I-1)
230     CONTINUE
        WRITE(*,240)(I,A(I),I=1,N)
240     FORMAT(1X,5('A(',I3,')=',I3,2X))
        WRITE(*,250) MAX
250     FORMAT(4X,'MAX=',I3)
C
        N1=A(N)
        DO 280 I=1,N1
        K(I)=0.0
280     CONTINUE
        DO 340 M=1,MI
        CALL DCS(M,AL,COX,COY,COZ,CS,CO,SI)
        CALL DGJ1(M,AL,KM)
        IF(COX.EQ.1.0) GOTO 290
        CALL BH(COX,COY,COZ,CS,CO,SI,C)
        CALL DGJ2(C,KM)
290     CALL DJWB(M,CM)
        WRITE(*,300)M
300     FORMAT(4X,'KM(I,J)=(',I3,')')
        WRITE(*,310)((KM(IS,IT),IT=1,12),IS=1,12)
310     FORMAT(1X,6E12.4/1X,6E12.4)
        DO 330 IS=1,12
        IF(CM(IS).EQ.0) GOTO 330
```

```
        IW=CM(IS)
        DO 320 IT=1,IS
        IF(CM(IT).EQ.0) GOTO 320
        IG=CM(IT)
        IF(IW.GE.IG) IU=A(IW)-IW+IG
        IF(IW.LT.IG) IU=A(IG)-IG+IW
        K(IU)=K(IU)+KM(IS,IT)
320     CONTINUE
330     CONTINUE
340     CONTINUE
        WRITE( * , * )'K(N)='
        WRITE( * ,350)(K(IS),IS=1,N1)
350     FORMAT(1X,5E12.4)
C
        DO 380 I=1,N
        PP(I)=0.0
380     CONTINUE
        IF(PJ.EQ.0) GOTO 420
        DO 410 I=1,PJ
        IS=IFIX(P1(I,1))
        DO 400 J=1,6
        IT=J+1
        IU=R(IS,J)
        IF(IU.EQ.0) GOTO 400
        PP(IU)=PP(IU)+P1(I,IT)
400     CONTINUE
410     CONTINUE
420     IF(PN.EQ.0) GOTO 500
        DO 440 I=1,PI
        DO 430 J=1,13
        P4(I,J)=0.0
430     CONTINUE
440     CONTINUE
        CALL DGL(KM,FO,AL)
        DO 480 I=1,PI
        IW=IFIX(P4(I,13))
        CALL DCS (IW,AL,COX,COY,COZ,CS,CO,SI)
        CALL BH(COX,COY,COZ,CS,CO,SI,C)
        CALL DJWB(IW,CM)
```

```fortran
      DO 470 IS=1,12
      CV(IS)=0.0
      IB=CM(IS)
      IF(IB.EQ.0) GOTO 470
      DO 460 IT=1,12
      CV(IS)=CV(IS)+C(IT,IS)*P4(I,IT)
460   CONTINUE
      PP(IB)=PP(IB)-CV(IS)
470   CONTINUE
480   CONTINUE
C
500   DO 530 I=2,N
      IS=A(I)
      IT=A(I-1)
      IV=I-IS+IT+1
      DO 520 J=IV,I
      J2=A(J)
      J3=A(J-1)
      IW=IS-I+J
      J1=J-1
      H=0.0
      DO 510 IU=IV,J1
      I1=J-J2+J3
      IF(I1.GE.IU) GOTO 510
      I2=A(IU)
      IG=IS-I+IU
      IJ=J2-J+IU
      H=H+K(IG)*K(IJ)/K(I2)
510   CONTINUE
      K(IW)=K(IW)-H
520   CONTINUE
530   CONTINUE
      PP(1)=PP(1)/K(1)
      DO 550 I=2,N
      IS=A(I)
      IT=A(I-1)
      IV=I-IS+IT+1
      I1=I-1
      H=0.0
```

```fortran
        DO 540 J=IV,I1
        IW=IS-I+J
        H=H+K(IW)*PP(J)
540     CONTINUE
        PP(I)=(PP(I)-H)/K(IS)
550     CONTINUE
        DO 600 I2=2,N
        I=N+2-I2
        IU=A(I)
        I1=I-1
        IT=A(I1)
        J1=I+IT-IU+1
        DO 580 J=J1,I1
        M=IU-I+J
        M1=A(J)
        H=K(M)/K(M1)
        PP(J)=PP(J)-H*PP(I)
580     CONTINUE
600     CONTINUE
        WRITE(*,630)
        WRITE(21,630)
630     FORMAT(20X,' jie gcu jie diau wei yi')
        WRITE(*,640)
        WRITE(21,640)
640     FORMAT(23X,13('---'))
        WRITE(*,650)
        WRITE(21,650)
650     FORMAT(3X,'I',7X,'NX',10X,'NY',10X,'NZ',
     *           11X,'WX',10X,'WY',10X,'WZ'/)
        DO 680 I=1,MJ
        DO 660 J=1,6
        CN(J)=0.0
        IT=R(I,J)
        IF(IT.EQ.0) GOTO 660
        CN(J)=PP(IT)
660     CONTIUNE
        WRITE(*,670) I,(CN(J),J=1,6)
        WRITE(21,670) I,(CN(J),J=1,6)
670     FORMAT(1X,I3,6E12.4)
```

238

```fortran
680     CONTINUE
C
        WRITE( * ,690)
        WRITE(21,690)
690     FORMAT(/20X,'dan yuan gan duan nei li')
        WRITE( * ,700)
        WRITE(21,700)
700     FORMAT(23X,13('---'))
        WRITE( * ,710)
        WRITE(21,710)
710     FORMAT(3X,'I',8X,'N',10X,'QY',10X,'QZ',
     *          11X,'MX',10X,'MY',10X,'MZ'/)
        DO 740 I=1,MI
        CALL DNL(I,FO)
        WRITE( * ,720)I,(FO(J),J=1,12)
        WRITE(21,720)I,(FO(J),J=1,12)
720     FORMAT(1X,I3,6F12. 3/4X,6E12. 3)
740     CONTINUE
        WRITE( * ,750)
        WRITE(21,750)
750     FORMAT(/21X,'jie gcu zhi zuo fan li')
        WRITE( * ,760)
        WRITE(21,760)
760     FORMAT(23X,13('---'))
        WRITE( * ,780)
        WRITE(21,780)
780     FORMAT(3X,'I',7X,'RX',10X,'RY',10X,'RZ',
     *          10X,'RMX',9X,'RMY',10X,'RMZ'/)
        CALL ZZFL(RR,RF)
        CLOSE(20)
        CLOSE(21)
        END
C
        SUBROUTINE DGJ1(M,AL,KM)
        COMMON MI,MJ
        COMMON/CC2/EA(100),GIX(100),EIY(100),EIZ(100)
        REAL KM(12,12)
        B1=EA(M)/AL
        B2=EIY(M)/AL
```

```
        B3=6.0*B2/AL
        B4=2.0*B3/AL
        B5=EIZ(M)/AL
        B6=6.0*B5/AL
        B7=2.0*B6/AL
        B8=GIX(M)/AL
        DO 10 IS=1,12
        DO 20 IT=1,12
        KM(IS,IT)=0.0
20      CONTINUE
10      CONTINUE
        KM(1,1)=B1
        KM(1,7)=-B1
        KM(2,2)=B7
        KM(2,6)=B6
        KM(2,8)=-B7
        KM(2,12)=B6
        KM(3,3)=B4
        KM(3,5)=-B3
        KM(3,9)=-B4
        KM(3,11)=-B3
        KM(4,4)=B8
        KM(4,10)=-B8
        KM(5,5)=4*B2
        KM(5,9)=B3
        KM(5,11)=2*B2
        KM(6,6)=4.0*B5
        KM(6,8)=-B6
        KM(6,12)=2.0*B5
        KM(7,7)=B1
        KM(8,8)=B7
        KM(8,12)=-B6
        KM(9,9)=B4
        KM(9,11)=B3
        KM(10,10)=B8
        KM(11,11)=4*B2
        KM(12,12)=4.0*B5
        DO 40 IS=2,12
        DO 30 IT=1,IS-1
```

```
        KM(IS,IT)=KM(IT,IS)
30      CONTINUE
40      CONTINUE
        END
C

        SUBROUTINE DCS(I,AL,COX,COY,COZ,CS,CO,SI)
        COMMON MI,MJ
        COMMON/CC1/MN(100,2),NN(600)
        COMMON/CC3/X(100),Y(100),Z(100),YY(100)
        REAL AL,COX,COY,COZ,CS,CO,SI
        IU=MN(I,1)
        IV=MN(I,2)
        XL=X(IV)-X(IU)
        YL=Y(IV)-Y(IU)
        ZL=Z(IV)-Z(IU)
        AL=SQRT(XL * XL+YL * YL+ZL * ZL)
        COX=XL/AL
        COY=YL/AL
        COZ=ZL/AL
        CS=SQRT(COX * COX+COY * COY)
        AR=YY(I)
        CO=COS(AR)
        SI=SIN(AR)
        END
C

        SUBROUTINE BH(COX,COY,COZ,CS,CO,SI,C)
        REAL COX,COY,COZ,CS,CO,SI,C(12,12)
        DO 20 IS=1,12
        DO 10 IT=1,12
        C(IS,IT)=0.0
10      CONTINUE
20      CONTINUE
        IF(COX. EQ. 0. 0. AND. COY. EQ. 0. 0)THEN
        C(1,3)=1.0
        C(2,1)=-SI
        C(2,2)=CO
        C(3,1)=-CO
        C(3,2)=-SI
        DO 40 IS=1,3
```

```
       DO 30 IT=1,3
       C(IS+3,IT+3)=C(IS,IT)
       C(IS+6,IT+6)=C(IS,IT)
       C(IS+9,IT+9)=C(IS,IT)
30     CONTINUE
40     CONTINUE
       ELSE
       C(1,1)=COX
       C(1,2)=COY
       C(1,3)=COZ
       C(2,1)=-COY/CS
       C(2,2)=COX/CS
       C(3,1)=COX*COZ/CS
       C(3,2)=COY*COZ/CS
       C(3,3)=CS
       END IF
       DO 60 IS=1,3
       DO 50 IT=1,3
       C(IS+3,IT+3)=C(IS,IT)
       C(IS+6,IT+6)=C(IS,IT)
       C(IS+9,IT+9)=C(IS,IT)
50     CONTINUE
60     CONTINUE
       END
C
       SUBROUTINE DGJ2(C,KM)
       DIMENSION C(12,12),CK(12,12)
       REAL KM(12,12)
       DO 10 IS=1,12
       DO 20 IT=1,12
       CK(IS,IT)=0.0
       DO 30 M=1,12
       CK(IS,IT)=CK(IS,IT)+C(M,IS)*KM(M,IT)
30     CONTINUE
20     CONTINUE
10     CONTINUE
       DO 40 IS=1,12
       DO 50 IT=1,12
       KM(IS,IT)=0.0
```

```
        DO 60 M=1,12
        KM(IS,IT)=KM(IS,IT)+CK(IS,M)*C(M,IT)
60      CONTINUE
50      CONTINUE
40      CONTINUE
        END
C

        SUBROUTINE DJWB(I,CM)
        COMMON MI,MJ
        COMMON /CC1/MN(100,2),R(100,6)
        INTEGER R,CM(12)
        I1=MN(I,1)
        I2=MN(I,2)
        DO 10 J=1,6
        J1=R(I1,J)
        CM(J)=J1
        J1=R(I2,J)
        CM(J+6)=J1
10      CONTINUE
        END
C

        SUBROUTINE DGL(KM,FO,AL)
        COMMON IB(5),CJ,PN
        COMMON/CC1/MN(100,2),NN(600)
        COMMON/CC2/EA(100),GIX(100),EIY(100),EIZ(100)
        COMMON/CC3/X(100),Y(100),Z(100),YY(100)
        COMMON/CC4/C(12,12),CK(12,12),CV(12),CN(12)
        COMMON/CC5/P1(100,7),P2(150,4),P3(20,7),P4(100,13)
        DIMENSION KM(12,12),FO(12)
        INTEGER CJ,PN
        REAL KM,L1,L2
        I1=0
        J1=0
        DO 320 I2=1,PN
        M=P2(I2,1)
        IL=P2(I2,2)
        Q=P2(I2,3)
        S=P2(I2,4)
        IU=MN(M,1)
```

```
        IV=MN(M,2)
        CALL DCS (M,AL,COX,COY,COZ,CS,CO,SI)
        Q1=Q/AL
        Q2=Q1*Q1
        L1=AL-Q
        L2=L1/AL
        IF(M.EQ.J1) GOTO 20
        I1=I1+1
        J1=M
        P4(I1,13)=M
20      DO 30 J2=1,12
        FO(J2)=0.0
30      CONTINUE
        ID=ABS(IL)
        GOTO (40,50,60,70,80,90,120) ID
40      IF(IL.GT.0.0) THEN
        FO(3)=-S*L2*L2*(1.0+2.0*Q1)
        FO(9)=-S*Q2*(1.0+2.0*L2)
        FO(5)=S*Q*L2*L2
        FO(11)=-S*Q2*L1
        ELSE
        FO(2)=-S*L2*L2*(1.0+2.0*Q1)
        FO(8)=-S*Q2*(1.0+2.0*L2)
        FO(6)=-S*Q*L2*L2
        FO(12)=S*Q2*L1
        END IF
        GOTO 300
50      IF(IL.GT.0.0) THEN
        FO(3)=-6.0*S*Q1*L2/AL
        FO(9)=-FO(3)
        FO(5)=S*L2*(3.0*Q1-1.0)
        FO(11)=S*Q1*(3.0*L2-1.0)
        ELSE
        FO(2)=6.0*S*Q1*L2/AL
        FO(8)=-FO(2)
        FO(6)=S*L2*(3.0*Q1-1.0)
        FO(12)=S*Q1*(3.0*L2-1.0)
        END IF
        GOTO 300
```

```
60      IF(IL.GT.0.0) THEN
        S1=0.5*S*Q
        FO(3)=-S1*(2.0-2.0*Q2+Q1*Q2)
        FO(9)=-S1*Q2*(2.0-Q1)
        S1=S1*Q/6.0
        FO(5)=S1*(6.0-8.0*Q1+3.0*Q2)
        FO(11)=-S1*(4.0*Q1-3.0*Q2)
        ELSE
        SI=0.5*S*Q
        FO(2)=-S1*(2.0-2.0*Q2+Q1*Q2)
        FO(8)=-S1*Q2*(2.0-Q1)
        S1=S1*Q/6.0
        FO(6)=-S1*(6.0-8.0*Q1+3.0*Q2)
        FO(12)=S1*(4.0*Q1-3.0*Q2)
        END IF
        GOTO 300
70      Q2=0.25*Q*S
        L1=Q1*Q1
        L2=Q*Q1
        IF(IL.GT.0.0)THEN
        FO(3)=-Q2*(2.0-3.0*L1+1.6*L1*Q1)
        FO(9)=-Q2*L1*(3.0-1.6*Q1)
        S1=Q*Q2/1.5
        FO(5)=S1*(2.0-3.0*Q1+1.2*L1)
        FO(11)=-Q2*L2*(1.0-0.8*Q1)
        ELSE
        FO(2)=-Q2*(2.0-3.0*L1+1.6*L1*Q1)
        FO(8)=-Q2*L1*(3.0-1.6*Q1)
        S1=Q*Q2/1.5
        FO(6)=-S1*(2.0-3.0*Q1+1.2*L1)
        FO(12)=Q2*L2*(1.0-0.8*Q1)
        END IF
        GOTO 300
80      FO(1)=-S*L2
        FO(7)=-S*Q1
        GOTO 300
90      L2=0.5*Q1
        S1=1.0-L2
        FO(1)=-S*S1*Q
```

```
        FO(7)=-0.5*S*Q*Q1
        GOTO 300
100     FO(4)=-S*L2
        FO(10)=-S*Q1
        GOTO 300
110     L2=0.5*Q1
        S1=1.0-L2
        FO(4)=-S*S1*Q
        FO(10)=-0.5*S*Q*Q1
        GOTO 300
120     DO 130 IS=1,12
        CN(IS)=0.0
130     CONTINUE
        DO 170 IS=I,CJ
        IA=IFIX(P3(IS,1))
        IF(Q.EQ.0.0) GOTO 150
        IF(IU.NE.IA) GOTO 150
        DO 140 K1=1,6
        K2=K1+1
        CN(K1)=P3(IS,K2)
140     CONTINUE
        GOTO 170
150     IF(S.EQ.0.0) GOTO 170
        IF(IV.NE.IA) GOTO 170
        DO 160 K1=7,12
        K2=K1-2
        CN(K1)=P3(IS,K2)
160     CONTINUE
170     CONTINUE
        WRITE(21,180)M
180     FORMAT (1X,'CN(',I3,')=')
        WRITE(21,190)(CN(J),J=1,12)
190     FORMAT(/4X,6F12.3/4X,6F12.3))
        IJ=M
        CALL BH(COX,COY,COZ,CS,CO,SI,C)
        DO 210 J=1,12
        CV(J)=0.0
        DO 200 IS=1,12
        CV(J)=CV(J)+C(J,IS)*CN(IS)
```

```
200    CONTINUE
210    CONTINUE
       CALL DGJ1(M,AL,KM)
       DO 220 IS=1,12
       DO 220 JS=1,12
       FO(IS)=FO(IS)+KM(IS,JS)*CV(JS)
220    CONTINUE
       GOTO 300
300    DO 310 J=1,12
       P4(I1,J)=P4(I1,J)+FO(J)
310    CONTINUE
320    CONTINUE
       END
C
       SUBROUTINE DNL(I,FO)
       COMMON MI,MJ,RJ,PI
       COMMON/CC1/MN(100,2),R(100,6)
       COMMON/CC2/EA(100),GIX(100),EIY(100),EIZ(100)
       COMMON/CC3/X(100),Y(100),Z(100),YY(100)
       COMMON/CC4/C(12,12),CK(12,12),CV(12),CN(12)
       COMMON/CC5/BB(1440),P4(100,13)
       COMMON/CC7/PP(200)
       INTEGER PI,CM(12)
       REAL FO(12),KM(12,12)
       CALL DCS(I,AL,COX,COY,COZ,CS,CO,SI)
       CALL DGJ1(I,AL,KM)
       CALL DJWB(I,CM)
       DO 10 J=1,12
       IF(CM(J).NE.0) THEN
       IB=CM(J)
       D=PP(IB)
       CN(J)=D
       ELSE
       CN(J)=0.0
       END IF
10     CONTINUE
       CALL BH(COX,COY,COZ,CS,CO,SI,C)
       DO 30 J=1,12
       CV(J)=0.0
```

```fortran
      DO 20 IS=1,12
      CV(J)=CV(J)+C(J,IS)*CN(IS)
20    CONTINUE
30    CONTINUE
      DO 50 J=1,12
      FO(J)=0.0
      DO 40 IS=1,12
      FO(J)=FO(J)+KM(J,IS)*CV(IS)
40    CONTINUE
50    CONTINUE
      IF (PI.EQ.0) GOTO 90
      DO 60 J=1,PI
      M=IFIX(P4(J,13))
      IF(M.EQ.I) GOTO 70
60    CONTINUE
      GOTO 90
70    DO 80 IS=1,12
      FO(IS)=FO(IS)+P4(J,IS)
80    CONTINUE
90    END
C
      SUBROUTINE ZZFL (RR,RF)
      COMMON MI,MJ,RJ,PI,PJ,CJ,PN
      COMMON/CC1/MN(100,2),R(100,6)
      COMMON/CC3/X(100),Y(100),Z(100),YY(100)
      COMMON/CC4/C(12,12),CK(12,12),CV(12),CN(12)
      COMMON/CC5/P1(100,7),BB(2040)
      COMMON/CC7/PP(200)
      DIMENSION RF(20,6),KM(12,12),FO(12)
      INTEGER PI,PJ,R,RJ,RR(20)
      DO 10 I=1,RJ
      DO 10 J=1,6
      RF(I,J)=0.0
10    CONTINUE
      DO 150 IS=I,RJ
      I1=RR(IS)
      DO 60 JT=1,MT
      J1=MN(JT,1)
      J2=MN(JT,2)
```

248

```fortran
      CALL DCS(JT,AL,COX,COY,COZ,CS,CO,SI)
      CALL BH(COX,COY,COZ,CS,CO,SI,C)
      IF(I1.NE.J1) GOTO 40
      CALL DNL(JT,FO)
      DO 20 K1=1,6
      DO 20 K2=1,6
      RF(IS,K1)=RF(IS,K1)+C(K2,K1)*FO(K2)
20    CONTINUE
      GOTO 60
40    IF(I1.NE.J2) GOTO 60
      CALL DNL (JT,FO)
      DO 50 K1=1,6
      DO 50 K2=1,6
      K3=K2+3
      RF(IS,K1)=RF(IS,K1)+C(K2,K1)*FO(K3)
50    CONTINUE
60    CONTINUE
      IF(PJ.NE.0) THEN
      DO 80 JT=1,PJ
      IV=IFIX(P1(JT,1))
      IF(I1.NE.IV) GOTO 80
      DO 70 K1=1,6
      K2=K1+1
      RF(IS,K1)=RF(IS,K1)-P1(JT,K2)
70    CONTINUE
      GOTO 90
80    CONTINUE
      END IF
90    WRITE(*,100) I1,(RF(IS,JA),JA=1,6)
      WRITE(21,100) I1,(RF(IS,JA),JA=1,6)
100   FORMAT(1X,I3,6F12.3)
150   CONTINUE
      END
```

附录 Ⅳ　微机常用操作

A　DOS 常用操作命令

a　COPY　　拷贝文件

本命令不能拷贝系统属性文件和隐藏属性文件，但可在命令最后加开关：

/V　打开校验开关，以确保拷贝正确。

　　例：COPY A：*.* B：/V　　拷贝 A 盘上所有文件到 B 盘并进行校验。

/A　通知拷贝的文件是文本文件（省缺值）

　　例：COPY *.FOR C：\　　拷贝当前盘当前目录的所有 FOR 文件到 C 盘的根目录中

/B　通知拷贝的文件是二进制文件

　　例：COPY HZK1＋HZKZ HZK24/B　　连接库文件 HZK1 和 HZK2 的内容，放在 HZK24 中。

若将一份名为 A1.BAK 的文件复制为一份名为 A1.FOR 的文件，其命令为：

COPY A1.BAK A1.FOR

若欲将两个文件连接起来，其命令为：

COPY A1.FOR＋A2.FOR　　将 A2.FOR 连接在 A1.FOR 文件之后。

b　COMP　　比较文件内容

　　例 1　COMP A1.DAT A2.DAT　　为比较两个文件 A1.DAT 和 A2.DAT 的内容。

　　例 2　COMP SB1 SB2　　设 SB1、SB2 是两个子目录名，则比较两个目录中同名文件的内容，并指出哪些是在 SB1 中存在的文件而在 SB2 中不存在。

c　DIR　　显示目录中的文件清单

　　例 1　DIR A：*.DAT　　显示 A 盘中以 DAT 为后缀的所有文件。

　　例 2　DIR *.FOR/P　　逐屏显示目录中以 FOR 为后缀的所有文件。按任一键继续显示下一屏。

　　例 3　DIR *.A：*·/W　　宽行显示 A 盘中所有文件。

d　DEL　　删除文件

　　例 1　DEL A：*.*　　删除 A 盘中所有文件。

　　例 2　DEL A：　　同例 1

　　例 3　DEL BBB　　删除 BBB，如 BBB 系文件则删除它，若 BBB 系子目录，则删除子目录中的所有文件。

e　DISKCOPY　　复制整磁盘

　　例 1　DISKCOPY A：B：　　拷贝 A 盘的全部内容到 B 盘上。

　　例 2　DISKCOPY A：A：　　当两个驱动器不同而 B 驱动器无法读写 A 中相同的盘时，用此命令。

f　DISKCOMP　　比较两个磁盘的内容

　　例 1　DISKCOMP A：B：　　比较 A 盘与 B 盘的内容。

　　例 2　DISKCOMP A：A：　　当两个驱动器不同而 B 驱动器无法读与 A 中相同的盘时，用此命令。

g　FORMAT　　格式化磁盘

例1 FORMAT B： 将 B 驱动器中的磁盘格式化。

例2 FORMAT B：/S 当磁盘格式化结束后，将当前盘上的系统写到该盘上，制造一个系统盘。

例3 FORMAT A：/4 在高密驱动器中格式化一个低密（ZDD 型）盘。

h MD 建立一个子目录

例1 MD A：WS 在 A 盘上建立子目录 WS。

例2 MD A：\TS1\TS2 在 A 盘的子目录 TS1 中建立子目录 TS2。

i MORE 分页显示

例1 MORE<ABC.FOR 将 ABC.FOR 的内容分页显示。

例2 TYPE DATA.DAT｜MORE 将 DATA.DAT 的内容分页显示。

j TYPE 显示一个文本文件内容

例1 TYPE HJ.FOR 在屏幕上显示 HJ.FOR 文件的内容。

例2 TYPE BB.FOR>PRN 在打印机上打印 BB.FOR 文件。

k REN 更改文件名

例1 REN ST1.TXT ST2.TXT 将 ST1.TXT 改名为 ST2.TXT。

例2 REN *.TXT *.FOR 将所有扩展名 TXT 改为 FOR。

l RD 删除子目录

例1 RD A：ABC 删除 A 盘上的 ABC 目录。

例2 RD A：ABC\ABD 删除 A 盘上 ABC 目录中的 ABD 子目录。

B 常用控制键

（1）CTRL－ALT－DEL 系统热启动，操作时同时按下这三个键。

（2）CTRL－C（或 CTRL－Break） 终止当前操作

（3）CTRL－S（或 CTRL－Num lock）使系统暂停当前操作，按任一键后恢复原状态。

（4）CTRL－P（或 CTRL－Prtsc） 打印机联机开关。按奇数次时，接通打印机，按偶数次时切断打印机。

（5）SHIFT－Prtsc 屏幕硬拷贝，在打印机上打印屏幕内容。

附录 V   MUSE 全屏幕编辑

本编辑文件启动迅速，指令少，操作简便，在西文状态下用西文显示，在中文状态下用中文显示。

A   系统启动

格式 1   MUSE ↓

本格式启动 MUSE 编辑程序后，在屏幕最下行提问待编辑的文件名称，西文下用英文提示，中文下用中文提示。当键入文件名并回车后，则进入编辑状态。格式中的符号"↓"表示回车。

格式 2   MUSE［文件名］↓

本格式启动 MUSE 编辑程序，直接进入编辑状态。括号［ ］内为待编辑的文件名。

B   编辑退出

在编辑状态下，按［F10］键将在屏幕的最下行提示确认信息（中文下用中文提示），这时再按［F10］键则存贮文件后退回 DOS 系统。

在编辑状态下，若未定义块，同时按下［shift］—［F10］两键则在屏幕的最下行提示确认信息，这时再按［shift］—［F10］键则不存贮文件退到 DOS 系统。

C   编辑操作

a   块定义

按［shift］—［F7］键则块定义开始，这时移动光标（［←］、［→］、［↑］、［↓］）则从始点到当前光标位置均反向显示，则反向显示的文本块为被定义块。被定义块可用［shift］—［F2］键写入指定文件（原定义块不删除，且定义块状态不结束），或用［shift］—［F7］键送入缓冲区（定义块被删除，且块定义状态结束），或用［shift］—［F10］键进行大小写转换。

b   缓冲区

当用上述［shift］—［F7］的操作方法把一块文本送入缓冲区，则被定义的块从整个文本中删除，块定义状态解除（每进行一次缓冲区操作，则原缓冲区的内容被冲掉）。缓冲区中的文本可用［shift］—［F8］键插入到光标所在位置。灵活地应用这一概念可进行一块文本的删除、拷贝和移动。

（1）删除块：　用［shift］—［F7］的操作方法将文本送入缓冲区，不再用［shift］—［F8］键恢复即可。

（2）移动块：　用［shift］—［F7］键将文本送入缓冲区，然后把光标移到一个新的位置，再用［shift］—［F8］键将该块插入到这个位置即可。

（3）拷贝块：　用［shift］—［F7］键将文本送入缓冲区，接着就地用［shift］—［F8］键把删除的块恢复原位，然后把光标移到一个新的位置，再用［shift］—［F8］键把该块插入到这个位置即可。以后反复用［shift］—［F8］键的操作，则可反复拷贝此块。

c   其他控制键

［F1］　　　　　　　　将光标移至文本首；

［F2］　　　　　　　　将光标移至文本尾；

［F3］　　　　　　　　将光标移至下一自然段首；

[F4]	搜索指定的字串（指定字串用［shift］－［F4］）；
[F5]	光标移至左半屏；
[F6]	光标移至右半屏；
[F7]	光标移到指定行；
[F8]	光标移到指定列；
[F9]	若不在块定义状态下则编辑内容存盘并继续编辑，否则解除块定义状态；
[F10]	编辑内容存盘并退回操作系统；
［shift］－［F1］	与［F9］的解除块定义状态具有相同的功能；
［shift］－［F2］	若未在块定义状态则把指定文件的内容读出并插到光标处；否则把定义的块写到指定文件中；
［shift］－［F3］	制表；
［shift］－［F4］	设置搜索的字串及设置替代字串，操作步骤如下： 先按［shift］－［F4］，屏幕下行提问目标，此时键入目标串，不要以回车作为结束符，回车也是有效的搜索对象之一，这时若仅搜索则直接按［F4］键即搜索开始，以后反复按［F4］键则反复执行搜索；若要替代则先不要按［F4］键，而按［shift］－［F4］，屏幕下行提问替代串是什么，这时键入代换串，回车也是有效的字符之一，再按［F4］则搜索，代换开始，以后每搜索到一个目标都要提问是否替代，是则按［y］键，否则按［N］键，停止搜索则可用光标移动键［↑］、［↓］解除，但以后若再按［F4］键则又继续；
［shift］－［F5］	删除从光标到行尾的所有字符，包括回车换行控制符在内，即把下一行接在光标之后；
［shift］－［F6］	删除行首至光标的所有字符；
［shift］－［F7］	定义块开始或把块放入缓冲区，并解除块定义状态；
［shift］－［F8］	把缓冲区的内容插到光标处；
［shift］－［F10］	若未在块定义状态，则放弃存盘而退回操作系统，否则变换块中的 ASCII 字符的大小写，根据提示，按［N］为大写，按［y］为小写，按其他键解除本状态并不执行什么，本命令结束时块定义状态解除；
［Enter］（回车）	插入状态时增加一新行或将一行从光标处截断为另一行，并把光标放在新行首，覆盖状态时不执行截断操作；
［Ctrl］－［y］	删除当前行；
［Alt］－［A］	ASCII 与纯中文状态的切换；
［Alt］－［H］	显示帮助信息，若在汉字显示状态下，该信息均为汉字；
［Tab］	当前位置插入一 TAB 码。

以下键若在快速键盘上，与［Num Lock］是否锁上无关。

［←］、［→］、［↑］、［↓］　　该四个键用于移动光标，移动方向沿着箭头指向。

〔Home〕　　　光标回到本行首；

〔End〕　　　　光标回到本行尾；

〔PgUp〕　　　光标退一页屏幕；

〔PgDn〕　　　光标进一页屏幕。